高等职业院校教学改革创新示范教材·软件开发系列

JSP 程序设计教程
（项目式）

李桂玲　罗大伟　主　编

杨宇晶　王　玉　李　想　刘志宝　霍　聪　副主编

秦敬祥　主　审

电子工业出版社
Publishing House of Electronics Industry
北京·BEIJING

内 容 简 介

本书充分考虑高职学生的认知能力，根据 Java Web 程序员的岗位能力要求精心组织教材内容，将知识介绍和技能训练有机结合，采取"项目引导，任务驱动，案例教学"的教学方法，适合理实一体化的教学模式。本书知识结构清晰，案例实用有趣，强调技能培养，注重实际应用。

本书以留言板、学习论坛两个完整项目为载体，以工作任务为驱动，将 JSP 知识与技能融入项目开发中，循序渐进地介绍了 JSP 开发环境的搭建、Web 项目的创建和部署、JSP 基本语法和内置对象的使用、JDBC 数据库操作、JavaBean 技术、Servlet 编程、自定义标签、Struts 和 Hibernate 框架的简单应用。在上机实训部分通过一个拓展项目来巩固和进一步理解所学的知识技能，并为读者提供书中案例和项目源码下载。

本书可作为高职院校相关专业和计算机培训班的教材，也可作为程序设计人员的参考用书。

未经许可，不得以任何方式复制或抄袭本书之部分或全部内容。
版权所有，侵权必究。

图书在版编目（CIP）数据

JSP 程序设计教程：项目式 / 李桂玲，罗大伟主编. —北京：电子工业出版社，2015.11
高等职业院校教学改革创新示范教材. 软件开发系列
ISBN 978-7-121-27388-9

Ⅰ.①J… Ⅱ.①李… ②罗… Ⅲ.①JAVA 语言—网页制作工具—高等职业教育—教材 Ⅳ.①TP312 ②TP393.092

中国版本图书馆 CIP 数据核字（2015）第 243134 号

策划编辑：左　雅
责任编辑：左　雅　　特约编辑：朱英兰
印　　刷：三河市双峰印刷装订有限公司
装　　订：三河市双峰印刷装订有限公司
出版发行：电子工业出版社
　　　　　北京市海淀区万寿路 173 信箱　邮编　100036
开　　本：787×1 092　1/16　印张：17.75　字数：454.4 千字
版　　次：2015 年 11 月第 1 版
印　　次：2015 年 11 月第 1 次印刷
印　　数：3 000 册　定价：39.00 元

凡所购买电子工业出版社图书有缺损问题，请向购买书店调换。若书店售缺，请与本社发行部联系，联系及邮购电话：(010) 88254888。
质量投诉请发邮件至 zlts@phei.com.cn，盗版侵权举报请发邮件至 dbqq@phei.com.cn。
服务热线：(010) 88258888。

前　　言

　　本书是作者在总结了多年软件开发实践与教学经验的基础上编写的。全书用 3 个教学项目作为课程内容的载体，1 个拓展项目作为课后上机实训内容。每个项目都被分解成若干个任务，通过任务的实现引入相关的知识和技术，同时精选大量的案例来让读者巩固知识、强化技能。作为"项目导向，任务驱动，案例教学，教学做一体化"教学方法的载体，本书具有以下特色。

　　（1）针对性强。切合高职教育的培养目标，充分考虑高职学生的认知能力，弱化理论，强化技能，以"工学结合"为切入点，案例浅显易懂，选择的项目简单实用，便于学生扩展。

　　（2）体例新颖。打破教材传统的编写框架，对教材的内容编排进行全新的尝试，将理论知识、技术应用与项目的实现过程有机地结合起来，在学习知识技术的同时就能学会应用，就能掌握项目的开发过程和方法。每个任务先给出能力目标和知识目标，通过任务分析—知识介绍—案例讲解—课堂实践—总结提高—课外拓展等教学过程，体现了"教学做"一体化的教学理念，能快速提高学生的能力。

　　（3）知识递进。选择的教学项目由浅入深，从易到难，依次将 JSP 基础知识、数据库操作访问、JavaBean 技术、Servlet 应用、自定义标签、Struts 和 Hibernate 框架应用的相关知识引入。

　　（4）涵盖面宽。由于基本知识和技术与项目的实现紧密结合，节省了大量的篇幅，使得本书能在有限的篇幅内增加大量的内容，如框架知识。

　　（5）实用性强。一方面选择的项目实用，另一方面涉及到的知识面广，基本涵盖了 Web 应用程序开发所需要的主要技术。

　　本书共有 4 个项目，分为 9 个工作任务，具体划分如下。

　　项目 1：小小留言板（JSP 实现），分为 4 个工作任务，介绍了 Web 开发环境的搭建、JSP 基础知识、JSP 内置对象和 JDBC 数据库操作。

　　项目 2：小小留言板（JSP+JavaBean+Servlet 实现），分为 3 个工作任务，介绍了 JavaBean 技术、Servlet 编程应用和自定义标签。

　　项目 3：学习论坛（JSP+Struts+Hibernate 实现），分为 2 个工作任务，介绍了 MVC 设计模式、Struts 和 Hibernate 框架应用。

　　项目 4：学林书城，这是一个拓展项目，分解到前 3 个项目的课后上机实训部分完成。

　　本书每个任务都附有相应的上机实训内容和课后习题，可以帮助读者巩固基础知识和实践操作，同时还提供了习题答案、案例和项目源码，请登录华信教育资源网（www.hxedu.com.cn）免费下载。本书的参考学时为 84 学时，全部在理实一体化教室完成，边学边做，其中实践环节应不少于 50%，学习结束后可安排为时两周共 40 学时的综合项目实训。

本书由四平职业大学李桂玲和吉林电子信息职业技术学院的罗大伟主编，李桂玲负责本书的整体设计并编写了任务 1.1、任务 1.2、任务 1.3，罗大伟编写了任务 2.1、任务 2.2、任务 2.3，吉林工程技术师范学院杨宇晶编写了任务 3.1、任务 3.2，吉林大学应用技术学院王玉和松原职业技术学院李想共同编写了任务 1.4 和实训内容，吉林电子信息职业技术学院刘志宝和霍聪参与了实训内容的编写和代码的调试工作。

本书适合作为高职院校计算机类相关专业 JSP 课程的教材，也可作为培训教材及程序设计人员的参考书使用。由于时间仓促及编者水平所限，书中错误难免，恳请广大读者给予批评指正。

编　者

目 录
CONTENTS

项目 1 小小留言板（JSP 实现） ·· 1
 学习目标 ·· 1
 项目功能 ·· 1
 任务 1.1 搭建 Web 开发环境 ·· 6
  学习目标 ·· 6
  任务分析 ·· 6
  相关知识 ·· 6
   1.1.1 静态网页和动态网页 ·· 6
   1.1.2 动态网页技术 ·· 8
   1.1.3 JSP 运行环境的安装和配置 ·· 10
   1.1.4 JSP 开发工具 ·· 16
  任务实现 ·· 20
  任务小结 ·· 20
   1.1.5 上机实训 "学林书城"网站创建与部署（JSP 运行环境搭建） ················ 20
   1.1.6 习题 ·· 21
 任务 1.2 网站首页 ·· 22
  学习目标 ·· 22
  任务分析 ·· 22
  相关知识 ·· 23
   1.2.1 JSP 入门 ··· 23
   1.2.2 JSP 注释 ··· 24
   1.2.3 JSP 脚本元素 ·· 25
   1.2.4 JSP 指令元素 ·· 28
   1.2.5 JSP 动作元素 ·· 32
  任务实现 ·· 37
  任务小结 ·· 39
   1.2.6 上机实训 "学林书城"网站主页（JSP 元素） ······································ 39
   1.2.7 习题 ·· 40
 任务 1.3 用户登录页面 ·· 42
  学习目标 ·· 42
  任务分析 ·· 42
  相关知识 ·· 43

JSP程序设计教程（项目式）

  1.3.1 request 对象 ·················· 43
  1.3.2 response 对象 ················ 48
  1.3.3 out 对象 ······················· 50
  1.3.4 session 对象 ················· 52
  1.3.5 application 对象 ············· 54
  1.3.6 config 对象 ··················· 55
  1.3.7 page 对象 ···················· 57
  1.3.8 pageContext 对象 ············ 57
  1.3.9 exception 对象 ··············· 57
 任务实现 ····································· 58
 任务小结 ····································· 60
  1.3.10 上机实训 "学林书城"会员登录功能（JSP 内置对象） ··········· 60
  1.3.11 习题 ························· 61
任务 1.4 发表留言 ····················· 62
 学习目标 ····································· 62
 任务分析 ····································· 62
 相关知识 ····································· 64
  1.4.1 JDBC 简介 ···················· 64
  1.4.2 数据库连接 ···················· 64
  1.4.3 数据库查询 ···················· 68
  1.4.4 数据库更新 ···················· 74
 任务实现 ····································· 78
 任务小结 ··································· 106
  1.4.5 上机实训 "学林书城"图书信息浏览（JDBC 数据库操作）········ 106
  1.4.6 习题 ························ 108

项目 2 小小留言板（JSP+JavaBean+Servlet 实现） ············· 110
 学习目标 ··································· 110
 项目功能 ··································· 110
任务 2.1 在登录页面中使用 JavaBean ················ 110
 学习目标 ··································· 110
 任务分析 ··································· 111
 相关知识 ··································· 111
  2.1.1 JavaBean 简介 ················ 111
  2.1.2 在 JSP 中使用 JavaBean ········ 111
 任务实现 ··································· 115
 任务小结 ··································· 120
  2.1.3 上机实训 "学林书城"会员注册功能（JavaBean 技术应用）······ 121

  2.1.4 习题 121

任务 2.2 用户登录页面的 Servlet 实现 122
 学习目标 122
 任务分析 122
 相关知识 122
  2.2.1 一个简单的 Servlet 122
  2.2.2 Servlet 基本概念 124
  2.2.3 Servlet 接口和类 131
  2.2.4 Servlet 过滤器 137
 任务实现 142
 任务小结 143
  2.2.5 上机实训 "学林书城"图书信息的增删改查（Sevlet 技术应用）143
  2.2.6 习题 143

任务 2.3 完善小小留言板 144
 学习目标 144
 任务分析 144
 相关知识 144
  2.3.1 自定义标签 144
  2.3.2 JSTL 简介 148
  2.3.3 表达式语言 153
 任务实现 155
 任务小结 183
  2.3.4 上机实训 "学林书城"图书信息的分页浏览（JSP 自定义标签）183
  2.3.5 习题 184

项目 3 学习论坛（JSP+Struts+Hibernate 实现） 186
 学习目标 186
 项目功能 186
 任务 3.1 学习论坛的前台管理系统 192
  学习目标 192
  任务分析 192
  相关知识 193
   3.1.1 MVC 概述 193
   3.1.2 Struts2 概述 195
   3.1.3 Struts2 的常规配置 200
   3.1.4 Action 的实现 202
   3.1.5 Action 的配置 206
   3.1.6 Struts2 的标签库 213

3.1.7　Struts2 的拦截器机制……220
　　　3.1.8　使用 Struts2 控制文件上传……225
　　任务实现……228
　　任务小结……238
　　　3.1.9　上机实训　"学林书城"前台信息显示（Struts 应用）……238
　　　3.1.10　习题……238
　任务 3.2　学习论坛的后台管理系统……239
　　任务分析……239
　　相关知识……239
　　　3.2.1　Hibernate 入门……239
　　　3.2.2　在 MyEclipse Web 项目中使用 Hibernate……244
　　任务实现……250
　　任务小结……275
　　　3.2.3　上机实训　"学林书城"后台管理功能（Hibernate 应用）……276
　　　3.2.4　习题……276
参考文献……276

项目 1
小小留言板（JSP 实现）

目标类型	具体目标
技能目标	1. 能熟练搭建 JSP 程序的运行环境； 2. 能熟练进行 Web 网站设计和开发； 3. 能熟练部署 JSP 应用程序
知识目标	1. 搭建 JSP 程序的运行环境； 2. 掌握 JSP 语言基础； 3. 掌握 JSP 内置对象及其应用； 4. 掌握数据库连接及操作方法

这是一个简单的留言板系统，目的是通过本项目的设计与实现过程，使读者能熟练搭建 JSP 的运行环境，了解 JSP 的特点，掌握 JSP 的基本结构和内置对象的使用，掌握 JDBC 数据库操作在 JSP 程序中的使用。

留言板系统的主要功能介绍如下。

1. 网站前台

（1）网站首页。网站首页显示所有留言信息，每页显示 10 条记录，若超过 10 条，则分页显示，如图 1.0.1 所示。

图 1.0.1　网站首页

（2）用户注册模块。用户只要填写相关信息即可成为小小留言板的注册用户，只有注册用户才能发表和回复留言，非注册用户只能查看留言和回复，如图 1.0.2 所示。

图 1.0.2 用户注册页面

（3）用户登录模块。注册用户输入用户名和密码即可登录小小留言板，可发表留言和回复，如图 1.0.3 所示。

图 1.0.3 用户登录页面

（4）发表留言模块。用户登录成功后，可以发表留言，如图 1.0.4 所示。

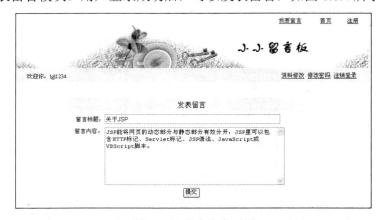

图 1.0.4 发表留言页面

（5）查看留言模块。在系统首页即浏览留言页面中，若点击留言标题，即可查看该留言的相关信息和回复信息，若用户已登录，可直接回复该留言；若用户未登录，则需登录后才能回复，如图 1.0.5 所示。

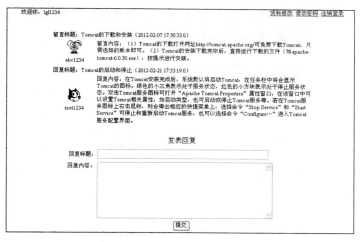

图 1.0.5　查看留言和回复页面

（6）用户修改个人资料模块。用户登录后，可以修改个人相关资料，如图 1.0.6 所示。

图 1.0.6　修改个人资料页面

（7）用户修改密码模块。用户登录后，可以修改密码，如图 1.0.7 所示。

图 1.0.7　修改密码页面

2. 网站后台

（1）管理员登录模块。后台管理员登录后方可对留言信息和用户信息进行管理，如图 1.0.8 所示。

图 1.0.8　后台管理员登录页面

（2）留言及回复管理模块。后台管理员登录后，可对留言及其回复信息进行管理，如图 1.0.9 和图 1.0.10 所示。

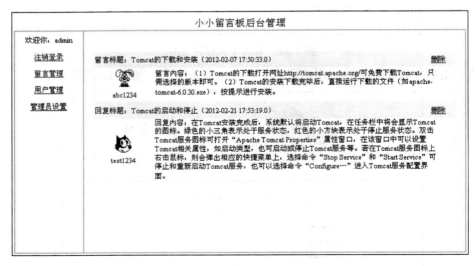

图 1.0.9　后台留言管理页面 1

图 1.0.10　后台留言管理页面 2

（3）用户管理模块。后台管理员登录后，可对注册用户进行管理，如图 1.0.11 和

图 1.0.12 所示。

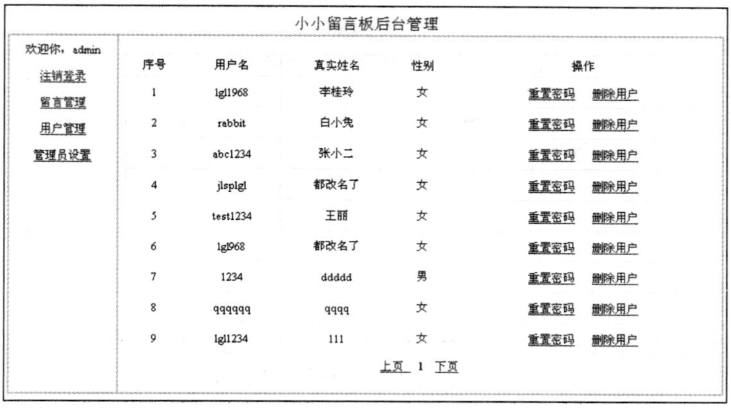

图 1.0.11　后台用户管理页面

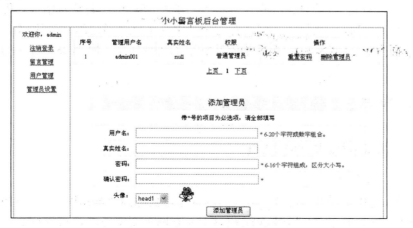

图 1.0.12　后台重置用户密码页面

（4）管理员设置模块。后台管理员登录后，根据权限可对其他管理员信息进行管理，如高级管理员可添加普通管理员信息，可对普通管理员密码进行重置，如图 1.0.13 和图 1.0.14 所示。

图 1.0.13　后台管理员设置页面

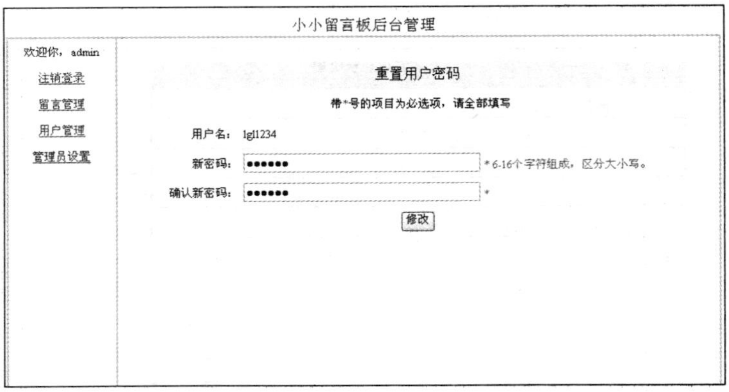

图 1.0.14　后台重置管理员密码页面

任务 1.1　搭建 Web 开发环境

目标类型	具体目标
技能目标	1．能熟练搭建和配置 Java Web 开发环境； 2．能熟练使用常用的 Java Web 开发工具； 3．能够创建、部署并运行 Web 项目
知识目标	1．了解静态网页和动态网页的区别； 2．熟悉常用的动态网页技术； 3．掌握 JSP 的特点； 4．掌握 JSP 运行环境的安装和配置； 5．熟悉 Web 项目的创建、部署和运行步骤

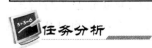

要完成小小留言板的设计和实现，首先要了解 JSP 程序的基本结构，程序的编辑和运行都需要哪些软件的支持，如何运行程序。本任务就是通过运行最简单的 JSP 程序来了解 JSP 程序的基本结构，学会搭建 JSP 程序的运行环境，掌握 JSP 程序的部署运行过程。

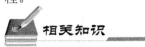

1.1.1　静态网页和动态网页

1．静态网页

在网站设计中，纯粹 HTML 格式的网页通常被称为"静态网页"，早期的网站一般都是由静态网页制作的。静态网页是相对于动态网页而言的，是指没有后台数据库、不含程序和不可交互的网页。您编的是什么它显示的就是什么，不会有任何改变。静态网页相对更新起来比较麻烦，适用于一般更新较少的展示型网站。

静态网页的网址形式通常以.htm、.html、.shtml、.xml 结尾，制作静态网页主要使用 HTML（超文本标记语言），也可配合客户端脚本语言 JavaScript、GIF 格式的动画、Flash、滚动字幕等来产生丰富的动态效果，从而可以满足大多数个人网站的需要，但这些"动态效果"只是视觉上的，与下面将要介绍的动态网页是不同的概念。

静态网页的特点简要归纳如下。

（1）静态网页每个网页都有一个固定的 URL，且网页 URL 以.htm、.html、.shtml 等常见形式为后缀，而不含有"?"。

（2）网页内容一经发布到网站服务器上，无论是否有用户访问，每个静态网页的内容都是保存在网站服务器上的，也就是说，静态网页是实实在在保存在服务器上的文件，每个网页都是一个独立的文件。

（3）静态网页的内容相对稳定，因此容易被搜索引擎检索。

（4）静态网页没有数据库的支持，在网站制作和维护方面工作量较大，因此当网站信息量很大时完全依靠静态网页制作方式比较困难。

（5）静态网页的交互性较差，在功能方面有较大的限制。

（6）静态网页运行速度快。

▶2．动态网页

这里说的动态网页，与网页上的各种动画、滚动字幕等视觉上的"动态效果"没有直接关系，动态网页也可以是纯文字内容的，也可以是包含各种动画的内容，这些只是网页具体内容的表现形式，无论网页是否具有动态效果，采用动态网站技术生成的网页都称为动态网页。

动态网页是与静态网页相对应的，URL 的后缀不是.htm、.html、.shtml、.xml 等静态网页的常见形式，而是以.aspx、.asp、.jsp、.php、.perl、.cgi 等形式为后缀的，并且在动态网页网址中有一个标志性的符号"?"。

动态网页的特点简要归纳如下。

（1）动态网页一般以数据库技术为基础，可以大大降低网站维护的工作量。

（2）采用动态网页技术的网站可以实现更多的功能，如用户注册、用户登录、商品管理、在线调查、订单管理等。

（3）动态网页实际上并不是独立存在于服务器上的网页文件，只有当用户请求时服务器才返回一个完整的网页。

（4）动态网页中的"?"对搜索引擎检索存在一定的问题，搜索引擎一般不可能从一个网站的数据库中访问全部网页，或者出于技术方面的考虑，搜索引擎不会去抓取网址中"?"后面的内容，因此采用动态网页的网站在进行搜索引擎推广时需要做一定的技术处理才能适应搜索引擎的要求。

▶3．静态网页和动态网页的区别

程序是否在服务器端运行，是重要标志。在服务器端运行的程序、网页、组件，属于动态网页，它们会随不同客户、不同时间，返回不同的网页，例如 ASP、PHP、JSP、ASP.NET、CGI 等。运行于客户端的程序、网页、插件、组件，属于静态网页，例如 HTML 页、Flash、JavaScript、VBScript 等，它们是永远不变的。

静态网页和动态网页各有特点，网站采用动态网页还是静态网页主要取决于网站的功能需求和网站内容的多少，如果网站功能比较简单，内容更新量不是很大，采用纯静态网页的方式会更简单，反之一般要采用动态网页技术来实现。

静态网页是网站建设的基础，静态网页和动态网页之间也并不矛盾，为了网站适应搜索引擎检索的需要，即使采用动态网页技术，也可以将网页内容转化为静态网页发布。

动态网站也可以采用静动结合的原则，适合采用动态网页的地方用动态网页，如果有必要使用静态网页，则可以考虑用静态网页的方法来实现，在同一个网站上，动态网页内容和静态网页内容同时存在也是很常见的事情。

1.1.2 动态网页技术

除了早期的 CGI 外，目前主流的动态网页技术有 JSP、ASP、PHP、ASP.NET 等。

1. CGI

在早期，动态网页技术主要采用 CGI 技术，即 Common Gateway Interface（公用网关接口）。虽然 CGI 技术成熟而且功能强大，但由于编程困难，效率低下，修改复杂等缺陷，所以有逐渐被新技术取代的趋势。

可以使用不同的程序编写合适的 CGI 程序，如 Visual Basic、Delphi 或 C/C++等，您将已经写好的程序放在 Web 服务器上运行，再将其运行结果通过 Web 服务器传输到客户端的浏览器上。通过 CGI 建立 Web 页面与脚本程序之间的联系，并且可以利用脚本程序来处理访问者输入的信息并据此做出响应。事实上，这样的编制方式比较困难而且效率低下，因为每一次修改程序都必须重新将 CGI 程序编译成可执行文件。

最常用于编写 CGI 技术的语言是 Perl（Practical Extraction and Report Language，文字分析报告语言），它具有强大的字符串处理能力，特别适合用于分割处理客户端 form 提交的数据串。用它来编写的程序后缀为.pl。

2. ASP

ASP 是 Active Server Page 的缩写，意为"动态服务器页面"。ASP 是微软公司开发的代替 CGI 脚本程序的一种应用，它可以与数据库和其他程序进行交互，是一种简单、方便的编程工具。ASP 采用脚本语言 VBScript（JavaScript）作为自己的开发语言，网页文件的格式是.asp，现在常用于各种动态网站中。

ASP 的主要特点如下。

（1）利用 ASP 可以实现突破静态网页的一些功能限制，实现动态网页技术。

（2）ASP 文件是包含在 HTML 代码所组成的文件中的，易于修改和测试。

（3）服务器上的 ASP 解释程序会在服务器端执行 ASP 程序，并将结果以 HTML 格式传送到客户端浏览器上，因此使用各种浏览器都可以正常浏览 ASP 所产生的网页。

（4）ASP 提供了一些内置对象，使用这些对象可以使服务器端脚本功能更强。例如，可以从 Web 浏览器中获取用户通过 HTML 表单提交的信息，并在脚本中对这些信息进行处理，然后向 Web 浏览器发送信息。

（5）ASP 可以使用服务器端 ActiveX 组件来执行各种各样的任务，例如存取数据库、发送 E-mail 或访问文件系统等。

（6）由于服务器是将 ASP 程序执行的结果以 HTML 格式传回客户端浏览器的，因此使用者不会看到 ASP 所编写的原始程序代码，可防止 ASP 程序代码被窃取。

由于 ASP 是微软开发的动态网页语言，只能运行于微软公司的操作系统平台，其主要工作环境是微软公司的 IIS（Internet Information Services，因特网信息服务）应用程序结构，ASP 技术不易于实现在跨平台 Web 服务器上工作。

▶3．PHP

PHP 是 Hypertext Preprocessor 的缩写，意为"超级文本预处理器"，是广泛应用的开放源代码的多用途脚本语言，其语法借鉴了 C、Java、Perl 等语言，但只需很少的编程知识就能够用 PHP 建立一个交互式 Web 站点。

PHP 的主要特点如下。

（1）免费、开源、跨平台。由于 PHP 是运行在服务器端的脚本，可以运行在 UNIX、Linux 和 Windows 平台上。

（2）PHP 与 HTML 语言具有很好的兼容性，相对于其他语言，编辑简单，实用性强，更适合初学者。

（3）PHP 提供了标准的数据库接口，数据库连接方便，与 MySQL 是绝佳的组合。

（4）PHP 提供了类和对象，可以进行面向对象编程。

▶4．ASP.NET

ASP.NET 的前身是 ASP 技术，是在 IIS2.0 上首次推出的，当时与 ADO1.0 一起推出，在 IIS3.0 上发扬光大，成为服务器端应用程序的热门开发工具。

ASP.NET 不仅仅是 ASP 3 的一个简单升级，它更为我们提供了一个全新而强大的服务器控件结构。从外观上看，ASP.NET 和 ASP 是相近的，但是从本质上是完全不同的。ASP.NET 几乎全是基于组件和模块化的，每一个页、对象和 HTML 元素都是一个运行的组件对象。在开发语言上，ASP.NET 抛弃了 VBScript 和 JavaScript，而使用.NET Framework 所支持的 VB.NET 和 C#.NET 等语言作为其开发语言，这些语言生成的网页在后台被转换成了类并编译成了一个 DLL。由于 ASP.NET 是编译执行的，所以它比 ASP 拥有了更高的效率。

▶5．JSP

JSP 是 Java Server Page 的缩写，意为"Java 服务器页面"。JSP 是 Sun 公司于 1999 年 6 月推出的新一代动态网站开发语言，是基于 Java Servlet 及整个 Java 体系的 Web 开发技术。它和 ASP 非常相似，但嵌入 HTML 页面的执行代码不是 VBScript 之类的脚本，而是 Java 代码。JSP 可以在 Servlet 和 JavaBean 的支持下，完成功能强大的动态网站程序的开发。

JSP 的主要特点如下。

（1）JSP 将业务逻辑和页面的表示逻辑分离。在 JSP 页面中，使用 HTML 或 XML 标签来设计和格式化 Web 页面，使用 JSP 标签或脚本来生成页面内的动态内容，页面内容可以根据请求变化相应内容，如当前的时间。生成动态内容的这部分逻辑是使用标签、JavaBean 组件及脚本来实现的，都是在服务器端执行的，这样，逻辑封装在标签和 beans 中，其他人，比如页面设计人员，就能够编辑和处理 JSP 页面，而不影响内容的生成。这样就实现了页面的表示与业务逻辑的分离。

（2）JSP 技术是基于 Java 的，所以它独立于平台。它为 Web 应用提供了基于组件的、平台无关的技术。这种广泛的、多平台的支持，允许 Web 开发人员编写一次 JSP 页面，随处运行。

（3）强调可重用的组件。大多数 JSP 页面使用 JavaBean、EJB 或标签库来执行应用所需的处理。这些组件和标签库是可重用的，可以共享给其他开发人员。基于组件的方法加快了整体开发的速度。

（4）自定义标记简化页面开发。Web 页面开发人员对脚本语言不可能完全熟悉。对于通过开发而定制的标记库，JSP 技术是可以扩展的。第三方开发人员和其他人员可以为常用功能建立自己的标记库，这使得 Web 页面开发人员能够使用熟悉的工具和像标记那样执行特定功能的构件来工作。

1.1.3　JSP 运行环境的安装和配置

为了使用 JSP，在服务器端（Server）和客户端（Client）都必须有相应的运行环境。
- 客户端运行环境。客户端运行环境主要就是浏览器，如 IE、Netscape、360 浏览器等。
- 服务器端运行环境。服务器端运行环境至少具备以下两个基本条件：一是安装 JDK，并进行环境变量的设置；二是 Web 服务器，常用的有 Tomcat、JBoss、Resin 等。

本书所有项目及案例运行所需要的相关软件如下。
（1）操作系统：Windows XP Professional SP2。
（2）JDK：JDK 1.6.0_23。
（3）Web 服务器：Tomcat 6.0.30。
（4）后台数据库：MySQL 5.0.27。

下面基于 Windows XP 操作系统，说明 JSP 运行环境的安装和配置。

1．JDK 的安装和配置

（1）JDK 的下载。打开网址 http://www.oracle.com/technetwork/java/javase/downloads/index.html 可免费下载 JDK，选取相应的版本下载即可。

（2）JDK 的安装。下载完毕后，直接运行下载的文件（如 jdk-6u23-windows-i586.exe），按提示进行安装，默认安装路径为 "C:\Program Files\Java\jdk1.6.0_23"，若要改变安装路径，可以单击"更改"按钮更改 JDK 和 JRE 的安装路径，这里采用默认路径。

（3）配置环境变量。在桌面上右键单击"我的电脑"图标，在弹出的快捷菜单中选择"属性"命令，在弹出的对话框中选择"高级"选项卡，单击其中的"环境变量"按钮，将弹出"环境变量"对话框，在"环境变量"对话框中分"用户变量"和"系统变量"两部分，如图 1.1.1 所示。其中"用户变量"的设置是针对当前操作用户的，而"系统变量"是针对当前系统设置的，也就是所有用户共享系统环境变量。

在"环境变量"对话框中，新建如表 1.1.1 所示的环境变量的值。

图 1.1.1　"环境变量"对话框

表 1.1.1 环境变量的值

变量名	变量值
JAVA_HOME	C:\Program Files\Java\jdk1.6.0_23
path	%JAVA_HOME%\bin 或 C:\Program Files\Java\jdk1.6.0_23\bin
classpath	.;%JAVA_HOME%\lib\dt.jar;%JAVA_HOME%\lib\tools.jar 或 .;C:\Program Files\Java\jdk1.6.0_23\lib\dt.jar; C:\Program Files\Java\jdk1.6.0_23\lib\tools.jar

说明：
- 可以通过单击"系统变量"下面的"新建"按钮，创建新的系统变量，这样可以避免更换用户后重新设置环境变量。
- 若要设置的环境变量不存在，则可通过"新建"按钮新建环境变量，输入变量名和变量值即可，如图 1.1.2 所示为 JAVA_HOME 变量的设置。
- 若要设置的环境变量存在，则可通过"编辑"按钮修改该环境变量的值即可，如图 1.1.3 所示为 path 变量的设置。

图 1.1.2 新建系统变量 JAVA_HOME

图 1.1.3 编辑系统变量 path

- 对于 classpath 变量的设置，其值只设置一个小数点"."也可。（在 JDK 1.5 之前的版本需要将 JDK 安装路径下的库文件所在目录，1.5 之后可以省略这个设置，只设置一个"."即可，来代表当前路径下的类可以直接访问。）

2. Tomcat 的安装和配置

Tomcat 是 Apache 组织开发的一种 JSP 引擎，本身具有 Web 服务器的功能，可作为独立的 Web 服务器来使用。它运行稳定，性能可靠，应用方便，是当今广泛使用的 Servlet/JSP 服务器，是学生练习和中小型网站的最佳选择。

（1）Tomcat 的下载。打开网址 http://tomcat.apache.org/可免费下载 Tomcat，只需选择相应的版本即可。

（2）Tomcat 的安装。下载完毕后，直接运行下载的文件（如 apache-tomcat-6.0.30.exe），按提示进行安装。安装界面如图 1.1.4 所示。

在图 1.1.4 所示界面中，单击"Next"按钮，出现如图 1.1.5 所示的安装界面。

在图 1.1.5 所示界面中，单击"I Agree"按钮，进入下一步安装，如图 1.1.6 所示。

在图 1.1.6 所示界面中，用户可以选择要安装的组件，如实例、开始菜单项等，在要安装的组件前面打上对勾，单击"Next"按钮，进入下一步，如图 1.1.7 所示。

在图 1.1.7 所示的配置选项界面中指定端口号（默认端口为 8080，可更改）、管理员用户名和密码（本书省略），然后单击"Next"按钮继续安装，进入如图 1.1.8 所示的 Java 虚拟机选择界面，继续单击"Next"按钮，进入如图 1.1.9 所示的选择安装位置界面。

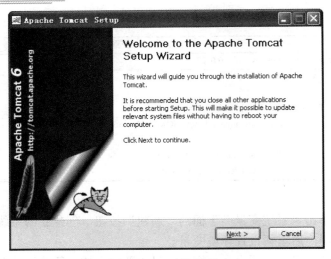

图 1.1.4 欢迎界面

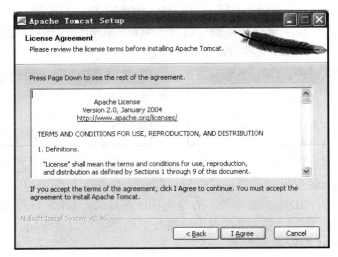

图 1.1.5 协议许可界面

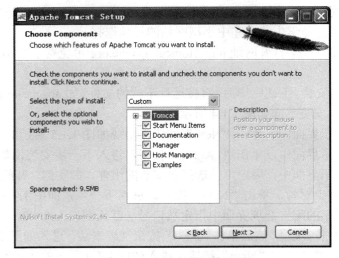

图 1.1.6 选择安装组件界面

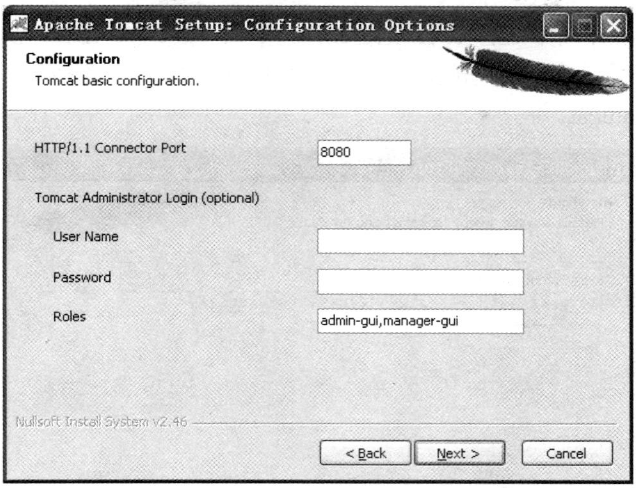

图 1.1.7 配置选项界面

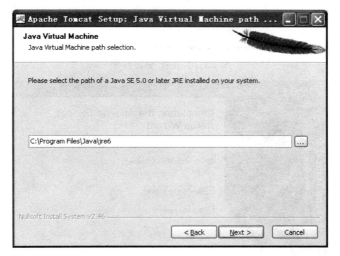

图 1.1.8 Java 虚拟机选择界面

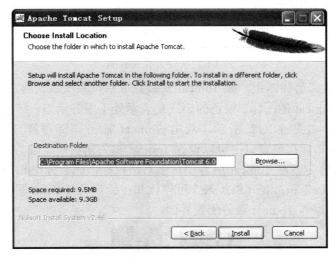

图 1.1.9 选择安装位置界面

在图 1.1.9 所示界面中选择安装位置之后，单击"Install"按钮进行安装，出现安装界面，如图 1.1.10 所示。安装完成后，在完成界面单击"Finish"按钮，如图 1.1.11 所示，系统默认将启动 Tomcat。

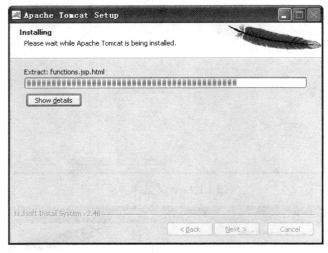

图 1.1.10　正在安装界面

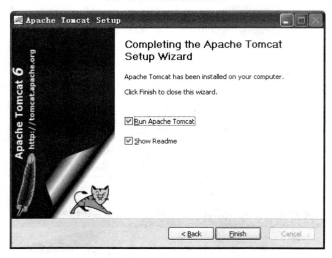

图 1.1.11　安装完成界面

（3）Tomcat 的启动和停止。在 Tomcat 安装完成后，系统默认将启动 Tomcat，在任务栏中将会显示 Tomcat 的图标。绿色的小三角表示处于服务状态，红色的小方块表示处于停止服务状态，如图 1.1.12 所示。双击 Tomcat 服务图标可打开"Apache Tomcat Properties"属性窗口，在该窗口中可以设置 Tomcat 相关属性，如启动类型，也可启动或停止 Tomcat 服务等。若在 Tomcat 服务图标上右击鼠标，则会弹出相应的快捷菜单，选择命令"Stop Service"和"Start Service"可停止和重新启动 Tomcat 服务，也可以选择命令"Configure…"进入 Tomcat 服务配置界面。

图 1.1.12　Tomcat 服务图标

另外，也可通过 Tomcat 开始菜单启动 Tomcat 服务，或运行 C:\Tomcat 6.0\bin\tomcat6.exe 启动 Tomcat 服务，或将 Tomcat 服务注册为 Windows 的启动服务，具体方法为鼠标右键单击"我的电脑"，在弹出的快捷菜单中依次选择"管理"→"服务和应用程序"→"服务"命令，在右侧的列表中用鼠标右键单击"Apache Tomcat"服务，在弹出的快捷菜单中选择"属性"命令，修改"启动类型"为"自动"即可。

（4）测试 Tomcat。在 Tomcat 成功启动后，在浏览器地址栏中输入"http://localhost:8080"或 http://127.0.0.1:8080，若出现如图 1.1.13 所示页面，则表示 Tomcat 服务器安装配置正常。

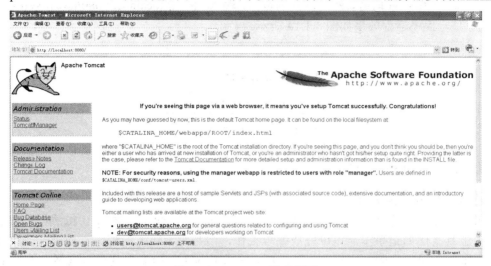

图 1.1.13　Tomcat 默认页面

前面介绍的 JSP 运行环境是 JDK+Tomcat 的一种配置方案。其中 Tomcat 既作为 JSP 引擎又作为 Web 服务器，配置比较简单，本书项目及案例均采用这种配置方案。读者可根据自己的需要和 JSP 主机所要求的实际情况，搭建适宜的运行环境，具体设置方法请参阅相关文献。

3．创建测试第一个 JSP 程序

☞ 案例 1.1.1　编写一个简单的 JSP 程序，并测试运行。

在 Tomcat 中建立 Web 应用程序目录及运行程序的步骤如下。

（1）进入 Tomcat 安装目录的 webapps，其中 ROOT、examples、docs 等是 Tomcat 自带的目录。

（2）在 webapps 目录下新建一个目录，命名为 test。

（3）在 test 目录下使用记事本新建一个文件，名字为 first.jsp，文件内容如下。

```
1.<%@ page language="java" contentType="text/html;charset=GB2312"%>
2.<html>
3.  <head>
4.    <title>first.jsp</title>
5.  </head>
6.  <body>
7.    <h1>Hello World!</h1>
8.    <h2><%out.println("这是我的第一个JSP程序"); %></h2>
9.  </body>
10.</html>
```

（4）在 test 目录下新建一个目录，名字为 WEB-INF，该目录名不能改变，并且要注

意大小写。

（5）在 WEB-INF 目录下，新建一个文件 web.xml，文件内容如下：

```
1.<?xml version="1.0" encoding="UTF-8"?>
2.<web-app version="2.5"
3.   xmlns="http://java.sun.com/xml/ns/javaee"
4.   xmlns:xsi="http://www.w3.org/2001/XMLSchema-instance"
5.   xsi:schemaLocation="http://java.sun.com/xml/ns/javaee
6.   http://java.sun.com/xml/ns/javaee/web-app_2_5.xsd">
7.</web-app>
```

（6）启动 Tomcat 服务，然后打开浏览器，输入"http://localhost:8080/test/first.jsp"（注意大小写），程序运行效果如图 1.1.14 所示。

图 1.1.14　JSP 程序运行界面

1.1.4　JSP 开发工具

1. 开发工具简介

JSP 运行环境搭建起来后就可以使用开发工具进行 JSP 的编程了，虽然用普通的文本编辑工具（比如记事本）可以完成编程工作，但是对于较大的程序，使用一些集成开发工具可以有很大帮助，因此，当读者充分熟悉 Java 和 JSP 后，就可以选择一些 IDE 来进行开发工作了。

目前常用的 JSP 开发工具有 JBuilder、JDeveloper、JCreator、NetBean、Eclipse、MyEclipse、Dreamweaver 等，这些 IDE 的开发环境都有着较大的差别，在一种开发环境下开发的项目不能很方便地移植到另一种开发环境下，这就要求读者谨慎地选择适合项目目标的开发工具。

本书项目及案例均在 MyEclipse 6.0.1 环境下开发，由于篇幅有限，关于 MyEclipse 的下载和安装请读者自行阅读相关文档。下面简要介绍 MyEclipse 环境下 Web 项目的创建、部署和测试。

2. 创建 Web 项目

☞ **案例 1.1.2**　创建并测试运行 Web 项目。

如图 1.1.15 所示为 MyEclipse 启动后的界面。

创建 Web 项目可通过以下几种方法。

（1）打开"File"菜单，选择"New"→"Web Project"命令。

（2）单击工具栏上的"新建"按钮，在弹出的"New"对话框中选择"Web Project"选项。

（3）在"包资源管理器"视图上单击鼠标右键，在弹出的快捷菜单中选择"New"→"Web Project"命令。

选择新建 Web 项目后将会出现如图 1.1.16 所示的对话框，输入项目名称后，单击"Finish"按钮即可。

图 1.1.15 MyEclipse 启动后的界面

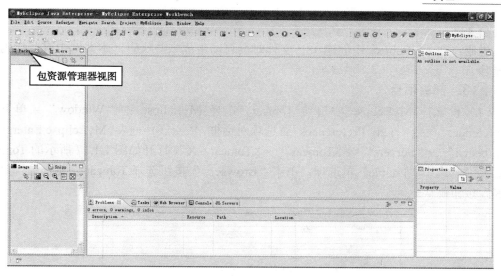

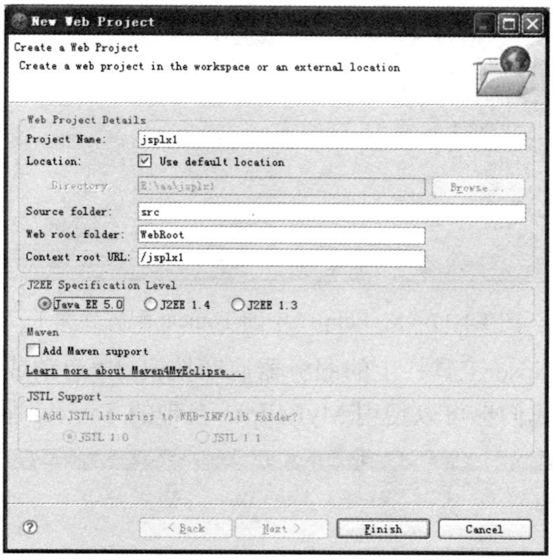

图 1.1.16 "New Web Project" 对话框

项目创建后,打开项目 WebRoot 下的 "index.jsp" 文件,修改文件内容如下。

```
1.<%@ page language="java" pageEncoding="UTF-8"%>
2.<%
3.    String path = request.getContextPath();
4.    String basePath = request.getScheme() + "://"
5.        + request.getServerName() + ":" + request.getServerPort()
6.        + path + "/";
7.%>
8.<html>
9.  <head>
10.    <base href="<%=basePath%>">
11.    <title>My JSP 'index.jsp' starting page</title>
12.  </head>
13.  <body>
14.    <h1>你好,欢迎大家学习 JSP</h1>
15.    <h2><%out.println("这是我的第一个 JSP 程序"); %></h2>
```

```
16.    </body>
17.</html>
```

说明：在 MyEclipse 中创建 JSP 文件时会自动生成一些代码，本案例中有些代码已经删除。

3. 部署项目

（1）设置在 MyEclipse 中启动 Tomcat。选择 MyEclipse 的"Window"菜单下的"Preferences"命令，打开"Preferences"首选项对话框，依次展开列表"MyEclipse Enterprise Workbench"→"Servers"→"Tomcat"→"Tomcat 6.X"，打开如图 1.1.17 所示的 Tomcat 配置界面，选中"Enable"单选项，单击"Browse…"按钮选择 Tomcat 安装目录，单击"OK"按钮确认。

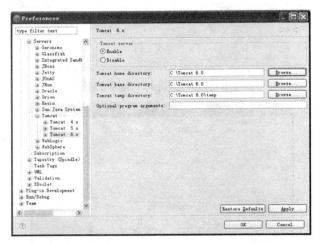

图 1.1.17　MyEclipse 中的 Tomcat 配置界面 1

此时可通过 MyEclipse 工具栏上的服务器启动按钮启动或停止 Tomcat 服务，如图 1.1.18 所示。（当然我们也可以使用 MyEclipse 自带的 Tomcat 服务。）

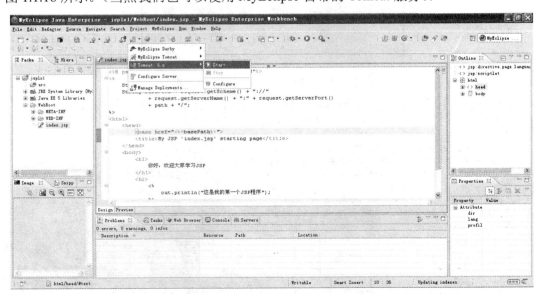

图 1.1.18　MyEclipse 中的 Tomcat 配置界面 2

（2）部署项目。单击工具栏上的 按钮，或在包资源管理器中的项目名上单击鼠标右键，在弹出的快捷菜单上选择"MyEclipse"→"Add and Remove Project Deployments…"命令，出现如图 1.1.19 所示的"Project Deployments"对话框，单击"Add"按钮，在随后出现的对话框中选择"Tomcat 6.x"选项，如图 1.1.20 所示，单击"Finish"按钮后，回到"Project Deployments"对话框，如图 1.1.21 所示，单击"OK"按钮，项目 jsplx1 即被部署到 Tomcat 中。

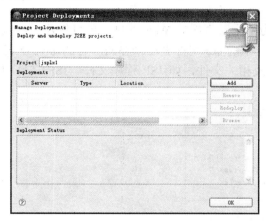

图 1.1.19　项目部署界面 1

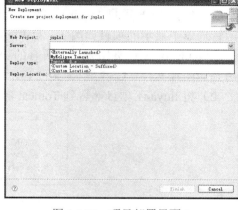

图 1.1.20　项目部署界面 2

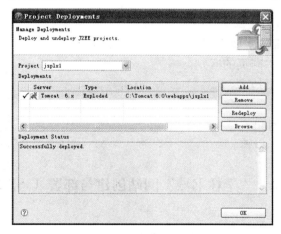

图 1.1.21　项目部署界面 3

4．测试运行项目

在 MyEclipse 中重新启动 Tomcat 6.0，然后打开浏览器，在地址栏中输入"http://localhost:8080/jsplx1/index.jsp"（注意大小写），如图 1.1.22 所示。

图 1.1.22　项目测试

说明：项目 1 中的所有案例均存储在项目 jsplx1 中。

任务实现

▶1. 安装和配置 JDK、Tomcat 和 MyEclipse

具体步骤参考相关知识介绍部分。

▶2. 创建并部署小小留言板的 Web 项目

本书所有项目均在 MyEclipse 环境下编辑部署，读者也可使用其他工具编辑部署 Web 项目，具体做法请自行查阅相关资料。

（1）创建 Web 项目 liuyan1，该项目即为小小留言板的 Web 项目。项目创建后，包资源管理器中显示的项目如图 1.1.23 所示，其中的 src 文件夹用来存储所有的 Java 类源文件，WebRoot 文件夹用来存储所有的 JSP 及相关文件，如 JSP 程序文件、JSP 文件中所用到的图片文件、CSS 或 JS 文件等。

（2）将 liuyan1 项目部署到 Tomcat 服务器上。

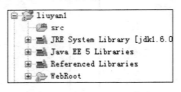

图 1.1.23 liuyan1 项目

任务小结

通过本任务的实现，主要带领读者学习了以下内容。

1．静态网页和动态网页的区别。
2．常用的动态网页技术。
3．JSP 的特点。
4．JSP 开发环境的配置。
5．JSP 程序的运行步骤。

1.1.5 上机实训 "学林书城"网站创建与部署（JSP 运行环境搭建）

【实训目的】

1．掌握 JDK 的安装和环境变量的配置方法。
2．掌握 Tomcat 的安装和配置方法。
3．掌握 MyEclipse 开发工具的使用。
4．掌握 Java Web 项目的创建、部署和运行。

【实训内容】

1．下载并安装 JDK，设置环境变量 path 和 classpath，并测试 JDK 安装配置是否成功。
2．下载并安装 Tomcat，练习 Tomcat 的启动和停止，并打开 Tomcat 主页。
3．修改 Tomcat 的默认端口。

Tomcat 的默认端口是 8080，Tomcat 也可以使用其他端口，我们可以在安装过程中进行修改，也可以在安装之后通过 Tomcat 的配置文件进行修改。修改方法如下。

（1）使用记事本或其他文本编辑器打开 Tomcat 安装目录下 conf 文件夹下的

servlet.xml 文件。

（2）找到如下代码：
```
<Connector port="8080" protocol="HTTP/1.1"
           connectionTimeout="20000"
           redirectPort="8443"/>
```
将其中的 port="8080" 改成 port="8088"，即将 Tomcat 的默认端口设置为 8088。

（3）修改成功后，重新启动 Tomcat，使新设置的端口生效。

（4）在浏览器地址栏中输入 http://localhost:8088，显示 Tomcat 主页。

4．使用 MyEclipse 创建、部署并运行 Java Web 项目。

（1）打开 MyEclipse，创建并部署 Web 项目 xlbook1。

（2）在 WebRoot 下创建 JSP 文件 main.jsp。

（3）程序运行结果如图 1.1.24 所示。

图 1.1.24　实训 1

说明：本书上机实训部分完成一个"学林书城"网站，该网站可对图书信息进行分类查看，提供会员注册、登录等功能，后台管理员可对图书信息进行录入、修改和删除。

1.1.6　习题

一、填空题

1．Tomcat 服务器的默认端口是（　　　）。

2．JSP 是（　　　）的缩写，是由（　　　）公司倡导建立的一种（　　　）网页技术标准。

3．JSP 网页文件的扩展名是（　　　）。

4．通过配置 Tomcat 的主要配置文件（　　　），能够修改 Tomcat 服务器的默认端口。

5．三种常用的动态网页技术是（　　　）、（　　　）和（　　　）。

6．静态网页文件里只有（　　　），没有程序代码。

7．在 Tomcat 成功安装和启动后，可以在浏览器的地址栏中输入（　　　）或（　　　）来测试安装配置是否正常。

8．在 JDK 环境变量配置中，必须配置的两个变量是（　　　）和（　　　）。

二、选择题

1．下列关于 Tomcat 的说法正确的是（　　　）。

　　A．Tomcat 是一种编程语言　　　　　　B．Tomcat 是一种开发工具

　　C．Tomcat 是一种编程规范　　　　　　D．Tomcat 是一个免费的开源的 Web 服务器

2．Java Web 项目的配置文件是（　　　）。

　　A．web.xml　　　　B．WEB-INF　　　　C．JDK1.6　　　　D．server.xml

3．下面说法中正确的是（　　　）。

　　A．Apache 是用于 ASP 技术所开发网站的服务器

　　B．IIS 是用于 CGI 技术所开发网站的服务器

　　C．Tomcat 是用于 JSP 技术所开发网站的服务器

D．WebLogic 是用于 PHP 技术所开发网站的服务器

4．URL 是 Internet 资源中的命名机制，URL 由（　　）三部分构成。
　　A．协议、主机 DNS 名或 IP 地址和文件名　　B．主机、DNS 名或 IP 地址和文件名、协议
　　C．协议、文件名、主机名　　D．协议、文件名、IP 地址

5．Web 应用程序打包后的扩展名是（　　）。
　　A．EAR　　　　B．WAR　　　　C．JAR　　　　D．RAR

三、判断题

1．静态网页的每个网页都有一个固定的 URL，且网页 URL 以.html、.htm、.shtml 等常见形式为扩展名，而不含"？"。

2．一台普通的计算机不需要做任何配置就可以成为 Web 服务器。

3．JSP（Java Server Pages）是由 Sun 公司在 Java 语言上开发出来的一种静态网页制作技术。

任务 1.2　网站首页

目标类型	具体目标
技能目标	1．能编写简单的 JSP 程序； 2．能正确使用 JSP 中的各种元素
知识目标	1．了解 JSP 程序的基本结构； 2．掌握 JSP 中的注释； 3．掌握 JSP 的脚本元素及其应用； 4．掌握 JSP 的指令元素及其应用； 5．掌握 JSP 的动作元素及其应用

打开小小留言板的网站首页，主要由三部分组成，最上面是网站导航和标题图，中间是页面主体，最下面是版权信息。本任务通过实现小小留言板的首页框架，使读者了解 JSP 的基本语法，掌握 JSP 中的脚本元素、指令元素和动作元素的基本用法。

网站首页如图 1.2.1 所示。本任务只实现基本框架，具体功能留给后续任务实现。

图 1.2.1　网站首页

相关知识

1.2.1 JSP 入门

JSP 是 Java Server Page 的缩写,是由 Sun Microsystems 公司倡导,许多公司参与建立的一种动态网页技术标准。在传统的网页 HTML 文件(*.htm,*.html)中加入 Java 程序片段(Scriptlet)和 JSP 标记(tag),就构成了 JSP 网页(*.jsp)。Web 服务器在遇到访问 JSP 网页请求时,首先执行其中的程序片段,然后将执行结果以 HTML 格式返回给客户。程序片段可以操作数据库、重新定向网页及发送 E-mail 等,这就是建立动态网站所需要的功能。所有程序操作都在服务器端执行,网络上传送给客户端的仅仅是结果,对客户浏览器的要求很低。

1. 一个典型的 JSP 程序

JSP 能将网页的动态部分与静态部分有效分开,JSP 里可以包含 HTML 标记、Servlet 标记、JSP 语法、JavaScript 或 VBScript 脚本。在编写出规则的 HTML 以后,需要用专门的标记将动态部分包含进来,一般来说,绝大部分都是以 "<%" 开始,以 "%>" 结束的。

☞ 案例 1.2.1 简单的 JSP 程序。

exam1_2_1.jsp

```
1.<%@ page language="java" pageEncoding="utf-8"%>
2.<%@ page import="java.util.*,java.text.*"%>
3.<html>
4.  <head>
5.    <title>JSP入门</title>
6.  </head>
7.  <body>
8.    <%
9.      Date now = new Date();
10.     SimpleDateFormat sdf = new SimpleDateFormat("yyyy-MM-dd");
11.    %>
12.    <table width="300" bgcolor="#f5f5f5">
13.     <tr>
14.       <td align="center">
15.         <%
16.           out.println("让我们一起学习JSP");
17.         %>
18.       </td>
19.     </tr>
20.     <tr>
21.       <td align="center">
22.         当前系统时间:<%=sdf.format(now)%>
23.       </td>
24.     </tr>
25.     <tr>
26.       <td align="center">
27.         <%
28.           int sum = 0;
29.           for (int i = 1; i <= 100; i++)
30.             sum = sum + i;
31.         %>
32.         1+2+3+...+n=<%=sum%>
```

```
33.            </td>
34.          </tr>
35.        </table>
36.  </body>
37.</html>
```

程序输入之后，启动 Tomcat 服务器，在浏览器地址栏中输入 http://localhost:8080/jsplx1/exam1_2_1.jsp，运行结果如图 1.2.2 所示。

图 1.2.2　案例 1.2.1 程序运行结果

▶2. JSP 程序的结构

通常，JSP 程序由以下几种元素构成：注释、指令元素、脚本元素、动作元素、模板元素。

JSP 的注释包括输出注释和隐藏注释两种；指令元素包括包含指令（include）、页面指令（page）、标记指令（taglib）三种；脚本元素包括声明、表达式、脚本程序三种；动作元素包括标准动作（jsp:include、jsp:param、jsp:forward、jsp:useBean、jsp:getProperty、jsp:setProperty、jsp:plugin）和自定义动作两种；模板元素通常指的是静态 HTML 或者 XML 内容，负责 JSP 页面显示，影响页面的结构和美观程度，JSP 服务器不做处理。因此对于 JSP 程序员来说，并不是关注重点。

1.2.2　JSP 注释

在 JSP 规范中，规定了两种注释形式，一种是输出注释，另一种是隐藏注释。这两种注释在语法规则和产生的结果上略有不同。

▶1. 输出注释

输出注释是指在客户端浏览器显示的注释，和 HTML 中的注释很像，在客户端浏览器中，可以通过"查看"菜单的"源文件"命令或鼠标右键打开的快捷菜单中的"查看源文件"命令看到。

输出注释的语法格式如下：
```
<!-- comment [%=expression%>] -->
```
如果在文件中包含以下注释代码：
```
<!-- 这是一个典型的JSP程序 -->
```
则在客户端浏览器查看源文件时会包含同样的内容。

与 HTML 注释不同的是，输出注释不仅可以输出静态内容，还可以输出表达式的结果，如输出当前系统时间。
```
<!-- 现在是：<%=(new java.util.Date()).toLocaleString() %> -->
```
则在客户端浏览器中查看源文件时文件内容如下：
```
<!-- 现在是：2012-6-17 20:26:35 -->
```

▶2. 隐藏注释

隐藏注释与输出注释不同的是，这个注释虽然写在 JSP 程序中，但不会发送给客户端，即客户端浏览器无法通过查看源文件看到隐藏注释的内容。

隐藏注释的语法格式如下：

```
<%-- comment --%>
```

☞ **案例 1.2.2**　在 JSP 文件中使用输出注释和隐藏注释。

exam1_2_2.jsp

```
1. <%@ page language="java" pageEncoding="utf-8"%>
2. <%@ page import="java.util.*,java.text.*"%>
3. <html>
4.    <!-- 这是一个典型的JSP程序 -->
5.    <!-- 现在是：<%=(new Date()).toLocaleString()%> -->
6.    <head>
7.        <title>使用注释</title>
8.    </head>
9.    <body>
10.       <%
11.           Date now = new Date();
12.           SimpleDateFormat sdf = new SimpleDateFormat("yyyy-MM-dd");
13.       %>
14.       <%-- 这是隐藏注释，您在客户端看不到我 --%>
15.       <table width="300" bgcolor="#f5f5f5">
16.           <tr>
17.               <td align="center">
18.                   <%
19.                       out.println("让我们一起学习JSP");
20.                   %>
21.               </td>
22.           </tr>
23.           <tr>
24.               <td align="center">
25.                   当前系统时间：<%=sdf.format(now)%>
26.               </td>
27.           </tr>
28.           <tr>
29.               <td align="center">
30.                   <%
31.                       int sum = 0;
32.                       for (int i = 1; i <= 100; i++)
33.                           sum = sum + i;
34.                   %>
35.                   1+2+3+...+n=<%=sum%>
36.               </td>
37.           </tr>
38.       </table>
39.   </body>
40. </html>
```

程序说明：

- 第 4 行：显示输出注释。
- 第 5 行：显示输出注释，动态显示当前时间。
- 第 14 行：隐藏注释，在查看源文件时不显示。

1.2.3　JSP 脚本元素

JSP 程序主要由脚本元素组成，JSP 规范描述了三种脚本元素：声明（Declaration）、表达式（Expression）和脚本程序（Scriptlet）。所有的脚本程序都是以"<%"标记开始，

以"%>"标记结束的。声明和表达式通过在"<%"后面加上一个特殊字符来进行区别。在运行 JSP 程序时，服务器可以将 JSP 元素转化成等效的 Java 代码，并在服务器端执行该代码。

1. 声明

在 JSP 中，声明是一段 Java 代码，用来定义变量和方法，声明后的变量和方法可以在该 JSP 文件的任何地方使用。

声明的语法格式如下：

```
<%! declarations %>
```

其中 declarations 是声明内容，可以是变量和方法。

如：

```
<%! int num=0; %>
<%! int a,b,c;%>
<%! Date now=new Date();%>
```

说明：
- 声明必须用";"结尾。
- 一个声明仅在一个页面中有效，如果想使一些声明能在多个页面中使用，最好把它们写成一个独立的文件，然后用<%@include%>或<jsp:include>元素包含进来。

☞ 案例 1.2.3 使用声明。

exam1_2_3.jsp

```
1.<%@ page language="java" pageEncoding="utf-8"%>
2.<html>
3.  <head>
4.    <title>使用声明</title>
5.  </head>
6.  <body>
7.    <%!int i = 1;%>
8.    <%!String str;%>
9.    <%
10.       str = "I Love JSP";
11.       out.print(str);
12.       out.print("<br>");
13.       out.print(i);
14.    %>
15. </body>
16.</html>
```

程序说明：
- 第 7 行：声明整型变量 i 并赋初值 1。
- 第 8 行：声明字符串对象 str。
- 第 9~14 行：脚本程序，给 str 赋值，输出变量的值。

程序运行结果如图 1.2.3 所示。读者可将<%!int i = 1;%>改成<%!int i;%>，即声明变量不赋初值，观察运行结果。也可将两个声明去掉或注释去掉，观察运行结果。从结果上看，JSP 程序中的变量必须先声明后使用，若声明时不赋初值，则取默认值。

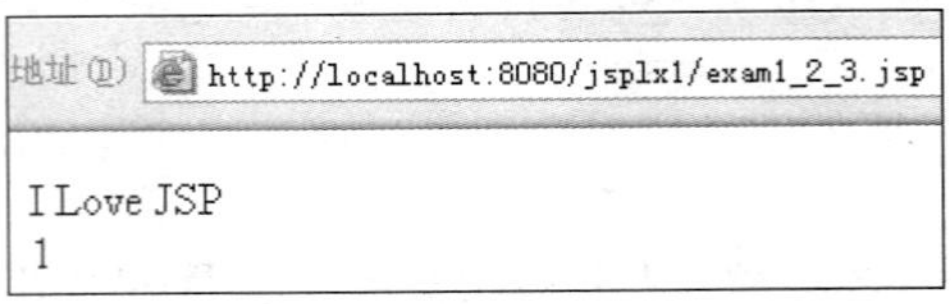

```
地址(D) http://localhost:8080/jsplx1/exam1_2_3.jsp

I Love JSP
1
```

图 1.2.3 案例 1.2.3 程序运行结果

2. 表达式

表运式在 JSP 请求处理阶段被计算其值，所得的结果自动转换成字符串在页面上显示出来。通常表达式在页面的位置，就是该表达式计算结果显示的位置。

表运式的语法格式如下：

```
<%= expression %>
```

如：

```
<%= str.length() %>
<h2><font color="blue"><%=i+1 %></font></h2>
```

说明：

- 不能用分号（;）作为表达式的结束符。
- 表达式必须是一个合法的 Java 表达式，并且必须有值。

☞ 案例 1.2.4　使用表达式。

exam1_2_4.jsp

```
1.<%@ page language="java" pageEncoding="utf-8"%>
2.<html>
3.  <head>
4.    <title>使用表达式</title>
5.  </head>
6.  <body>
7.    <%!int i = 1;%>
8.    <%!String str = "this is a book!";%>
9.    i+1=<%=i + 1%>
10.   <br>str 字符串的长度：
11.   <font color="blue"><%=str.length()%></font>
12. </body>
13.</html>
```

程序说明：

- 第 7～8 行：声明变量并赋初值。
- 第 9 行：输出表达式。
- 第 11 行：输出表达式。

程序运行结果如图 1.2.4 所示。

图 1.2.4　案例 1.2.4 程序运行结果

3. 脚本程序

脚本程序是一段在客户端请求时需要先被服务器执行的 Java 代码，它可以产生输出，并把输出发送到客户端的输出流，同时也可以是一段流程控制语句。

脚本程序的语法格式如下：

```
<% Java 代码段 %>
```

如：

```
<%
    int x;
    if (Math.random() < 0.5) {
        x = 100;
    } else {
```

```
        x = 200;
    }
%>
```

脚本程序中可以包含以下内容。

（1）声明程序中要用到的变量或方法。

（2）符合 Java 语法规范的表达式。

（3）任何隐含的对象和任何用<jsp:useBean>声明过的对象。

（4）符合 Java 语法规范的语句。

☞ **案例 1.2.5** 使用脚本程序。

exam1_2_5.jsp

```
1.<%@ page language="java" pageEncoding="utf-8"%>
2.<html>
3.  <head>
4.    <title>使用脚本程序</title>
5.  </head>
6.  <body>
7.    <% if (Math.random() < 0.5) {    %>
8.    随机数小于 0.5
9.    <% } else { %>
10.   随机数大于 0.5
11.   <% }%>
12.   <br>
13.   <% int i,sum=0;
14.      for(i=1;i<=100;i++){
15.         sum=sum+i;
16.      }
17.      out.print("1+2+3+...+100="+sum);
18.   %>
19. </body>
20.</html>
```

程序说明：

● 第 7 行：使用随机函数产生一个随机数，并判断其值是否小于 0.5。

● 第 7～11 行：HTML 代码和脚本程序混杂，根据随机数值不同，输出不同的内容。其中脚本程序均用"<%"和"%>"括起来。

● 第 13～18 行：脚本程序，求 1 到 100 的累加和并输出。

程序运行结果如图 1.2.5 所示。

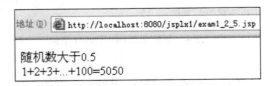

图 1.2.5　案例 1.2.5 程序运行结果

1.2.4　JSP 指令元素

JSP 指令主要用来提供整个 JSP 页面的相关信息，设定 JSP 页面的相关属性。JSP 指令以"<%@"标记开始，以"%>"结尾，中间包含指令名称，包含该指令的若干属性（也可以不包含），每个属性以名称数值对的形式出现。

JSP 指令元素有 3 种：page、include、taglib。

指令元素的一般格式如下：
```
<%@ directive attr1="value1" [attr2="value2" …] %>
```

1. page 指令

page 指令作用于整个 JSP 页面，定义许多和页面相关的属性。在一个 JSP 页面中，page 指令可以出现多次，但每一种属性只能出现一次，重复的属性设置将覆盖掉先前的设置。

page 指令的语法格式如下：
```
<%@ page attr1="value1" [attr2="value2" …] %>
```
如：
```
<%@ page language="java" pageEncoding="utf-8"%>
```
或
```
<%@ page language="java" pageEncoding="utf-8"%>
<%@ page import="java.util.*,java.sql.*"%>
```

page 指令共有 13 个属性，简单介绍如下。

（1）language 属性。language="scriptingLanguage"。该属性用于指定在脚本元素中使用的脚本语言，默认值为 java。目前该属性只支持 Java。

（2）extends 属性。extends="className"。该属性用于指定 JSP 页面转换后的 Servlet 类的父类，通常不需要指定该属性。JSP 容器会自动提供转换后的 Servlet 类的父类。

（3）import 属性。import="importList"。该属性用于指定在脚本元素中可以使用的 Java 类。属性的值和 Java 程序中的 import 声明类似，该属性的值是以逗号隔开的列表，表明要引入的包和类。

（4）session 属性。session="true|false"。该属性用于指定在 JSP 页面中是否可以使用 session 属性，默认值为 true。

（5）buffer 属性。buffer="none|8kb|sizekb"。该属性用于指定输出流对象（out 对象）是否需要缓冲，默认值为 8kb。

（6）autoFlush 属性。autoFlush="true|false"。该属性用于指定如果 buffer 溢出，是否需要强制输出。如果其值为 true（默认值），则当输出缓冲区溢出时输出正常；如果其值为 false，则当输出缓冲区溢出时会抛出一个异常。如果 buffer 属性值为 none，则 autoFlush 属性就不能设置为 false。

（7）isThreadSafe 属性。isThreadSafe="true|false"。该属性用于指定 JSP 文件是否能多线程使用。如果其值为 true（默认值），则 JSP 能同时处理多个用户的请求；如果其值为 false，则一个 JSP 只能一次处理一个请求。

（8）info 属性。info="info_text"。该属性用于指定页面的相关信息。该信息可以通过 Servlet 接口的 getServletInfo()方法得到。

（9）errorPage 属性。errorPage="error_url"。该属性用于指定当 JSP 页面发生异常时将要转向的错误处理页面。

（10）isErrorPage 属性。isErrorPage="true|false"。该属性用于指定当前的 JSP 页面是否是另一个 JSP 页面的错误处理页面，默认值为 false。

（11）contentType 属性。contentType="ctinfo"。该属性用于指定响应的 JSP 页面 MIME 类型和字符编码，默认值为 text/html。如 contentType="text/html;charset=gb2312"。

（12）pageEncoding 属性。pageEncoding="peinfo"。该属性用于指定 JSP 页面使用的

字符编码。如果设置了这个属性，则 JSP 页面的字符编码使用该属性指定的字符集；如果没有设置这个属性，则 JSP 页面使用 contentType 属性指定的字符集；如果这两个属性都没有设置，则使用字符集"ISO-8859-1"。

（13）isELIgnored 属性。isELIgnored="true|false"。该属性用于指定在 JSP 页面中是否执行 EL 表达式。如果其值为 true，则 EL 表达式将被 JSP 容器忽略；如果其值为 false，则 EL 表达式将被执行。默认值由 web.xml 的版本确定，Servlet2.3 或之前的版本将忽略 EL 表达式。

说明：
- page 指令可以放在 JSP 文件的任意位置，它的作用范围都是整个 JSP 页面，但为了养成良好的编程习惯，增加程序的可读性，通常将 page 指令放在 JSP 文件的顶部。
- page 指令默认导入的包有 java.lang.*、javax.servlet.*、javax.servlet.jsp.*、javax.servlet.http.*。
- 如果要在 JSP 程序中添加中文，则需要在 page 指令中指定 charset 属性为 gb2312 或 utf-8，否则 JSP 程序运行时的中文将是乱码。
- import 是唯一允许出现多次的属性，其他属性均不可重复出现。

☞ 案例 1.2.6　page 指令的应用（errorPage 和 isErrorPage 属性）。

① exam1_2_6.jsp

```
1.<%@ page language="java" pageEncoding="utf-8" errorPage="error.jsp"%>
2.<html>
3.  <head>
4.    <title>page 指令应用</title>
5.  </head>
6.  <body>
7.    <%
8.        int x = 100;
9.        int y = 0;
10.       int z = x / y;
11.       out.print(z);
12.   %>
13. </body>
14.</html>
```

程序说明：

- 第 1 行：page 指令，指定编码为 UTF-8，指定当本程序出现错误时将会跳转到 error.jsp。
- 第 7~12 行：y 的值为 0，第 10 行除法运算将会出错，直接跳转到 error.jsp 执行，请读者注意观察浏览器地址栏。

② error.jsp

```
1.<%@ page language="java" pageEncoding="utf-8" isErrorPage="true"%>
2.<html>
3.  <head>
4.    <title>错误处理页面</title>
5.  </head>
6.  <body>
7.        这是一个错误处理页面
8.  </body>
9.</html>
```

程序说明：

- 第 1 行：page 指令，指定编码为 UTF-8，指定本程序是一个错误处理页面。

程序运行结果如图 1.2.6 所示。

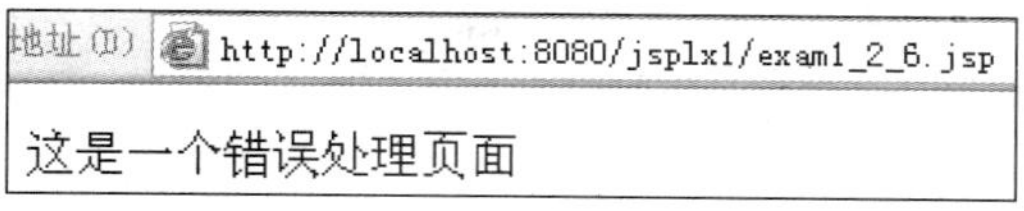

图 1.2.6　案例 1.2.6 程序运行结果

2. include 指令

include 指令用于在 JSP 文件中以静态方式包含其他文件，被包含的文件可以是 HTML 文件、JSP 文件、文本文件、inc 文件或者只是一段 Java 代码。通过 include 指令可以方便代码的重复使用，提高代码的使用效率，比如可以将一些通用的模块、数据库连接语句及全局变量放在一个单独的文件中，如果在其他页面中需要这些代码，则可以使用 include 指令将它们包含进来。

include 指令的语法格式如下：

```
<%@ include file="relativeURL" %>
```

☞ 案例 1.2.7　page 指令和 include 指令的应用。

① exam1_2_7.jsp

```
1.<%@ page language="java" pageEncoding="utf-8"%>
2.<html>
3.  <head>
4.    <title>小小留言板</title>
5.  </head>
6.  <body>
7.    <%@include file="top.jsp"%>
8.    <table width="1000" height="300" border="0" align="center">
9.      <tr>
10.        <td align="center">
11.          页面主体
12.        </td>
13.      </tr>
14.    </table>
15.    <%@include file="bottom.jsp"%>
16.  </body>
17.</html>
```

程序说明：

- 第 1 行：page 指令，指定编码为 UTF-8。
- 第 7 行：include 指令，包含文件 top.jsp。
- 第 15 行：include 指令，包含文件 bottom.jsp。

② top.jsp

```
1.<%@ page language="java" pageEncoding="utf-8"%>
2.<html>
3.  <head>
4.    <title>My JSP 'top.jsp' starting page</title>
5.  </head>
6.  <body>
7.    <table width="1000" height="100" border="0" align="center">
8.      <tr>
9.        <td align="center" bgcolor="#99ccff">
10.          <font size="7">小小留言板</font>
11.        </td>
12.      </tr>
```

```
13.    </table>
14. </body>
15.</html>
```

③   bottom.jsp
```
1.<%@ page language="java" pageEncoding="utf-8"%>
2.<html>
3.  <head>
4.    <title>My JSP 'bottom.jsp' starting page</title>
5.  </head>
6.  <body>
7.    <div align="center">
8.    <hr width="980"size="1" color="#99ccff">
9.        版权所有：四平职业大学计算机工程学院
10.   </div>
11. </body>
12.</html>
```

程序运行结果如图 1.2.7 所示。

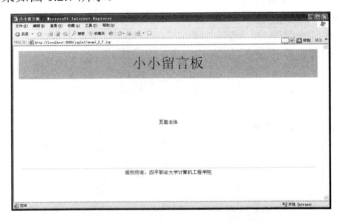

图 1.2.7 案例 1.2.7 程序运行结果

3．taglib 指令

taglib 指令用于在 JSP 文件中使用自定义的标签，指定标签库及自定义标签的前缀。
taglib 指令的语法格式如下：

```
<%@ taglib url="tagLibraryURL" prefix="tagPrefix" %>
```

  taglib 是 JSP 1.1 版开始新增加的功能，它允许设计者自己定义一个标签库及标签的前缀，设计者首先要开发标签库，为标签库编写.tld 配置文件，然后在 JSP 页面中使用自定义标签。在 JSP 2.0 规范中增加了 JSP 标准标签库（JSP Standard Tag Library，JSTL）。
  关于自定义标签库及标准标签库，将在后面做进一步的介绍。

1.2.5 JSP 动作元素

  JSP 容器支持两种 JSP 动作，即标准动作和自定义动作。JSP 动作元素是用 XML 语法写成的，它在请求处理阶段起作用，影响到 JSP 运行时的行为和发送给客户的应答。
  常用的 JSP 动作元素主要有以下几个：<jsp:include>、<jsp:forward>、<jsp:plugin>、<jsp:param>、<jsp:useBean>、<jsp:setProperty>、<jsp:getProperty>。
  本任务只介绍前四个动作元素，后面三个是关于 JavaBean 的相关动作，在项目 2 中再做介绍。另外还有一些其他动作元素，由于很少使用，在此就不一一列举了。

1. <jsp:include>动作

<jsp:include>动作元素允许在页面被请求的时候包含一些其他的资源,如静态的HTML文件或者动态的JSP文件。

<jsp:include>动作的语法格式如下:

```
<jsp:include page="{relativeURL | <%= expression%>" flush="true"/>
```

或

```
<jsp:include page="{relativeURL | <%= expression%>" flush="true">
  <jsp:param name="paramName" value="paramValue | <%= expression %>"/>
</jsp:include>
```

如:

```
(1) <jsp:include page="top.jsp"/>
(2) <jsp:include page="bottom.html"/>
(3) <jsp:include page="test/reg.jsp">
      <jsp:param name="username" value="abc"/>
      <jsp:param name="password" value="123"/>
    </jsp:include>
```

include 动作的属性主要有以下几项。

(1) page 属性。page="{relativeURL | <%= expression%>}"。参数为一相对路径,或者是代表相对路径的表达式。

(2) flush 属性。默认值为 false,必须使用 flush="true",不能使用 false。

(3) <jsp:param>子句能够传递一个或多个参数给动态文件,也可以在一个页面中使用多个<jsp:param>来传递多个参数给动态文件。如果使用了<jsp:param>子句,被包含的文件必须是一个动态的文件才能够处理参数。

说明:

- <jsp:include>允许包含静态文件或动态文件,但结果是不尽相同的。如果所包含的仅是静态文件,那么只把静态文件的内容加到 JSP 文件中去;如果所包含的是动态文件,那么这个被包含的文件也会被 JSP 容器编译执行。
- 从文件名上不能直接判断一个文件是静态的还是动态的,而是取决于这个文件中的代码。<jsp:include>能自动判断被包含文件是静态的还是动态的。
- 与<%@ include ... %>指令不同的是,<jsp:include>所包含的内容是可以动态改变的,它在执行时确定。而<%@ include ... %>指令所包含的内容一经编译就不能改变。
- 与<%@ include ... %>指令相比,<jsp:include>的运行效率低,但可以动态地增加内容,如果被包含的文件经常改变,那么建议读者使用<jsp:include>。

☞ **案例 1.2.8** <jsp:include>动作元素的应用。

① exam1_2_8.jsp

```
1.<%@ page language="java" pageEncoding="utf-8"%>
2.<html>
3.    <head>
4.        <title>小小留言板</title>
5.    </head>
6.    <body>
7.        <jsp:include page="top1.jsp"/>
8.        <form action="">
9.        <table width="450" height="200" border="0">
10.           <tr>
```

```
11.            <td>
12.                留言标题：<input type="text" name="bt">
13.            </td>
14.        </tr>
15.        <tr>
16.            <td>
17.                留言内容：<textarea name="nr" rows="10" cols="40"></textarea>
18.            </td>
19.        </tr>
20.        <tr>
21.            <td align="center">
22.                <input type="submit" value="提交">
23.            </td>
24.        </tr>
25.    </table>
26. </form>
27. </body>
28.</html>
```

程序说明：

- 第 7 行：用 include 动作元素包含文件 top1.jsp。
- 第 8~26 行：表单。

② top1.jsp

```
1.<%@ page language="java" pageEncoding="utf-8"%>
2.<html>
3.  <head>
4.    <title>My JSP 'top.jsp' starting page</title>
5.  </head>
6.  <body>
7.    <table width="450" height="100" border="0">
8.        <tr>
9.            <td bgcolor="#99ccff" align="center">
10.               <font size="7">小小留言板</font>
11.           </td>
12.       </tr>
13.    </table>
14.  </body>
15.</html>
```

程序运行结果如图 1.2.8 所示。

图 1.2.8　案例 1.2.8 程序运行结果

2. <jsp:forward>动作

<jsp:forward>动作允许将请求转发到其他的 HTML 文件、JSP 文件、Servlet 中，并且请求被转发后，会停止当前 JSP 文件的执行。

<jsp:forward>动作的语法格式如下：

```
<jsp:forward page="{relativeURL | <%= expression%>}" flush="true"/>
```

或

```
<jsp:forward page="{relativeURL | <%= expression%>}" flush="true">
    <jsp:param name="paramName" value="paramValue | <%= expression%>"/>
</jsp:forward>
```

<jsp:forward>动作的属性与<jsp:include>完全相同，不同的是执行结果。

☞ **案例 1.2.9** <jsp:forward>动作元素的应用。

① exam1_2_9.jsp

```
1.<%@ page language="java" pageEncoding="utf-8"%>
2.<html>
3.    <head>
4.        <title>forward动作元素应用</title>
5.    </head>
6.    <body>
7.        <table width="450" height="200" border="0">
8.            <tr>
9.                <td>
10.                    当前时间：<%= new java.util.Date()%>
11.                </td>
12.            </tr>
13.        </table>
14.        <jsp:forward page="forward.jsp"></jsp:forward>
15.    </body>
16.</html>
```

程序说明：

- 第 7~13 行：表格，显示当前系统时间。
- 第 14 行：forward 动作元素，重定向到文件 forward.jsp。

② forward.jsp

```
1.<%@ page language="java" pageEncoding="utf-8"%>
2.<html>
3.    <head>
4.        <title>forward应用</title>
5.    </head>
6.    <body>
7.        <table>
8.            <tr>
9.                <td align="center">
10.                    服务器名称：<%=request.getServerName()%>
11.                </td>
12.            </tr>
13.            <tr>
14.                <td align="center">
15.                    您的IP：<%=request.getRemoteAddr()%>
16.                </td>
17.            </tr>
18.        </table>
19.    </body>
20.</html>
```

程序说明：
- 第 10 行：显示服务器名称。
- 第 15 行：显示客户端 IP 地址。

程序运行时，没有看到当前时间的显示，就跳转到 forward.jsp 去执行。结果如图 1.2.9 所示。

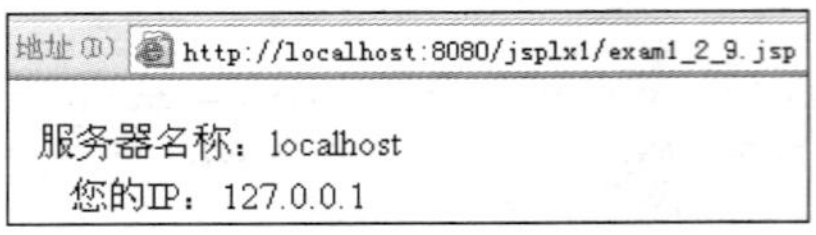

```
地址(D) http://localhost:8080/jsplx1/exam1_2_9.jsp
服务器名称：localhost
您的IP：127.0.0.1
```

图 1.2.9　案例 1.2.9 程序运行结果

3. <jsp:plugin>动作

<jsp:plugin>动作用于在页面中插入一个 Applet 或 JavaBean，执行一个 Applet 或 Bean，有时候还须下载一个 Java 插件用于执行它。

<jsp:plugin>动作的语法格式如下：

```
<jsp:plugin
    type="bean | applet"
    code="className"
    codebase="classDirectory"
    width="displayPixels"
    height="displayPixels"
    … …
>
</jsp:plugin>
```

<jsp:plugin>动作的属性有很多，这里只介绍几个简单常用的属性，其余属性请读者自行查阅相关文档。

（1）type 属性。该属性指定将被执行的插件对象的类型，必须指定。

（2）code 属性。该属性指定将会被 Java 插件执行的 Java 类的名字，必须用.class 结尾。

（3）codebase 属性。该属性指定将会被执行的 Java 类文件的目录（或者是路径）。

☞ 案例 1.2.10　<jsp:plugin>动作元素的应用。

① exam1_2_10.jsp

```
1.<%@ page language="java" pageEncoding="utf-8"%>
2.<html>
3.  <head>
4.    <title>plugin 动作元素应用</title>
5.  </head>
6.  <body>
7.    <font color="#ff0000">显示一个Applet<br></font>
8.    <jsp:plugin type="applet" code="clock.class" jreversion="1.2"
                codebase="." width="200" height="100">
9.    </jsp:plugin>
10. </body>
11.</html>
```

程序说明：
- 第 8 行：plugin 动作元素，在 JSP 页面中插入一个 Applet，并指定宽度和高度。

② Java 类文件：clock.java（将编译后的类文件复制到与 exam1_2_10.jsp 相同的目录下，即 Tomcat 安装目录/webapps/jsplx1）。

```
1.import java.applet.Applet;
```

```
2.import java.awt.Color;
3.import java.awt.Graphics;
4.import java.util.Date;
5.import java.text.SimpleDateFormat;
6.public class clock extends Applet {
7.   public void paint(Graphics g) {
8.       this.setBackground(Color.yellow);
9.       g.setColor(Color.blue);
10.      g.drawString("现在时间是: ", 10, 20);
11.      g.drawString(new SimpleDateFormat("hh:mm:ss")
                     .format(new Date()), 10,50);
12.  }
13.}
```

程序运行结果如图 1.2.10 所示。

图 1.2.10　案例 1.2.10 程序运行结果

4. <jsp:param>动作

<jsp:param>动作通常会同<jsp:include>、<jsp:forward>、<jsp:plugin>等动作元素一起使用，以 "name/value" 的形式为这些动作提供附加信息。

<jsp:param>动作的语法格式如下：

`<jsp:param name="name" value="value"/>`

其中 name 属性为参数的名称，value 属性为参数的值。

 任务实现

完成小小留言板首页框架设计，将标题图和导航页、版权信息页包含在主页面中。

1. 打开 liuyan1 项目，在 WebRoot 下新建文件夹 "images"，将标题图和导航页面要使用的图片文件 "logo.jpg" 复制到 images 文件夹中。

2. 在 WebRoot 下新建文件夹 "ly"，该文件夹用来存储前台页面文件。

3. 首页上方的标题图和导航页面，存放在 ly 文件夹下，文件名为 top.jsp。

top.jsp

```
1.<%@ page language="java" pageEncoding="utf-8"%>
2.<%
3.  String path = request.getContextPath();
4.  String basePath = request.getScheme() + "://"
5.         + request.getServerName() + ":" + request.getServerPort()
6.         + path + "/";
7.%>
8.<!DOCTYPE HTML PUBLIC "-//W3C//DTD HTML 4.01 Transitional//EN">
9.<html>
10.  <head>
11.      <base href="<%=basePath%>">
12.      <title>网站 LOGO</title>
13.  </head>
14.  <body bgcolor="#f5f5f5">
15.  <table border="1" bordercolor="#f5f5f5" align="center" width="800"
16.         height="127" background="images/logo.jpg" cellspacing="0"
17.         cellpadding="0">
18.      <tr>
```

```
19.        <td>
20.            <table width="100%" height="127" border="0">
21.                <tr>
22.                    <td rowspan="3" width="400" valign="bottom">
23.                        <br>
24.                    </td>
25.                </tr>
26.                <tr>
27.                    <td width="100" height="25">
28.                        <br>
29.                    </td>
30.                    <td align="center" width="80">
31.                        <font size="2">我要留言</font>
32.                    </td>
33.                    <td align="center" width="50">
34.                        <font size="2">首页</font>
35.                    </td>
36.                    <td align="center" width="50">
37.                        <font size="2">注册</font>
38.                    </td>
39.                </tr>
40.                <tr>
41.                    <td colspan="4">
42.                        <font size="6">小小留言板</font>
43.                    </td>
44.                </tr>
45.            </table>
46.        </td>
47.    </tr>
48. </table>
49. </body>
50.</html>
```

程序说明：

- 第 2~7 行：MyEclipse 自动生成代码，获取当前请求的根目录。
- 第 11 行：设置当前文件中的路径引用地址。
- 第 15 行：表格，背景是标题图片。
- 第 30~44 行：显示导航 "我要留言"、"首页"、"注册"。

4. 首页下方的版权信息，存放在 ly 文件夹下，文件名为 bottom.jsp。

bottom.jsp

```
1.<%@ page language="java" pageEncoding="UTF-8"%>
2.<%
3.  String path = request.getContextPath();
4.  String basePath = request.getScheme() + "://"
5.          + request.getServerName() + ":" + request.getServerPort()
6.          + path + "/";
7.%>
8.<html>
9.  <head>
10.      <base href="<%=basePath%>">
11.      <title>版权信息</title>
12.  </head>
13.  <body>
14.      <table width="800" align="center">
15.          <tbody>
16.              <tr align="center">
17.                  <td height="30">
```

```
18.                    <font size="2">copyright &copy;2010 
19.                    四平职业大学计算机工程学院  版权所有</font>
20.                </td>
21.            </tr>
22.        </tbody>
23.    </table>
24. </body>
25. </html>
```

5．网站首页，存放在 WebRoot 根目录下，文件名为 index.jsp。

index.jsp

```
1.<%@ page language="java" import="java.util.*" pageEncoding="UTF-8"%>
2.<%
3.    String path = request.getContextPath();
4.    String basePath = request.getScheme() + "://"
5.            + request.getServerName() + ":" + request.getServerPort()
6.            + path + "/";
7.%>
8.<html>
9.    <head>
10.        <base href="<%=basePath%>">
11.        <title>小小留言板</title>
12.    </head>
13.    <body>
14.        <jsp:include page="ly/top.jsp"/>
15.        <table align="center" width="800" height="400" bgcolor="#ffffff">
16.            <tr>
17.                <td valign="top">
18.                    页面主体，用来显示所有留言
19.                </td>
20.            </tr>
21.        </table>
22.        <jsp:include page="ly/bottom.jsp"/>
23.    </body>
24.</html>
```

程序说明：
- 第 14 行：包含文件 top.jsp，注意文件路径。
- 第 15～21 行：页面主体，用来显示所有留言，具体功能将在后面任务中实现。
- 第 22 行：包含文件 bottom.jsp，注意文件路径。

任务小结

通过本任务的实现，主要带领读者学习了以下内容。
1．JSP 程序的基本结构。
2．两种 JSP 注释的区别。
3．JSP 脚本元素的使用。
4．JSP 指令元素的使用。
5．JSP 动作元素的使用。

1.2.6　上机实训　"学林书城"网站主页（JSP 元素）

【实训目的】

1．了解 JSP 文件的构成。

2. 掌握 JSP 中的注释。
3. 掌握 JSP 中脚本元素的使用。
4. 掌握 page 指令和 include 指令的使用。
5. 掌握<jsp:include>和<jsp:forward>动作元素的使用。

【实训内容】
1. 编写一个用"*"组成的三角形的程序，并在程序中添加适当的注释。
2. 完成"学林书城"网站主页的框架设计。
（1）打开 MyEclipse，创建并部署 Web 项目 xlbook2。
（2）在 WebRoot 下面创建四个 JSP 文件：index.jsp、top.jsp、main.jsp、bottom.jsp。
（3）将 top.jsp、main.jsp、bottom.jsp 这三个文件包含在主页（index.jsp）中。
（4）程序运行效果如图 1.2.11 所示。

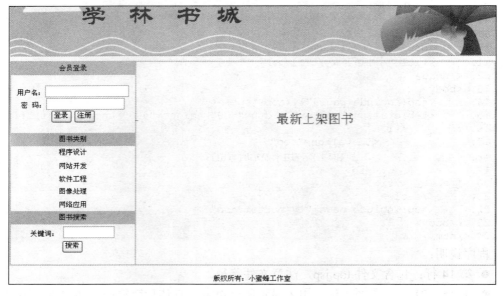

图 1.2.11　学林书城主页

1.2.7　习题

一、填空题

1．JSP 中有两种注释，输出注释的格式是（　　　　），隐藏注释的格式是（　　　　）。
2．在 JSP 的 3 种指令元素中，用来定义和页面相关属性的指令是（　　　　），用来在一个 JSP 页面中包含另一个文件的指令是（　　　　），用来定义标签库并指定标签前缀的指令是（　　　　）。
3．（　　　　）动作元素允许在一个 JSP 页面中包含一个静态或动态页面。
4．在 page 指令中通过属性（　　　　）来指定 JSP 页面使用的字符编码。
5．当 JSP 页面发生异常时，将转向一个错误处理页面，需要设置 page 指令的（　　　　）属性。
6．page 指令的 Language 属性的默认值是（　　　　）。
7．为了使得 JSP 能正常显示中文信息，必须在 page 指令中设置 charset 的值为（　　　　）。
8．JSP 程序中用到的变量或方法必须首先（　　　　）。

9. （　　　　　）是一段在客户端请求时需要先被服务器执行的 Java 代码，它可以产生输出，并把输出发送到客户的输出流，同时也可以是一段流程控制语句。

10. 可以通过"查看/源文件"显示出来的注释是（　　　　）。

二、选择题

1. JSP 的指令元素通常是指（　　　）。
   A．page 指令、include 指令和 taglib 指令
   B．page 指令、include 指令和 plugin 指令
   C．forward 指令、include 指令和 taglib 指令
   D．page 指令、param 指令和 taglib 指令

2. 可以在下面哪个标记之间插入 Java 程序段？（　　　）
   A．<% 和 %>　　　B．<% 和 >　　　C．</ 和 %>　　　D．<! 和 %>

3. page 指令的属性 language 的默认值是（　　　）。
   A．Java　　　B．C　　　C．C#　　　D．SQL

4. （　　　）指令允许页面使用自定义标签库。
   A．include　　　B．taglib　　　C．plugin　　　D．param

5. 下列哪一项不属于 JSP 动作元素？（　　　）
   A．<jsp:param>　　　　　　　　B．<jsp:plugin>
   C．<jsp:include>　　　　　　　D．<jsp:javaBean>

6. 下列选项中，哪一项是 JSP 隐藏型注释？（　　　）
   A．<!-- 注释内容[<%= 表达式 %>] -->
   B．<!-- 注释内容 -->
   C．<%-- 注释内容 -->
   D．<!-- <%= 表达式 %> -->

7. 下列选项中，哪一项是正确的表达式？（　　　）
   A．<%! int a=123; %>　　　　　B．<% int b=456; %>
   C．<%= a+b; %>　　　　　　　　D．<%= a+b %>

8. page 指令的（　　　）属性用于引用需要的包或类。
   A．extends　　　B．errorPage　　　C．import　　　D．language

9. page 指令用于定义 JSP 文件的全局属性，下列关于该指令用法的描述不正确的是（　　　）。
   A．page 指令作用于整个 JSP 页面
   B．可以在一个 JSP 页面中使用多个 page 指令
   C．为增强程序的可读性，建议将 page 指令放在 JSP 文件的开头，但不是必须的
   D．page 指令中的属性只能出现一次

10. （　　　）动作用于将请求发送给其他页面。
    A．next　　　B．forward　　　C．include　　　D．param

三、判断题

1. 在 JSP 开头并不需要<%@page language="java"%>这句话。　　　　　　（　　　）

2. Myname 与 myname 是同样的两个变量。　　　　　　　　　　　　　　（　　　）

3. 在使用自定义标签之前必须使用<%@taglib>指令引用标签库，但是，在一个页面中只能使用一次。　　　　　　　　　　　　　　　　　　　　　　　　　　　　　　　　（　　　）

4．<jsp:include>动作元素允许页面被请求的时候包含一些其他的资源，如一个静态的 HTML 文件或动态的 JSP 文件。（　　）

5．无论将 page 指令放在 JSP 文件的哪个位置，它的作用范围都是整个 JSP 页面。（　　）

6．格式如<%-- 注释内容 --%>的注释是输出注释。（　　）

7．JSP 编译器是不会对<%--和--%>之间的语句进行编译的，它不会显示在客户端的浏览器中，也不会在源代码中被看到。（　　）

8．在 JSP 声明中只能一次一个地声明要用到的变量和方法。（　　）

9．page 指令的所有属性都可以重复设置。（　　）

10．<jsp:forward>操作允许将请求转发到其他的 HTML 文件、JSP 文件或者是一个程序段，通常请求被转发后，会停止当前 JSP 文件的执行。（　　）

11．<%@include%>指令只能包括后缀名为.jsp 的文件。（　　）

12．在客户端浏览器显示的注释是输出注释。（　　）

13．page 指令不一定放在页面的头部。（　　）

任务 1.3　用户登录页面

学习目标

目标类型	具体目标
技能目标	1．能熟练设计编写 JSP 页面； 2．能正确使用 JSP 各种内置对象； 3．能正确获取并处理表单信息
知识目标	1．了解 JSP 内置对象的概述； 2．掌握 request 对象的使用； 3．掌握 response 对象的使用； 4．掌握 out 对象的使用； 5．掌握 session 对象的使用； 6．掌握 application 对象的使用

任务分析

本任务主要完成小小留言板的用户登录页面，如图 1.3.1 所示。通过本任务的实现，使读者掌握 JSP 内置对象的使用，尤其是获取表单数据的方法。

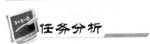

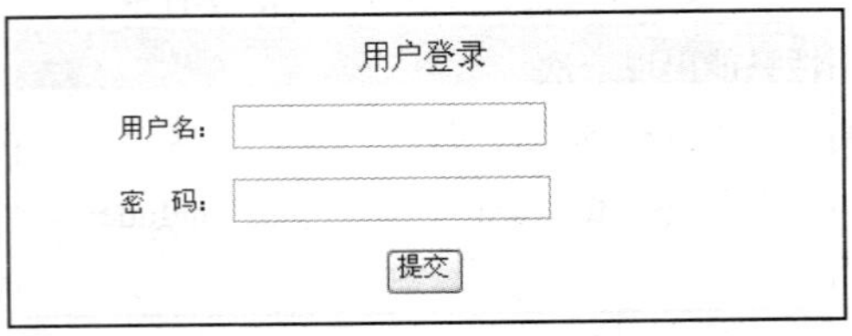

图 1.3.1　小小留言板的用户登录页面

相关知识

在 JSP 页面支持一组不需要预先声明就可以在脚本程序中使用的对象,通常叫做"内置对象"或"隐藏对象"。每个 JSP 页面都可以使用 9 个内置对象: request、response、out、session、config、application、page、pageContext、exception。

1.3.1 request 对象

request 对象是和请求相关的 HttpServletRequest 类的一个对象,它包含所有请求的信息,通过 request 可以查看请求参数的配置情况(调用 getParameter 来实现)、请求的类型(比如 Get、Post、Head 等)和已经请求的 HTTP 头(比如 Cookie、Referer 等)。

▶ 1. request 对象的常用方法

(1) Object getAttribute(String name):返回指定名字的属性值,如果不存在指定的属性,则返回空值(null)。如:

```
String username=request.getAttribute("username");
```

(2) void setAttribute(String name,Object obj):设置指定名字的属性,并把它存储在 request 中。如:

```
request.setAttribute("username","lgl");
```

(3) Cookie[] getCookies():返回客户端的 Cookie 对象,结果是一个 Cookie 数组。

(4) String getHeader(String name):返回 HTTP 协议定义的传送文件头信息。如:

```
String str=request.getHeader("User-Agent");
```

将返回一个用户所用浏览器的版本号和类型。

(5) Enumeration getHeaderNames():返回所有 request header 的名字。

(6) String getServerName():返回接收请求的服务器的名字。

(7) int getServerPort():返回接收请求的服务器的端口号。

(8) String getRemoteAddr():返回发送请求的客户端的 IP 地址。

(9) String getRemoteHost():返回发送请求的客户端的计算机名字。

(10) String getProtocol():返回客户端向服务器传送数据的协议名称。

(11) String getMethod():返回客户端向服务器传送数据的方法。

(12) String getServletPath():返回客户端所请求的脚本文件的文件路径。

(13) String getCharacterEncoding():返回请求中的字符编码方式。

(14) Session getSession([Boolean create]):返回和请求相关的 Session。当参数为 true 时,表示如果客户端尚未创建 Session,则创建一个新的 Session。

(15) String getParameter(String name):返回客户端传送给服务器的参数值。如果该参数不存在,将返回 null。如:

```
String username=request.getParameter("username");
String password=request.getParameter("password");
```

(16) Enumeration getParameterNames():返回客户端传送给服务器的所有参数的名字。

(17) String[] getParameterValues(String name):返回指定名字的所有参数值。

(18) String getRequestURI():返回客户端所请求的 URL 字符串。

2. request 对象的应用

☞ **案例 1.3.1** request 对象的常用方法。

exam1_3_1.jsp

```jsp
1.<%@ page language="java" pageEncoding="utf-8"%>
2.<html>
3.  <head>
4.    <title>request 对象的常用方法</title>
5.  </head>
6.  <body>
7.    浏览器版本号：<%=request.getHeader("User-Agent")%><br>
8.    服务器名：<%=request.getServerName()%><br>
9.    服务器端口：<%=request.getServerPort()%><br>
10.   客户端 IP：<%=request.getRemoteAddr()%><br>
11.   客户端计算机名：<%=request.getRemoteHost()%><br>
12.   客户端协议：<%=request.getProtocol()%><br>
13.   客户端请求 URL：<%=request.getRequestURL()%><br>
14. </body>
15.</html>
```

程序运行结果如图 1.3.2 所示。

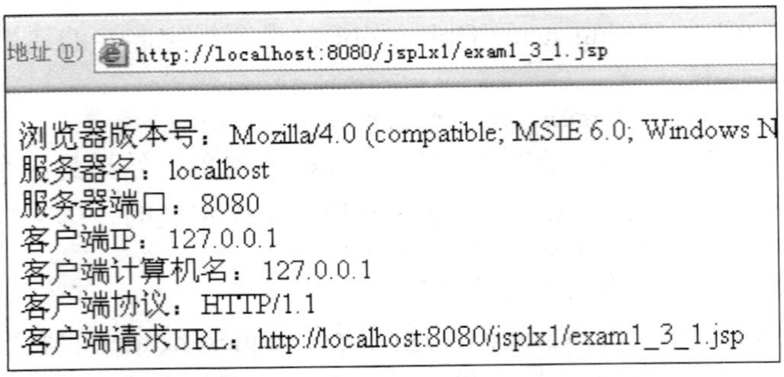

```
地址(D) http://localhost:8080/jsplx1/exam1_3_1.jsp

浏览器版本号：Mozilla/4.0 (compatible; MSIE 6.0; Windows N
服务器名：localhost
服务器端口：8080
客户端IP：127.0.0.1
客户端计算机名：127.0.0.1
客户端协议：HTTP/1.1
客户端请求URL：http://localhost:8080/jsplx1/exam1_3_1.jsp
```

图 1.3.2 案例 1.3.1 程序运行结果

☞ **案例 1.3.2** 通过 request 获取表单提交的信息。

本案例由两个文件组成，一个是基本的表单文件，名字为 input.html，由于表单不须经过服务器解释，所以命名为.html 文件。请读者注意，如果一个文件不包含 JSP 代码，则尽可能将其定义为 HTML 文件，这样可以加快下载速度。另一个是数据处理文件，通过 request 对象调用 getParameter(String name)方法来获取表单提交的信息。

input.html

```html
1.<html>
2.  <head>
3.    <title>request 应用-输入表单信息</title>
4.  </head>
5.  <body>
6.    <form action="exam1_3_2.jsp">
7.      <table width="400" border="0">
8.        <tr>
9.          <td height="25" align="right">姓名：</td>
10.         <td><input type="text" name="name"></td>
11.       </tr>
12.       <tr>
13.         <td height="25" align="right">性别：</td>
14.         <td>
```

```
15.                    <input type="radio" value="男" name="sex">男
16.                    <input type="radio" value="女" name="sex">女
17.                </td>
18.            </tr>
19.            <tr>
20.                <td height="25" align="right">民族：</td>
21.                <td>
22.                    <select name="nation">
23.                        <option value="1">汉族</option>
24.                        <option value="2">回族</option>
25.                        <option value="3">蒙族</option>
26.                        <option value="4">白族</option>
27.                    </select>
28.                </td>
29.            </tr>
30.            <tr>
31.                <td height="25" align="center" colspan="2">
32.                    <input type="submit" value="提交" name="button1">
33.                </td>
34.            </tr>
35.        </table>
36.    </form>
37. </body>
38.</html>
```

程序说明：

- 第 6 行：表单，提交给 exam1_3_2.jsp 处理。
- 第 10 行：文本输入框。
- 第 15～16 行：单选按钮。
- 第 22～27 行：组合输入框。

exam1_3_2.jsp

```
1.<%@ page language="java" pageEncoding="utf-8"%>
2.<html>
3.    <head>
4.        <title>request 应用-获取表单信息</title>
5.    </head>
6.    <body>
7.        <%
8.            String name = request.getParameter("name");
9.            String sex = request.getParameter("sex");
10.           String nation = request.getParameter("nation");
11.       %>
12.       姓名：<%=name%><br>
13.       性别：<%=sex%><br>
14.       民族：<%=nation%>
15. </body>
16.</html>
```

程序说明：

- 第 7～10 行：通过 request 对象获取表单输入信息。
- 第 12～14 行：通过表达式输出相应的值。

程序运行结果如图 1.3.3 和图 1.3.4 所示。

图 1.3.3 案例 1.3.2 表单输入页面　　　　图 1.3.4 案例 1.3.2 数据处理页面

请读者仔细观察运行结果，在数据处理页面显示的性别和民族中的汉字均为乱码，此时需要对获取的字符串进行一下特殊处理。处理方法如下：

```
1.<%@ page language="java" pageEncoding="utf-8"%>
2.<html>
3.  <head>
4.     <title>request 应用-获取表单信息</title>
5.  </head>
6.  <body>
7.     <%
8.        String name = request.getParameter("name");
9.        name = new String(name.getBytes("ISO-8859-1"));
10.       String sex = request.getParameter("sex");
11.       sex = new String(sex.getBytes("ISO-8859-1"));
12.       String nation = request.getParameter("nation");
13.       nation = new String(nation.getBytes("ISO-8859-1"));
14.    %>
15.    姓名：<%=name%><br>
16.    性别：<%=sex%><br>
17.    民族：<%=nation%>
18. </body>
19.</html>
```

程序说明：

● 第 8 行：获取表单数据 name。

● 第 9 行：将包含汉字信息的字符串进行转换，以便页面能正常显示。

若将表单输入页面命名为.jsp 文件，则要注意该文件中的 page 指令（如<%@ page language="java" pageEncoding="utf-8"%>）中设置的编码方式不同，则在数据处理页面所使用的转换方法中的编码方式亦不同，如：

```
name = new String(nation.getBytes("ISO-8859-1"),"utf-8"););
```

另外，还请读者注意一下表单的提交方式，若表单的提交方法为"GET"，会将所有数据显示在数据处理页面 URL 地址的后面，当表单数据比较多的时候，会显得很难看，同时会将一些隐藏的信息显示出来，安全性较差，因此在表单数据比较多或者安全性要求较高的表单中，尽量采用 POST 方式提交。

☞ **案例 1.3.3**　通过 request 实现请求转发。

通过 login1.jsp 输入登录用户名和密码，提交给 exam1_3_3.jsp 处理，如果用户名和密码均正确，则将登录用户的用户名存储在 request 的属性中，跳转到欢迎页面 welcome1.jsp；如果用户名或密码输入错误，则将错误提示信息存储到 request 的属性中，并返回到登录页面。

login1.jsp

```
1.<%@ page language="java" pageEncoding="utf-8"%>
2.<html>
```

```
3.  <head>
4.      <title>用户登录</title>
5.  </head>
6.  <body>
7.  <%
8.      String loginmess = (String) request.getAttribute("loginmess");
9.      if (loginmess != null) {
10. %>
11.         <%=loginmess%>
12. <% } %>
13. <form action="exam1_3_3.jsp" method="post">
14.     <table width="400" border="0">
15.     <tr>
16.         <td height="25" align="right">用户名: </td>
17.         <td><input type="text" name="username"></td>
18.     </tr>
19.     <tr>
20.         <td height="25" align="right">密  码: </td>
21.         <td><input type="password" name="password"></td>
22.     </tr>
23.     <tr>
24.         <td height="25" align="center" colspan="2">
25.             <input type="submit" value="提交" name="button1">
26.         </td>
27.     </tr>
28.     </table>
29. </form>
30. </body>
31. </html>
```

程序说明：

- 第 8~12 行：获取 request 范围内的属性 loginmess，若不为空，则输出该属性值。loginmess 是在用户登录失败时，存储到 request 范围内的属性，具体见 exam1_3_3.jsp。
- 第 13 行：表单提交给 exam1_3_3.jsp 处理。

exam1_3_3.jsp

```
1.<%@ page language="java" pageEncoding="utf-8"%>
2.<html>
3.  <head>
4.      <title>用户登录</title>
5.  </head>
6.  <body>
7.  <%
8.  String username = request.getParameter("username");
9.  String password = request.getParameter("password");
10. if (username != null && password != null)
11.     if (username.equals("lgl") && password.equals("123")) {
12.         request.setAttribute("login", username);
13.         request.getRequestDispatcher("welcome1.jsp")
14.             .forward(request, response);
15.     } else {
16.         request.setAttribute("loginmess", "用户名或密码错误，请重新登录！");
17.         request.getRequestDispatcher("login1.jsp")
18.             .forward(request,response);
19.     }
20. }
21. %>
22. </body>
```

23.</html>

程序说明：
- 第8～9行：获取表单的输入参数。
- 第10～11行：判断用户名和密码是否正确。
- 第12～14行：若用户名和密码正确，则将登录用户的用户名存储在request属性login中，并将请求转发到welcome1.jsp。
- 第16～18行：若用户名或密码错误，则将错误提示信息存储在request属性loginmess中，并将请求转发到login1.jsp。

welcome1.jsp

```jsp
1.<%@ page language="java" pageEncoding="utf-8"%>
2.<html>
3.   <head>
4.       <title>欢迎</title>
5.   </head>
6.   <body>
7.       <%
8.           String username = (String) request.getAttribute("login");
9.           if (username != null) {
10.      %>
11.      欢迎您，<%=username%>
12.      <%
13.          } else {
14.      %>您还没有登录，请<a href="login1.jsp">登录</a>后再访问本页<%
15.          }
16.      %>
17.  </body>
18.</html>
```

程序说明：
- 第8～11行：获取request范围内的属性username，若不为空，则输出该属性值。username是在用户登录成功时，存储到request范围内的属性，具体见exam1_3_3.jsp。
- 第14行：若username属性为空，则说明没有用户登录，此时不显示欢迎信息，而是给出相应提示，要求用户重新登录。

程序运行结果如图1.3.5、图1.3.6和图1.3.7所示，注意观察浏览器地址栏的变化情况。

图1.3.5　登录页面　　　图1.3.6　登录成功的欢迎页面　　图1.3.7　登录失败返回登录页面

1.3.2　response对象

response对象是和应答相关的HttpServletResponse类的一个对象，它封装了JSP产生的响应，然后被发送到客户端以响应客户的请求。

HttpServletResponse对象具有页面作用域，即只在JSP页面内有效。

1. response 对象的常用方法

（1）void addHeader(String name,String value)：添加 HTTP 文件头，该 header 将会传到客户端去，如果同名的 header 存在，那么原来的 header 将会被覆盖。

（2）void setHeader(string name,String value)：设置指定名字的 HTTP 文件头值。

（3）boolean containsHeader(String name)：判断指定名字的 HTTP 文件头是否存在。

（4）void addCookie(Cookie cookie)：添加一个 Cookie 对象，用来保存客户端的用户信息。可以通过 request 对象的 getCookie()方法来获得这个 Cookie.

（5）void flushBuffer()：强制将当前缓冲区的内容发送到客户端。

（6）int getBufferSize()：返回缓冲区的大小。

（7）void sendError(int sc[,string msg])：向客户端发送错误信息。如 505 为服务器内部错误，404 为网页找不到的错误或者页面无效。参数 sc 是错误代码。

（8）void sendRedirect(String location)：把响应发送到另一个指定的位置进行处理。

（9）ServletOutputStream getOutputStream()：返回到客户端的输出流对象。

（10）void setContentType(String contentType)：设置响应的 MIME 类型。

（11）void setCharacterEncoding(String charset)：设置响应的字符编码。

2. response 对象的应用

☞ 案例 1.3.4 response 刷新页面。通过 setHeader 方法来实现页面每隔 1 秒刷新一次，显示当前系统时间。

exam1_3_4.jsp
```
1.<%@ page language="java" pageEncoding="utf-8"%>
2.<html>
3.  <head>
4.    <title>response 对象刷新页面</title>
5.  </head>
6.  <body>
7.    <% response.setHeader("refresh", "1");%>
8.    <%=(new java.util.Date()).toLocaleString()%>
9.  </body>
10.</html>
```

程序说明：
- 第 7 行：设置每隔 1 秒刷新一次页面。
- 第 8 行：显示当前系统时间。

程序运行结果如图 1.3.8 所示。

图 1.3.8 案例 1.3.4 刷新页面

☞ 案例 1.3.5 response 重定向。通过 sendRedirect()方法可以将当前页面重定向到其他页面。

exam1_3_5.jsp
```
1.<%@ page language="java" pageEncoding="utf-8"%>
2.<html>
```

```
3.    <head>
4.        <title>response 对象重定向</title>
5.    </head>
6.    <body>
7.        <form action="" method="post">
8.            友情链接：
9.            <select name="address">
10.               <option value="baidu">百度</option>
11.               <option value="sina">新浪</option>
12.               <option value="sohu">搜狐</option>
13.               <option value="163">网易</option>
14.           </select>
15.           <input type="submit" value="go">
16.       </form>
17.       <%
18.       String address=request.getParameter("address");
19.       if (address!=null){
20.         if (address.equals("baidu")){
21.            response.sendRedirect("http://www.baidu.com");
22.         }else if (address.equals("sina")){
23.            response.sendRedirect("http://www.sina.com.cn");
24.         }else if (address.equals("sohu")){
25.            response.sendRedirect("http://www.sohu.com");
26.         }else if (address.equals("163")){
27.            response.sendRedirect("http://www.163.com");
28.         }
29.       }
30.       %>
31.   </body>
32.</html>
```

程序说明：

● 第 7 行：表单，action=""表示提交给当前程序来处理表单数据。

● 第 9～14 行：组合输入框。

● 第 15 行：提交按钮。

● 第 17～30 行：脚本程序，获取表单提交的数据，根据不同的值重定向到不同页面。

程序运行结果如图 1.3.9 所示。

图 1.3.9　案例 1.3.5 响应重定向

1.3.3　out 对象

out 对象被封装成 javax.servlet.JspWriter 接口，它用来向客户端输出内容。out 对象是从 pagecontext 对象初始化而获得的。

1．out 对象的常用方法

（1）void print(typeName value)：输出各种类型数据。

（2）void println()：输出各种类型数据并换行。

（3）void newLine()：输出一个换行符。

（4）void clear()：清除缓冲区的内容，但不把数据输出到客户端。
（5）void clearBuffer()：清除缓冲区的内容，并把数据输出到客户端。
（6）void close()：关闭输出流，清除所有内容。
（7）void flush()：立即输出缓冲区里的数据。
（8）int getBufferSize()：返回缓冲区的大小。
（9）int getRemaining()：返回缓冲区剩余空间的大小。
（10）boolean isAutoFlush()：判断缓冲区是否自动刷新。

2. out 对象的应用

☞ 案例 1.3.6　out 对象的常用方法。

exam1_3_6.jsp

```jsp
1.<%@ page language="java" pageEncoding="utf-8"%>
2.<html>
3.    <head>
4.        <title>out 对象的常用方法</title>
5.    </head>
6.    <body>
7.        <%
8.            out.print("布尔型数据：");
9.            out.print(true);
10.           out.print("<br>整型数据：");
11.           out.print(1234);
12.           out.print("<br>浮点型数据：");
13.           out.print(56.78);
14.           out.print("<br>字符型数据：");
15.           out.print('x');
16.           out.print("<br>字符数组数据：");
17.           out.print(new char[] { 'h', 'e', 'l', 'l', 'o' });
18.           out.print("<br>对象数据：");
19.           out.print(new java.util.Date());
20.           out.newLine();
21.           out.print("<br>缓冲区大小：");
22.           out.print(out.getBufferSize());
23.           out.print("<br>缓冲区剩余空间大小：");
24.           out.print(out.getRemaining());
25.           out.flush();
26.           out.close();
27.           out.print("end");
28.        %>
29.    </body>
30.</html>
```

程序说明：

● 第 9～19 行：输出各种类型数据。

● 第 26 行：关闭输出流。

● 第 27 行：由于输出流已经关闭，所以不能显示。

请读者注意在页面上输出的换行符，并不是通过 out.println 实现的，而是通过 HTML 中的
来实现页面换行的。

程序运行结果如图 1.3.10 所示。

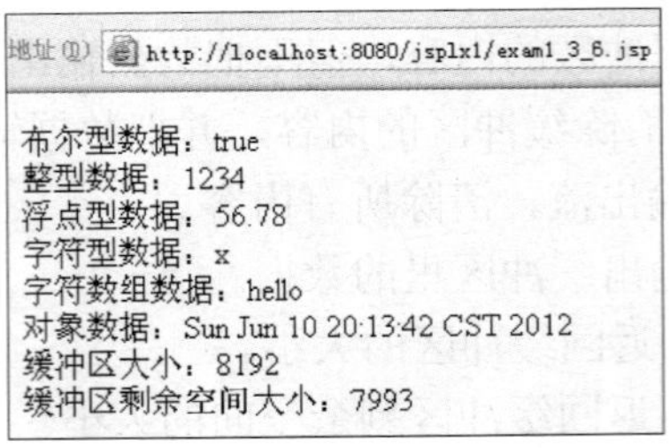

图1.3.10 案例1.3.6 out 输出对象

1.3.4 session 对象

session 是和请求相关的 HttpSession 对象，它封装了属于客户会话的所有信息。session 对象一般用来保存一些需要在与每个用户会话期间保持的数据，这样就方便了会话的处理工作。比如用 session 变量记住登录用户的用户名，这样用户就不必在网页中重复输入了。

在一般情况下，一个客户首次登录服务器时，JSP 引擎会给该客户分配一个唯一标志的 sessionID，这个 ID 用于同其他客户相区分，在该 session 的生存周期内，此 ID 不变，直到客户关闭浏览器，服务器将该客户的 session 取消，服务器与该客户的会话对应关系消失。当客户重新登录服务器时，JSP 引擎将重新分配一个新的 sessionID 给该客户。

session 对象是针对单个用户而言的，也就是说，当某个客户在网站的各个页面之间进行切换时，只能访问自己的 session 属性，而无法访问其他客户的 session 属性。

1. session 对象的常用方法

（1）Object getAttribute(Stirng name)：返回指定名字的属性值，如果该属性不存在，将返回 null。

（2）Enumeration getAttributeNames()：返回 session 对象中存储的每一个属性对象。

（3）void setAttribute(String name,Object value)：设置指定名字的属性，并且把它存储在 session 对象中。

（4）void removeAttribute(String name)：从 session 中移除指定名字的属性。

（5）long getCreationTime()：返回 session 创建的时间，以 ms 为单位。

（6）String getId()：返回 session 的 ID。

（7）long getLastAccessedTime()：返回 session 最后一次被客户操作的时间。

（8）int getMaxInactiveInterval()：返回 session 对象的生存时间。

（9）void invalidate()：销毁 session 对象。

（10）boolean isNew()：判断是否是一个新的 session 对象。

2. session 对象的应用

☞ 案例 1.3.7 用 session 记录登录信息。

（1）用户登录页面。

login2.jsp

```
1.<%@ page language="java" pageEncoding="utf-8"%>
2.<html>
3.   <head>
4.      <title>用户登录</title>
5.   </head>
6.   <body>
```

```
7.  <%
8.        String loginmess = (String) request.getAttribute("loginmess");
9.        if (loginmess != null) {
10. %>
11.       <%=loginmess%>
12. <% } %>
13. <form action="exam1_3_7.jsp" method="post">
14.     <table width="400" border="0">
15.     <tr>
16.         <td height="25" align="right">用户名: </td>
17.         <td><input type="text" name="username"></td>
18.     </tr>
19.     <tr>
20.         <td height="25" align="right">密  码: </td>
21.         <td><input type="password" name="password"></td>
22.     </tr>
23.     <tr>
24.         <td height="25" align="center" colspan="2">
25.             <input type="submit" value="提交" name="button1">
26.         </td>
27.     </tr>
28.     </table>
29. </form>
30. </body>
31. </html>
```

程序说明：

- 第 7~12 行：获取 request 范围内的属性，显示登录失败时的提示信息。
- 第 13 行：表单，提交给 exam1_3_7.jsp 处理。
- 第 14~28 行：用户名和密码输入框。

（2）登录处理页面，并将登录信息保存到 session 对象中。

exam1_3_7.jsp

```
1. <%@ page language="java" pageEncoding="utf-8"%>
2. <html>
3.   <head>
4.     <title>用户登录</title>
5.   </head>
6.   <body>
7.   <%
8.   String username=request.getParameter("username");
9.   String password=request.getParameter("password");
10.  if (username!=null && password!=null){
11.    if (username.equals("lgl")&&password.equals("123")){
12.      session.setAttribute("login",username);
13.      response.sendRedirect("welcome2.jsp");
14.    }else{
15.    request.setAttribute("loginmess", "用户名或密码错误，请重新登录！");
16.    request.getRequestDispatcher("login2.jsp")
17.            .forward(request,response);
18.    }
19.   }
20.  %>
21.  </body>
22. </html>
```

程序说明：

- 第 8~9 行：获取表单输入的数据。

- 第 10 行：判断用户名和密码是否为空。若直接请求该页面，则用户名和密码就为空值。
- 第 11 行：判断用户名和密码是否正确。
- 第 12 行：若用户名和密码正确，将用户名写入 session 对象。
- 第 13 行：若用户名和密码正确，响应重定向到 welcome2.jsp 页面。
- 第 15～16 行：若用户名或密码不正确，则将登录失败的信息存储到 request 属性中，请求转发到 login2.jsp 页面。注意，此处用的是请求转发而不是响应重定向，因为要将 request 中的属性传递给下一个页面。

（3）登录成功进入的欢迎页面。

welcome2.jsp

```
1.<%@ page language="java" pageEncoding="utf-8"%>
2.<html>
3.  <head>
4.    <title>欢迎</title>
5.  </head>
6.  <body>
7.  <%
8.  String username = (String) session.getAttribute("login");
9.  if (username != null) {
10. %>
11.     欢迎您，<%=username%>
12. <%
13. } else {
14.     %>
15.     您还没有登录，请<a href="login2.jsp">登录</a>后再访问本页<%
16. }
17. %>
18. </body>
19.</html>
```

程序运行界面如图 1.3.11、图 1.3.12 和图 1.3.13 所示。请读者对照案例 1.3.3，观察浏览器地址栏的变化情况，看看 request 属性和 session 属性有什么不同。

图 1.3.11 登录页面　　　图 1.3.12 登录成功的欢迎页面　　　图 1.3.13 登录失败返回的登录页面

1.3.5 application 对象

application 对象提供了 javax.servlet.ServletContext 对象的访问，它用于多个程序或者多个用户之间共享数据。对于一个 JSP 容器而言，所有客户都共用一个 application 对象，这和 session 对象是不同的。服务器一旦启动，就会自动创建一个 application，这个对象一直存在，即使是不同客户浏览不同的页面，这个 application 对象都是同一个，直到服务器关闭为止。

▶ 1. application 对象的常用方法

（1）Object getAttribute(Stirng name)：返回 application 对象中指定名字的属性值，如

果该属性不存在，将返回 null。

（2）Enumeration getAttributeNames()：返回 application 对象中存储的每一个属性对象。

（3）void setAttribute(String name Object value)：设置指定名字的属性，并且把它存储在 application 对象中。

（4）void removeAttribute(String name)：从 application 中移除指定名字的属性。

（5）String getInitParameter(String name)：返回 application 对象中某个属性的初始值。

2. application 对象的应用

☞ 案例 1.3.8　简单的站点计数器。

exam1_3_8.jsp

```jsp
1.<%@ page language="java" pageEncoding="utf-8"%>
2.<html>
3.    <head>
4.        <title>application 对象的应用</title>
5.    </head>
6.    <body>
7.        <%
8.        String str=(String)application.getAttribute("count");
9.        int count=0;
10.       if (str!=null){
11.           count=Integer.parseInt(str)+1;
12.       }
13.       application.setAttribute("count",count+"");
14.       %>
15.       您是第 <font color="red"><%=count%></font> 位访客
16.    </body>
17.</html>
```

程序说明：

● 第 8 行：从 application 对象中取出 count 属性。

● 第 10 行：若取出的属性值为空，则表示第一次有客户访问该页面，count=0；若不为空，则访问数加 1。

● 第 13 行：访问次数写入 application 对象。

● 第 15 行：输出访问次数。

程序运行界面如图 1.3.14 所示。

图 1.3.14　案例 1.3.8 程序运行结果

读者在运行时可分别打开不同的浏览器页面，观察计数器的变化情况，在不同页面上计数器的变化值是连续的，这是因为 application 对象在服务器启动时自动创建，并且对每个客户在每个页面中使用的是同一个 application 对象。另外，读者也可以试着将该程序中的 application 对象改为 session 对象，再观察程序的运行结果有什么不同。

1.3.6　config 对象

config 对象提供了对每一个给定的服务器小程序或 JSP 页面的 javax.servlet.ServletConfig

对象的访问。该对象封装了初始化参数及一些实用方法。

▶1. config 对象的常用方法

（1）String getInitParameter(String name)：返回初始化参数的值。

（2）Enumeration getInitParameterNames()：返回所有初始化参数的名称。

（3）String getServletName()：返回 Servlet 的名称。

（4）ServletContext getServletContext()：返回当前服务器小程序或 JSP 页面的环境。

▶2. config 对象的应用

☞ 案例 1.3.9　用 config 获取初始化参数。

（1）首先在 web.xml 文件中添加如下内容。

```xml
1.<?xml version="1.0" encoding="UTF-8"?>
2.<web-app version="2.5" xmlns="http://java.sun.com/xml/ns/javaee"
3.    xmlns:xsi="http://www.w3.org/2001/XMLSchema-instance"
4.    xsi:schemaLocation="http://java.sun.com/xml/ns/javaee
5.    http://java.sun.com/xml/ns/javaee/web-app_2_5.xsd">
6.  <welcome-file-list>
7.      <welcome-file>index.jsp</welcome-file>
8.  </welcome-file-list>
9.  <servlet>
10.     <servlet-name>test</servlet-name>
11.     <jsp-file>/exam1/exam1_3_9.jsp</jsp-file>
12.     <init-param>
13.         <param-name>name</param-name>
14.         <param-value>abc</param-value>
15.     </init-param>
16.     <init-param>
17.         <param-name>qq</param-name>
18.         <param-value>123456</param-value>
19.     </init-param>
20.     <init-param>
21.         <param-name>phone</param-name>
22.         <param-value>3301122</param-value>
23.     </init-param>
24. </servlet>
25. <servlet-mapping>
26.     <servlet-name>test</servlet-name>
27.     <url-pattern>/exam1/exam1_3_9.jsp</url-pattern>
28. </servlet-mapping>
29.</web-app>
```

程序说明：

- 第 9～24 行：servlet 标记。
- 第 10 行：servlet 的 name 属性值为 test。
- 第 12～15 行：设置初始化参数 name 的值为 abc。
- 第 16～19 行：设置初始化参数 qq 的值为 123456。
- 第 20～23 行：设置初始化参数 phone 的值为 3301122。
- 第 25～28 行：设置 servlet 的映射 URL。

（2）　　　　　　　　　　exam1_3_9.jsp

```jsp
1.<%@ page language="java" pageEncoding="utf-8"%>
2.<html>
3.  <head>
4.      <title>config 对象的应用</title>
5.  </head>
6.  <body>
```

```
7.        name:<%=config.getInitParameter("name")%><br>
8.        qq:<%=config.getInitParameter("qq")%><br>
9.        phone:<%=config.getInitParameter("phone")%>
10. </body>
11.</html>
```

程序说明：

● 第7～9行：通过 config 对象获取初始化参数的值。

程序运行界面如图 1.3.15 所示。

图 1.3.15　案例 1.3.9 程序运行结果

1.3.7　page 对象

page 对象是当前 JSP 页面本身的一个实例，page 对象在当前 JSP 页中可以用 this 关键字来代替。在 JSP 的脚本程序和表达式中可以使用 page 对象，它是 java.lang.Object 类的一个实例。

一般来说，在 JSP 页面中基本不使用 page 对象。

1.3.8　pageContext 对象

pageContext 对象被封装成 javax.servlet.jsp.PageContext 接口，它是 JSP 页面本身的上下文。pageContext 对象提供了对 JSP 页面内所有对象及名字空间的访问，也就是说它可以访问到本页面的 session，也可以获取本页面所在 application 的某一属性值。

pageContext 对象的常用方法如下。

（1）JspWriter getOut()：返回当前页的 out 对象。

（2）ServletRequest getRequest()：返回当前页的 request 对象。

（3）ServletResponse getResponse()：返回当前页的 response 对象。

（4）HttpSession getSession()：返回当前页的 session 对象。

（5）ServletConfig getServletConfig()：返回当前页的 config 对象。

（6）ServletContext getServletContext()：返回当前页的 application 对象。

（7）Object getAttribute(String name[,int scope])：返回指定范围内的属性值。

（8）void forward(String relativeUrlPath)：使当前页面重定向到另一页面，相当于<jsp:forward>。

（9）void include(String relativeUrlPath)：在当前页面中包含另一文件，相当于<jsp:include>。

1.3.9　exception 对象

exception 对象被封装成 java.lang.Throwable 接口，它所指的是运行时的异常。

并不是所有的页面都可以使用 exception 对象的，若要使用它，必须在 page 指令中指定 isErrorPage=true，即只有在错误处理页面中才可以使用，否则无法通过编译。

 任务实现

完成简单的登录页面设计。
1. 用户登录页面，存放在 ly 文件夹下，文件名为 login.jsp。

login.jsp

```jsp
1.<%@ page language="java" pageEncoding="utf-8"%>
2.<%
3.   String path = request.getContextPath();
4.   String basePath = request.getScheme() + "://"
5.          + request.getServerName() + ":" + request.getServerPort()
6.          + path + "/";
7.%>
8.<!DOCTYPE HTML PUBLIC "-//W3C//DTD HTML 4.01 Transitional//EN">
9.<html>
10.  <head>
11.     <base href="<%=basePath%>">
12.     <title>用户登录</title>
13.     <script type="text/javascript" src="js/login.js" /></script>
14.  </head>
15.  <body>
16.  <jsp:include page="top.jsp"></jsp:include>
17.  <table align="center" width="800" height="400" bgcolor="#ffffff">
18.    <tr><td><br></td></tr>
19.    <tr><td valign="top">
20.      <form action="ly/login1.jsp" method="post"
21.            onsubmit="return check(this);">
22.      <table align="center" width="400" border="1" bordercolor="#e9fef7"
              cellspacing="0" cellpadding="0">
23.         <tr><td>
24.         <table width="400" border="0" cellspacing="0" cellpadding="0">
25.            <tr>
26.              <td colspan="2" height="30" align="center"
                  bgcolor= "#e9fef7">用户登录
                  </td>
27.            </tr>
28.            <tr>
29.            <td>
30.              <table width="400" border="0">
31.                <tr>
32.                  <td height="35" align="right">
33.                     <font size="2"> 用户名：</font>
34.                  </td>
35.                  <td>
36.                     <input type="text" name="yhm">
37.                  </td>
38.                </tr>
39.                <tr>
40.                  <td height="35" align="right">
41.                     <font size="2"> 密码：</font>
42.                  </td>
43.                  <td>
44.                     <input type="password" name="yhmm" size="22">
45.                  </td>
46.                </tr>
47.                <tr>
48.                  <td height="35" align="center" colspan="2">
```

```
49.                         <input type="submit" value="提交" >
50.                     </td>
51.                 </tr>
52.             </table>
53.         </td>
54.     </tr>
55. </table>
56.         </td>
57.     </tr>
58. </table>
59. </form>
60.     </td>
61. </tr>
62.</table>
63.</body>
64.</html>
```

程序说明：

- 第 13 行：使用 JS 文件验证表单。存放在 WebRoot/js 文件夹下。
- 第 16 行：使用 include 动作元素包含文件。
- 第 20 行：表单提交给 login1.jsp 处理。

2. 登录验证页面，存放在 ly 文件夹下，文件名为 login1.jsp。

login1.jsp

```
1.<%@ page language="java" pageEncoding="utf-8"%>
2.<%
3.    String path = request.getContextPath();
4.    String basePath = request.getScheme() + "://"
5.            + request.getServerName() + ":" + request.getServerPort()
6.            + path + "/";
7.%>
8.<!DOCTYPE HTML PUBLIC "-//W3C//DTD HTML 4.01 Transitional//EN">
9.<html>
10.  <head>
11.      <base href="<%=basePath%>">
12.      <title>用户登录</title>
13.  </head>
14.  <body>
15.      <%
16.          String yhm = request.getParameter("yhm");
17.          String yhmm = request.getParameter("yhmm");
18.          if (yhm.equals("lgl") && yhmm.equals("lgl")) {
19.              session.setAttribute("login", yhm);
20.              response.sendRedirect("../index.jsp");
21.          } else {
22.              response.sendRedirect("login.jsp");
23.          }
24.      %>
25.  </body>
26.</html>
```

程序说明：

- 第 16~17 行：获取表单输入的参数。
- 第 18 行：验证用户名和密码。
- 第 19 行：将登录用户名写入 session 对象中。
- 第 20 行：登录成功转入网站首页。
- 第 22 行：登录失败返回登录页。

3．表单验证的 JS 代码，存放在 WebRoot/js 文件夹下，文件名为 login.js。

login.jsp
```
1.function check(form){
2.  if (form.yhm.value==""){
3.    alert("请输入用户名!");
4.    form.yhm.focus();
5.    return false;
6.  }
7.  if (form.yhmm.value==""){
8.    alert("请输入密码! ");
9.    form.yhmm.focus();
10.   return false;
11. }
12.}
```

任务小结

通过本任务的实现，主要带领读者学习了以下内容。

1．request 对象。通过 request 对象获得表单提交的数据，也可以通过 request 对象将数据从一个页面传递到另一个页面。

2．response 对象。通过 response 对象可以实现页面的重定向等。

3．out 对象。通过 out 对象可以向客户端输出数据等。

4．session 对象。通过 session 对象可以存储客户的相关数据等。

5．application 对象。通过 application 对象可以存储客户之间的共享数据等。

6．config 对象。通过 config 对象可以获取初始化参数值等。

7．page 对象、pageContext 对象、exception 对象。

1.3.10 上机实训 "学林书城"会员登录功能（JSP 内置对象）

【实训目的】

1．掌握 out 对象的常用方法。

2．掌握 request 对象的常用方法。

3．掌握 response 对象的常用方法。

4．掌握 session 对象的常用方法。

【实训内容】

1．实现学林书城的登录功能。

（1）打开 MyEclipse，创建并部署 Web 项目 xlbook3。

（2）将 xlbook2 项目下的 index.jsp、top.jsp、main.jsp 和 bottom.jsp 文件复制到 xlbook3 中。

（3）在 WebRoot 下创建 3 个文件 login.jsp、check.jsp 和 logout.jsp。其中，login.jsp 用来显示登录表单，代替"学林书城"主页的的登录功能（使用包含指令或动作将 login.jsp 包含到 main.jsp 中）。check.jsp 用来接收表单信息并验证用户名和密码是否正确，若用户名和密码正确，则将登录用户名存入 session 属性中，并显示出欢迎信息；若用户名或密码错误，则返回重新登录并给出相应提示。logout.jsp 用来实现退出登录的功能，从 session 中移除登录用户名，并返回主页重新登录。

程序运行效果如图 1.3.16 所示。

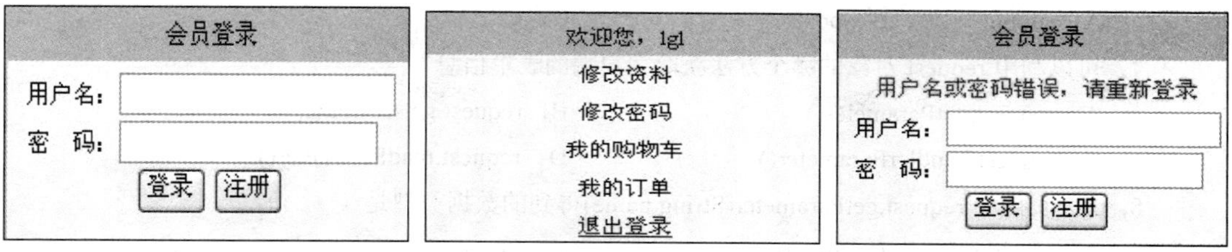

图 1.3.16 "学林书城"登录功能

2．统计"学林书城"网站的访问次数。在"学林书城"主页下方版权信息之后显示访问次数。

程序运行效果如图 1.3.17 所示。

图 1.3.17 "学林书城"网站访问次数

3．实现一个猜数的游戏程序，程序随机生成 1～100 之间的整数，用户通过页面输入自己的猜测，程序判断用户猜测的数据是否正确，如果猜对了，程序就给出"猜对了"的提示；如果猜错了，程序就给出"猜大了"或"猜小了"的提示，要求用户继续进行猜测，直到猜对为止。

1.3.11 习题

一、填空题

1．JSP 中的（　　　）对象用来保存单个用户访问时的一些信息。
2．当客户端请求一个 JSP 页面时，JSP 容器会将请求信息封装在（　　　）对象中。
3．response.setHeader("refresh","5")表示页面刷新时间为（　　　）。
4．表单的提交方法有两种，分别是（　　　）和（　　　）。
5．out 对象的（　　　）方法的功能是输出缓冲区的内容。

二、选择题

1．下面不属于 JSP 内置对象的是（　　　）。
　　A．out 对象　　　B．response 对象　　　C．application 对象　　　D．this 对象
2．out 对象是一个输出流，其输出不换行的方法是（　　　）。
　　A．out.print()　　B．out.newLine()　　C．out.println()　　D．out.write()
3．form 表单的 method 属性能取下列哪项的值？（　　　）
　　A．submit　　　B．post　　　C．out　　　D．put
4．下面哪个对象提供了访问和设置页面中共享数据的方式？（　　　）
　　A．pageContext　　B．response　　C．session　　D．out
5．JSP 内置对象的作用范围分为 4 种，分别是 ApplicationScope、SessionScope、PageScope 和（　　　）。
　　A．RequestScope　　　　　　　　B．ResponseScope
　　C．OutScope　　　　　　　　　　D．WriterScope

6. 能在浏览器的地址栏中看到提交数据的表单提交方式是（　　）。
   A．submit　　　B．post　　　　　C．get　　　　　　　D．out
7. 可以利用 request 对象的哪个方法获取客户端的表单信息？（　　）
   A．request.getParameter()　　　　　　B．request.getAttribute()
   C．request.handlerParameter()　　　　D．request.readParameter()
8. JSP 页面中 request.getParameter(String name)得到的数据类型是（　　）。
   A．Double　　　B．Integer　　　C．String　　　　　D．int
9. \<select>用于在表单中插入一个下拉列表，它需与哪个标记配合使用？（　　）
   A．\<list>　　　B．\<item>　　　C．\<option>　　　D．\<param>
10. 当利用 request 的方法获取表单信息时，默认情况下字符编码是（　　）。
    A．ISO-8859-1　B．GB2312　　　C．GB3000　　　　D．UTF-8
11. 下面哪个 JSP 内置对象可以处理页面运行中的错误或者异常？（　　）
    A．pageContext　　　　　　　　B．config
    C．exception　　　　　　　　　D．session
12. 使用 response 进行重定向时，使用（　　）方法。
    A．getAttribute　　　　　　　　B．forward
    C．sendRedirece　　　　　　　　D．include
13. 下列选项中，（　　）可以准确地获取请求页面的一个文本框的输入（文本框的名称为 name）。
    A．request.getParameter(name)　　　　B．request.getParameter("name")
    C．request.getParameterValues(name)　　D．request.getParameterValues("name")

任务 1.4　发表留言

学习目标

目标类型	具体目标
技能目标	1．能熟练使用 JDBC 操作数据库； 2．能熟练在 JSP 页面中访问数据库
知识目标	1．了解 JDBC 的基本概念； 2．掌握数据库连接的基本方法； 3．掌握数据库的增删改查方法

任务分析

　　在前面介绍的小小留言板的用户登录页面中，用户和密码都是固定不变的，在实际应用中，可能有不同的用户登录系统，这就需要数据库的支持，本任务实现小小留言板的数据库设计和实现，同时完成留言板的用户注册、用户登录和发表留言及回复的功能。通过任务的实现，使读者掌握数据库的设计思想，掌握 JDBC 数据库操作的基本方法，熟练掌握在 JSP 程序中显示数据库的内容和对数据库进行插入、更新、删除等操作。

　　本书实现的小小留言板的数据库使用的是 MySQL，数据库名为 liuyan，主要有 3 个数据表，表的具体结构及作用如下。

1. 注册用户表

表名：yhb。

含义：存储注册用户的相关信息。

详细结构如表 1.4.1 所示。

表 1.4.1　注册用户表

序号	字段名称	含义	数据类型	长度	为空性	约束
1	id	用户 ID	int	4	not null	主键（自动增加）
2	yhm	用户名	varchar	20	not null	主键
3	yhmm	密码	varchar	20	not null	
4	xm	真实姓名	varchar	20	null	
5	xb	性别	varchar	2	null	
6	head	头像	varchar	100	null	

2. 留言信息表

表名：lyb。

含义：存储留言及回复信息。

详细结构如表 1.4.2 所示。

表 1.4.2　留言信息表

序号	字段名称	含义	数据类型	长度	为空性	约束
1	id	留言 ID	int	4	not null	主键（自动增加）
2	yhid	用户 ID	int	4	not null	外键
3	bt	留言标题	varchar	20	not null	
4	nr	留言内容	text	0	not null	
5	sj	留言时间	datetime	0	not null	
6	fid	父 ID	int	4	not null	

其中，yhid 为发表留言的用户的 ID 值，即用户表中的用户 ID。fid 表示该记录是留言还是回复信息，若为留言，则其值为 0；若为回复，则其值为所回复的留言的 ID 值。

3. 管理员表

表名：admin。

含义：存储后台管理员的相关信息。

详细结构如表 1.4.3 所示。

表 1.4.3　管理员表

序号	字段名称	含义	数据类型	长度	为空性	约束
1	id	管理 ID	int	4	not null	主键（自动增加）
2	username	用户名	varchar	20	not null	主键
3	password	密码	varchar	20	not null	
4	name	真实姓名	varchar	20	null	
5	level	权限	varchar	2	not null	
6	head	头像	varchar	100	null	

1.4.1 JDBC 简介

JDBC（Java Data Base Connectivity）是 Java 数据库连接 API，它由一组用 Java 语言编写的类和接口组成，简单地说，JDBC 能完成以下 3 件事。

（1）与一个数据库建立连接。
（2）向数据库发送 SQL 语句。
（3）处理数据库返回的结果。

1.4.2 数据库连接

JDBC 和数据库连接主要有两种方式：一是 JDBC-ODBC 桥接器；二是 JDBC 专用驱动程序。大多数的数据库，如 Access、SQL Server、MySQL、Oracle 都可以采用这两种方式。本书项目与案例均使用的是 MySQL 数据库，所以主要以 MySQL 数据库为例进行详细介绍。

1. ODBC 数据源的建立

Sun 公司提供的 JDBC-ODBC 桥接器可以访问任何支持 ODBC 的数据库，用户需要设置好 ODBC 数据源，再由 JDBC-ODBC 驱动程序转换成 JDBC 接口供应用程序使用即可。

下面以 MySQL 数据库为例，同时采用留言数据库进行 ODBC 数据源的配置。

（1）首先需要说明的是在 ODBC 数据源管理器默认的驱动程序中没有 MySQL 数据库的 ODBC 驱动程序，我们要先下载安装 MySQL 数据库的 ODBC 驱动程序，笔者下载的程序文件为 mysql-connector-odbc-5.1.5-win32.msi，双击安装该文件。

（2）打开数据源管理器。选择"开始"→"设置"→"控制面板"→"管理工具"→"数据源（ODBC）"开始菜单命令，打开如图 1.4.1 所示的"ODBC 数据源管理器"对话框。

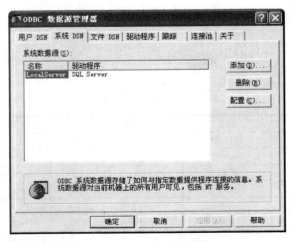

图 1.4.1　"ODBC 数据源管理器"对话框

（3）在"ODBC 数据源管理器"对话框中选择"系统 DSN"选项卡，单击"添加"按钮，打开"创建新数据源"对话框，如图 1.4.2 所示。

图 1.4.2　"创建新数据源"对话框

（4）在"创建新数据源"对话框的"选择您想为其安装数据源的驱动程序"列表框中，选择"MySQL ODBC 5.1 Driver"选项（如果没有安装第 1 步所说的驱动程序，列表中没有此项），然后单击"完成"按钮，打开 MySQL ODBC 数据源配置对话框，输入数据源的相关信息，如图 1.4.3 所示，其中各项说明如下。

- Data Source Name：数据源名称。
- Discription：描述（选填）。
- Server：数据源计算机的 IP。
- User：数据库用户名。
- Password：数据库密码。
- DataBase：数据源所要连接的数据库。

图 1.4.3　数据源配置对话框

（5）配置完成后，单击"Test"按钮，出现如图 1.4.4 所示对话框，说明配置成功。

（6）在 MySQL ODBC 数据源配置对话框中单击"OK"按钮返回"ODBC 数据源管理器"对话框，在系统 DSN 选项卡中即可看到刚才新添加的数据源，如图 1.4.5 所示。

图 1.4.4　测试数据源　　　　　　图 1.4.5　数据源添加成功

2. 数据库的连接

前面已经讲过，JDBC 和数据库建立连接主要有两种方式，但不管是哪一种方式，连接数据库都要经过以下两个步骤。

（1）加载驱动程序。使用 java.lang.Class 类的 forName()方法动态加载驱动程序类。基本代码如下：

```
try {
  Class.forName("数据库驱动程序类");
}
catch(ClassNotFoundException e){
   System.out.println("驱动程序加载失败！");
}
```

由于加载驱动程序可能会发生异常，比如驱动程序类没有找到，所以要用 try-catch 语句块来捕获异常。

对于不同的数据库，需要加载的驱动程序也不同，如表 1.4.4 所示为常用数据库的驱动程序类。

表 1.4.4　常用数据库的驱动程序类

数据库	驱动程序类
ODBC 数据源	sun.jdbc.odbc.JdbcOdbcDriver
Access	sun.jdbc.odbc.JdbcOdbcDriver
SQL Server 2000	com.microsoft.jdbc.sqlserver.SQLServerDriver
SQL Server 2005	com.microsoft.sqlserver.jdbc.SQLServerDriver
MySQL	com.mysql.jdbc.Driver

如果要用 JDBC-ODBC 桥接器连接数据库，则加载的驱动程序由 JDK 免费提供，任何数据库只要具有 ODBC 驱动程序即可使用这种方式访问数据库。

如果要用专用 JDBC 驱动程序连接数据库，则首先要下载安装相应的驱动程序，配置系统类路径或项目类路径。

以 MySQL 数据库为例，将下载的驱动程序包 mysql-connector-java-5.1.7-bin.jar 复制到某个目录下面，在 classpath 中追加驱动程序包，如 c:\mysqlconn\mysql-connector-java-5.1.7-bin.jar；也可将文件复制到 web 工程目录下面，如有 MyEclipse 项目名为 liuyan1，将驱动程序包复制到 WEB-INF/lib 目录下即可，笔者建议使用第二种方法，即将驱动程序包复制到项目类路径下面。

（2）建立与数据库的连接。使用 DriverManager 类中的方法 getConnection()建立与数据库的连接。

基本代码如下：

```
try {
 Connection con=DriverManager.getConnection("数据库URL","用户名","密码");
}
catch(SQLException e) {
 System.out.println("数据库连接失败！");
}
```

由于连接数据库的方法可能会发生异常，比如数据库不存在，用户名或密码错误等，所以要用 try-catch 语句块来捕获异常。

对于不同的数据库，表示要连接数据库的 URL 字符串也不同，为表 1.4.5 所示为常用数据库连接的 URL 字符串。

表 1.4.5 常用数据库连接的 URL 字符串

数 据 库	连接 URL 字符串
ODBC 数据源	jdbc:odbc:数据源名
Access	jdbc:odbc:driver={Microsoft Access Driver (*.mdb)};DBQ=数据库名
SQL Server 2000	jdbc:microsoft:sqlserver://服务器名或 IP 地址:1433; DatabaseName=数据库名
SQL Server 2005	jdbc:sqlserver://服务器名或 IP 地址:1433; DatabaseName=数据库名
MySQL	jdbc:mysql://服务器名或 IP 地址:3306/数据库名

☞ 案例 1.4.1 连接数据库。

exam1_4_1.jsp

```
1.<%@ page language="java" pageEncoding="utf-8"%>
2.<%@ page import="java.sql.*"%>
3.<%
4.  String path = request.getContextPath();
5.  String basePath = request.getScheme() + "://"
6.  + request.getServerName() + ":" + request.getServerPort() + path + "/";
7.%>
8.<html>
9.  <head>
10.    <base href="<%=basePath%>">
11.    <title>数据库连接</title>
12.  </head>
13.  <body>
14.    <%
15.      Connection con = null;
16.      //String url = "jdbc:odbc:liuyan";
17.      String url = "jdbc:mysql://localhost:3306/liuyan";
18.      String username = "root";
19.      String password = "sql";
20.      try {
21.        //Class.forName("sun.jdbc.odbc.JdbcOdbcDriver");
22.        Class.forName("com.mysql.jdbc.Driver");
23.        con = DriverManager.getConnection(url, username, password);
24.        out.println("数据库连接成功！");
25.      } catch (ClassNotFoundException e) {
26.        out.println("驱动程序加载失败！");
27.      } catch (SQLException e) {
28.        out.println("数据库连接失败！");
```

```
29.        }
30.      %>
31. </body>
32.</html>
```

程序说明：
- 第 2 行：使用 page 指令将有关数据库操作的包添加进来。
- 第 17 行：要连接数据库的 URL 字符串（若用 JDBC-ODBC 桥连接，则使用第 16 行）。
- 第 18 行：数据库的用户名。
- 第 19 行：数据库的密码。
- 第 22 行：加载驱动程序（若用 JDBC-ODBC 桥连接，则使用第 21 行）。
- 第 25～28 行：处理异常。

程序运行结果如图 1.4.6 所示。

图 1.4.6　案例 1.4.1 程序运行结果

注意：

本案例中使用的是 JDBC 专用驱动程序连接数据库，程序运行前要先将 JDBC 专用驱动程序包复制到 Web 项目的 WEB-INF/lib 文件夹下，或复制到任意目录后设置 classpath 变量，通常采用的方式是复制到项目目录下。

1.4.3　数据库查询

JDBC 数据库查询一般要经过以下 6 个步骤。
- 加载驱动程序。
- 建立与数据库的连接。
- 获取 SQL 语句对象。
- 向数据库发送 SQL 语句。
- 处理查询结果。
- 关闭数据库连接。

下面我们就介绍这几个步骤。

▶ 1．加载驱动程序

在上一个任务中我们已经介绍过，这里不再赘述。

▶ 2．建立与数据库的连接

在上一小节中我们介绍过连接数据库的方法，在建立与数据库的连接之后，会得到一个数据库连接对象，该对象是 Connection 接口对象。

java.sql.Connection 接口代表与数据库的连接，并拥有创建 SQL 语句对象的方法，以完成基本的 SQL 操作，同时为数据库事务处理提供提交和回滚的方法。

Connection 接口的常用方法如表 1.4.6 所示。

表 1.4.6　Connection 接口的常用方法

方 法 名	方 法 功 能
void close()	关闭数据库连接
Statement createStatement()	创建一个 Statement 对象，以便向数据库发送不带参数的 SQL 语句
PreparedStatement prepareStatement(String sql)	创建一个 PreparedStatement 对象，以便向数据库发送带参数的 SQL 语句
CallableStatement prepareCall(String sql)	创建一个 CallableStatement 对象，以便调用数据库存储过程
void commit()	用于提交 SQL 语句，确认从上一次提交/回滚以来进行的所有操作
void rollback()	用于取消 SQL 语句，取消当前事务中进行的所有更改

3．获取 SQL 语句对象

首先使用 Statement 声明一个 SQL 语句对象，然后通过数据库连接对象 con 调用 createStatement()方法获取这个 SQL 语句对象。

```
try {
  Statement sql=con.createStatement();
}
catch(SQLException e) {
}
```

java.sql.Statement 接口用于执行不带参数的简单 SQL 语句，用来向数据库提交 SQL 语句并返回 SQL 语句的执行结果，提交的 SQL 语句可以是 SQL 查询语句（SELECT）、插入语句（INSERT）、修改语句（UPDATE）和删除语句（DELETE）。

Statement 接口的常用方法如表 1.4.7 所示。

表 1.4.7　Statement 接口的常用方法

方 法 名	方 法 功 能
void close()	释放 Statement 资源
boolean execute(String sql)	执行给定的 SQL 语句，该语句可能返回多个结果
ResultSet executeQuery(String sql)	执行给定的 SQL 语句，该语句返回单个 ResultSet 对象
int executeUpdate(String sql)	执行给定的 SQL 语句，该语句可能为 INSERT、UPDATE 或 DELETE，或者不返回任何内容的 SQL 语句，如 DDL 语句

4．向数据库发送 SQL 语句

有了 SQL 对象后，这个对象就可以调用相应的方法来实现对数据库的查询和修改，并将查询结果存放在一个 ResultSet 类声明的对象中。

如：

```
try {
  ResultSet rs=sql.executeQuery("SELECT * FROM studentInfo");
}
catch(SQLException e) {
}
```

5．处理查询结果

ResultSet 对象包含了 Statement 和 PreparedStatement 的 executeQuery 方法中 select 语句查询的结果集，即满足 SQL 语句中指定条件的所有行。

java.sql.ResultSet 接口提供了一套 get()方法对结果集中当前行中的数据进行访问。常用方法如表 1.4.8 所示。

表 1.4.8　ResultSet 接口的常用方法

方　法　名	方　法　功　能
boolean absolute(int row)	将记录指针移动到指定位置
void beforeFirst()	将记录指针移动到到第一行之前
boolean first()	将记录指针移动到第一行
boolean last()	将记录指针移动到最后一行
void afterLast()	将记录指针移动到最后一行之后
boolean previous()	将记录指针移动到上一行
boolean next()	将记录指针移动到下一行
int getRow()	获取当前指针所在行号
String getString(int x) String getString(String colName)	获取当前行指定列号或列名的值（该列的类型可以为任意类型）所对应的字符串
int getInt(int x) int getInt(String colName)	获取当前行指定列号或列名的值，该列的类型必须为 int
boolean getBoolean(int x) boolean getBoolean(String colName)	获取当前行指定列号或列名的值，该列的类型必须为 boolean
XXX getXXX(int x)	获取当前行指定列号或列名的值，一般来说 XXX 与该列的类型应该一致
void close()	释放 ResultSet 资源

如：
```
try {
 int no=rs.getInt(1);            //给定列号
 String name=rs.getString("name");      //给定列名
 String birthday=rs.getString("birthday");  //获取生日对应的字符串
}
catch(SQLException e) {
}
```

▶ 6. 关闭数据库连接

访问完某个数据库后，应该关闭数据库连接，释放与连接有关的资源。用户创建的任何打开的 ResultSet 或者 Statement 对象将自动关闭。关闭连接只需调用 Connection 接口的 close() 方法即可。

```
conn.close();
```

☞ **案例 1.4.2**　数据库的查询，显示留言表中的所有留言信息。

exam1_4_2.jsp
```
1.<%@ page language="java" pageEncoding="UTF-8"%>
2.<%@ page import="java.sql.*"%>
3.<%
4.  String path = request.getContextPath();
5.  String basePath = request.getScheme() + "://"
6.         + request.getServerName() + ":" + request.getServerPort()
7.         + path + "/";
8.%>
9.<html>
10. <head>
11.    <base href="<%=basePath%>">
12.    <title>显示留言信息</title>
13. </head>
14. <body>
15.    <%
```

```
16.         Connection con = null;
17.         String url = "jdbc:mysql://localhost:3306/liuyan";
18.         String username = "root";
19.         String password = "sql";
20.         try {
21.             Class.forName("com.mysql.jdbc.Driver");
22.             con = DriverManager.getConnection(url, username, password);
23.             Statement sql = con.createStatement();
24.             String sqlString = "select bt,sj,xm from yhb,lyb
                            where yhb.id= lyb.yhid order by sj desc";
25.             ResultSet rs = sql.executeQuery(sqlString);
26.             int i = 0;
27.     %>
28.     <table border="1">
29.         <caption>留言信息</caption>
30.         <tr>
31.             <td>序号</td>
32.             <td>留言标题</td>
33.             <td>留言时间</td>
34.             <td>留言者</td>
35.         </tr>
36.     <% while (rs.next()) {
37.             i++;
38.             String bt = rs.getString("bt");
39.             String sj = rs.getString("sj");
40.             String yhxm = rs.getString("xm");
41.     %>
42.         <tr>
43.             <td><%=i%></td>
44.             <td><%=bt%></td>
45.             <td><%=sj%></td>
46.             <td><%=yhxm%></td>
47.         </tr>
48.     <% } %>
49.     </table>
50.     <% rs.close();
51.         sql.close();
52.         con.close();
53.     } catch (ClassNotFoundException e) {
54.         out.println("驱动程序加载失败!");
55.     } catch (SQLException e) {
56.         out.println("数据库连接失败!");
57.     } %>
58. </body>
60. </html>
```

程序说明：

- 第 21 行：加载驱动程序。
- 第 22 行：连接数据库。
- 第 23 行：获取 SQL 语句对象。
- 第 24 行：要执行的 SQL 语句。
- 第 25 行：执行 SQL 语句，获取结果集。
- 第 36 行：循环取结果集中的每一条记录。
- 第 50~52 行：关闭数据库。

☞ 案例 1.4.3 登录功能的数据库实现。

（1）登录页面。

login.jsp

```jsp
1.<%@ page language="java" pageEncoding="utf-8"%>
2.<%
3.  String path = request.getContextPath();
4.  String basePath = request.getScheme() + "://"
5.          + request.getServerName() + ":" + request.getServerPort()
6.          + path + "/";
7.%>
8.<html>
9.  <head>
10.     <base href="<%=basePath%>">
11.     <title>用户登录</title>
12.     <script type="text/javascript" src="exam1/login.js">
13.     </script>
14. </head>
15. <body>
16. <form action="exam1_4_3.jsp" method="post"
17.       onsubmit="return check(this);">
18.   <table width="400" border="1" bordercolor="#e9fef7"
            cellspacing="0" cellpadding="0">
19.     <tr>
20.      <td>
21.       <table width="400"border="0"cellspacing="0"cellpadding="0">
22.         <tr>
23.           <td colspan="2" height="30" align="center"
                  bgcolor= "#e9fef7">用户登录
              </td>
24.         </tr>
25.         <tr>
26.            <td><img src="images/log1.jpg"></td>
27.            <td>
28.              <table width="300" border="0">
29.                <tr>
30.                  <td height="35" align="right">用户名：</td>
31.                 <td><input type="text" name="username">
32.                  </td>
33.                </tr>
34.              <tr>
35.                  <td height="35" align="right">
36.                     密    码：
37.                  </td>
38.                  <td><input type="password" name="password">
39.                  </td>
40.                </tr>
41.              <tr>
42.                  <td height="35" align="center" colspan="2">
43.                     <input type="submit" value="提交">
44.                  </td>
45.                </tr>
46.              </table>
47.            </td>
48.          </tr>
49.        </table>
50.      </td>
51.   </tr>
52. </table>
```

```
53.    </form>
54. </body>
55. </html>
```

（2）登录验证页面。

exam1_4_3.jsp

```jsp
1. <%@ page language="java" pageEncoding="utf-8"%>
2. <%@ page import="java.sql.*"%>
3. <%
4.     String path = request.getContextPath();
5.     String basePath = request.getScheme() + "://"
6.             + request.getServerName() + ":" + request.getServerPort()
7.             + path + "/";
8. %>
9. <html>
10. <head>
11.     <base href="<%=basePath%>">
12.     <title>用户登录</title>
13. </head>
14. <body>
15. <%
16.     String yhm=request.getParameter("username");
17.     String yhmm=request.getParameter("password");
18.     Connection con = null;
19.     String url = "jdbc:mysql://localhost:3306/liuyan";
20.     String username = "root";
21.     String password = "sql";
22.     try {
23.         Class.forName("com.mysql.jdbc.Driver");
24.         con = DriverManager.getConnection(url, username, password);
25.         Statement sql = con.createStatement();
26.         String sqlString = "select * from yhb
                    where yhm='"+yhm+"' and yhmm='"+yhmm+"'";
27.         ResultSet rs = sql.executeQuery(sqlString);
28.         if (rs.next()){
29.           out.print("欢迎您！");
30.         }else{
31.           out.print("用户名或密码错误，请重新登录！");
32.         }
33.         rs.close();
34.         sql.close();
35.         con.close();
36.     } catch (ClassNotFoundException e) {
37.         out.println("驱动程序加载失败！");
38.     } catch (SQLException e) {
39.         out.println("数据库连接失败！");
40.     }
41. %>
42. </body>
43. </html>
```

程序说明：

- 第 16~17 行：获取表单数据。
- 第 18~27 行：连接并查询数据库。
- 第 28 行：判断查询结果集是否为空，若不为空，则说明登录用户存在。

1.4.4 数据库更新

▶1. 数据库的插入、更新和删除

SQL 语句对象调用方法：

```
public int executeUpdate(String sql)
```

可以对数据库表中的记录进行插入、更新和删除。

如：

```
try{
  sql.executeUpdate("insert into yhb values('赵丽','zl','12345')");
}
catch(SQLException e){
}
```

将在用户表中添加一条新的学生记录。

```
try{
  sql.executeUpdate("update studentinfo set xm='张琳' where yhm='zl'");
}
catch(SQLException e){
}
```

将用户表中用户名为"zl"的真实姓名更改为"张琳"。

```
try{
  sql.executeUpdate("delete from studentinfo where yhm='zl'");
}
catch(SQLException e){
}
```

将用户表中用户名为"zl"的用户记录删除。

☞ **案例 1.4.4** 发表留言。

（1）表单输入页面。

insert.jsp

```
1.<%@ page language="java" pageEncoding="utf-8"%>
2.<%
3.  String path = request.getContextPath();
4.  String basePath = request.getScheme() + "://"
5.          + request.getServerName() + ":" + request.getServerPort()
6.          + path + "/";
7.%>
8.<html>
9.  <head>
10.     <base href="<%=basePath%>">
11.     <title>发表留言</title>
12. </head>
13. <body>
14. <form action="exam1_4_4.jsp" method="post">
15.   <table width="400" border="1" bordercolor="#e9fef7"
             cellspacing="0"cellpadding="0">
16.     <tr>
17.       <td>
18.         <table width="500" border="0" cellspacing="0" ellpadding="0">
19.           <tr>
20.             <td colspan="2" height="30" align="center"
                    bgcolor=
                "#e9fef7">发表留言
                </td>
21.           </tr>
22.           <tr>
```

```
23.            <td height="35" align="right">留言标题:    </td>
24.            <td><input type="text" name="lybt" size="40"></td>
25.        </tr>
26.        <tr>
27.            <td height="35" align="right" valign="top">留言内容:</td>
28.            <td>
29.                <textarea cols="40" rows="5" name="lynr"></textarea>
30.            </td>
31.        </tr>
32.        <tr>
33.            <td height="35" align="center" colspan="2">
34.                <input type="submit" value="提交" name="button1">
35.            </td>
36.        </tr>
37.        </table>
38.      </td>
39.    </tr>
40.    </table>
41.  </form>
42. </body>
43.</html>
```

（2）数据处理页面，负责留言信息存入数据库。

exam1_4_4.jsp

```
1.<%@ page language="java" pageEncoding="utf-8"%>
2.<%@ page import="java.sql.*"%>
3.<%
4.   String path = request.getContextPath();
5.   String basePath = request.getScheme() + "://"
6.           + request.getServerName() + ":" + request.getServerPort()
7.           + path + "/";
8.%>
9.<html>
10.  <head>
11.      <base href="<%=basePath%>">
12.      <title>发表留言</title>
13.  </head>
14.  <body>
15.      <%
16.      String bt=request.getParameter("lybt");
17.      bt=new String(bt.getBytes("ISO-8859-1"),"utf-8");
18.      String nr=request.getParameter("lynr");
19.      nr=new String(nr.getBytes("ISO-8859-1"),"utf-8");
20.      //获取当前系统时间
21.      java.text.SimpleDateFormat sdf=new java.text.SimpleDateFormat
                                        ("yyyy-MM-dd HH:mm:ss");
22.      String now=sdf.format(new java.util.Date());
23.      Connection con = null;
24.      String url = "jdbc:mysql://localhost:3306/liuyan";
25.      String username = "root";
26.      String password = "sql";
27.      try {
28.          Class.forName("com.mysql.jdbc.Driver");
29.          con = DriverManager.getConnection(url, username, password);
30.          Statement sql = con.createStatement();
31.          String sqlString = "insert into lyb (bt,nr,sj)
                              values ('"+bt+"','"+nr+"','"+now+"')";
32.          int op=sql.executeUpdate(sqlString);
33.          if (op>0){
34.            out.print("发表留言成功!");
```

```
35.            }else{
36.              out.print("发表留言失败");
37.            }
38.         sql.close();
39.         con.close();
40.      } catch (ClassNotFoundException e) {
41.         out.println("驱动程序加载失败!");
42.      } catch (SQLException e) {
43.         out.println("数据库连接失败!");
44.      }    %>
45. </body>
46.</html>
```

程序说明：
- 第 16～19 行：获取表单数据，留言标题和内容中存在汉字，需进行转换。
- 第 21～22 行：以指定格式获取当前系统时间，作为当前留言发表时间。
- 第 23～29 行：连接数据库。
- 第 30 行：获取 SQL 语句对象。与查询相同。
- 第 31 行：要执行的 SQL INSERT 语句。
- 第 32 行：执行更新的 SQL 语句。
- 第 33 行：判断是否成功插入记录。

程序运行结果如图 1.4.7 和图 1.4.8 所示。

图 1.4.7　发表留言页面

图 1.4.8　留言发表成功页面

2. 预编译的 SQL 语句对象

当向数据库发送一个 SQL 语句时，数据库中的 SQL 解释器负责把 SQL 语句生成底层的内部命令，然后执行该命令，完成有关的数据操作。如果不断地向数据库提交 SQL 语句势必增加数据库中 SQL 解释器的负担，影响执行的速度。

如果应用程序能针对连接的数据库，事先就将 SQL 语句解释为数据库底层的内部命令，然后直接让数据库去执行这个命令，显然不仅减轻了数据库的负担，而且也提高了访问数据库的速度。

java.sql.PreparedStatement 接口就可以满足上述要求，PreparedStatement 接口是 Statement 接口的子接口，它有以下两个特点。

（1）PreparedStatement 的对象所包含的 SQL 语句是预编译的，因此当需要多次执行同一条 SQL 语句时，利用 PreparedStatement 传送这条 SQL 语句可以大大提高执行效率。

与创建 Statement 对象类似，在使用 Connection 和某个数据库建立了连接后，可以通过连接对象 con 调用 prepareStatement(String sql)方法对 SQL 语句进行编译预处理，生成该数据库底层的内部命令，并将该命令封装在 PreparedStatement 对象中。

如：
```
PreparedStatement psm=con.prepareStatement("SELECT * FROM xxb");
```

（2）PreparedStatement 的对象所包含的 SQL 语句中允许有一个或多个输入参数。创建 PreparedStatement 对象时，输入参数用 "?" 代替，在执行带参数的 SQL 语句前，必须对 "?" 进行赋值，为了对 "?" 进行赋值，PreparedStatement 接口中包含大量的 setXXX() 方法完成对输入参数的赋值。

如：

```
PreparedStatement psm=con.preparedStatement("select * from xxb where id=?");
psm.setInt(1, 1);
psm.executeQuery();
```

PreparedStatement 接口中的常用方法如表 1.4.9 所示。

表 1.4.9　PreparedStatement 接口的常用方法

方 法 名	方 法 功 能
void close()	释放 PreparedStatement 资源
ResultSet executeQuery()	执行给定的 SQL 语句（可带参数），该语句返回单个 ResultSet 对象
int executeUpdate(String)	执行给定的 SQL 语句（可带参数），该语句必须是 INSERT、UPDATE 或 DELETE，或者是 DDL 语句
void setInt(int i,int value)	将第 i 个参数设置为 int 值
void setString(int i,String value)	将第 i 个参数设置为 String 值
void setXXX(int i,XXX value)	将第 i 个参数设置为 XXX 类型的值

案例 1.4.3 中的登录验证页面，使用编译的 SQL 语句对象，exam1_4_3.jsp 代码可做如下修改：

```
1.<%@ page language="java" pageEncoding="utf-8"%>
2.<%@ page import="java.sql.*"%>
3.<%
4.    String path = request.getContextPath();
5.    String basePath = request.getScheme() + "://"
6.            + request.getServerName() + ":" + request.getServerPort()
7.            + path + "/";
8.%>
9.<html>
10.  <head>
11.      <base href="<%=basePath%>">
12.      <title>用户登录</title>
13.  </head>
14.  <body>
15.  <%
16.      String yhm = request.getParameter("username");
17.      String yhmm = request.getParameter("password");
18.      Connection con = null;
19.      String url = "jdbc:mysql://localhost:3306/liuyan";
20.      String username = "root";
21.      String password = "sql";
22.      try {
23.          Class.forName("com.mysql.jdbc.Driver");
24.          con = DriverManager.getConnection(url, username, password);
25.          String sqlString = "select * from yhb where yhm=? and yhmm=?";
26.          PreparedStatement ps = con.prepareStatement(sqlString);
27.          ps.setString(1, yhm);
28.          ps.setString(2, yhmm);
29.          ResultSet rs = ps.executeQuery();
30.          if (rs.next()) {
31.              out.print("欢迎您！");
32.          } else {
```

```
33.                out.print("用户名或密码错误,请重新登录!");
34.            }
35.            rs.close();
36.            ps.close();
37.            con.close();
38.        } catch (ClassNotFoundException e) {
39.            out.println("驱动程序加载失败!");
40.        } catch (SQLException e) {
41.            out.println("数据库连接失败!");
42.        }
43. %>
44. </body>
45.</html>
```

程序说明:
- 第 25 行:要执行的 SQL 语句,注意其中的"?"。
- 第 26 行:获取预编译的 SQL 语句,注意与 Statement 语句对象区别开。获取 Statement 对象时使用方法 createStatement(),方法没有参数。
- 第 27 行:设置预编译的 SQL 语句的第 1 个参数。
- 第 28 行:设置预编译的 SQL 语句的第 2 个参数。
- 第 29 行:执行预编译的 SQL 语句,注意与 Statement 语句对象区别开。

3. 执行存储过程的 SQL 语句对象

java.sql.CallableStatement 是用于执行 SQL 存储过程的接口,Connection 对象调用 prepareCall()方法获取 CallableStatement 对象,如:

```
CallableStatement cs = conn.prepareCall("{call PROC_ZZH()}");
```

CallableStatement 对象调用 execute()方法执行存储过程,如:

```
cs.execute();
```

 任务实现

实现小小留言板的前台所有功能,主要有用户注册、用户登录、用户资料修改、用户密码修改、发表留言、查看留言、回复留言、浏览留言等。由于篇幅限制,后台功能实现代码请参考本书网络资源。

各功能具体代码如下。

1. 网站首页,效果如图 1.4.9 所示。

图 1.4.9 网站首页

网站首页主要由 3 个文件组成。
- top.jsp，用来显示网站导航信息。
- bcttom.jsp，用来显示网站版权信息。
- main.jsp，用来显示所有留言信息，每页显示 10 条记录，若留言信息总数超过 10 条，则分页显示留言信息。

（1）　　　　　　　　　　　　　index.jsp

```jsp
1.<%@ page language="java" import="java.util.*" pageEncoding="UTF-8"%>
2.<%
3.    String path = request.getContextPath();
4.    String basePath = request.getScheme() + "://"
5.            + request.getServerName() + ":" + request.getServerPort()
6.            + path + "/";
7.%>
8.<html>
9.    <head>
10.        <base href="<%=basePath%>">
11.        <title>小小留言板</title>
12.    </head>
13.    <body>
14.        <jsp:include page="ly/top.jsp"/>
15.        <table align="center" width="800" height="400" bgcolor="#ffffff">
16.            <tr>
17.                <td valign="top">
18.                    <jsp:include page="ly/main.jsp"/>
19.                </td>
20.            </tr>
21.        </table>
22.        <jsp:include page="ly/bottom.jsp"/>
23.    </body>
24.</html>
```

程序说明：
- 第 14 行：包含 top.jsp，显示导航页面。
- 第 18 行：包含 main.jsp，显示所有留言信息。
- 第 22 行：包含 bottom.jsp，显示版权信息。

（2）　　　　　　　　　　　　　top.jsp

```jsp
1.<%@ page language="java" pageEncoding="utf-8"%>
2.<%
3.    String path = request.getContextPath();
4.    String basePath = request.getScheme() + "://"
5.            + request.getServerName() + ":" + request.getServerPort()
6.            + path + "/";
7.%>
8.<!DOCTYPE HTML PUBLIC "-//W3C//DTD HTML 4.01 Transitional//EN">
9.<html>
10.    <head>
11.        <base href="<%=basePath%>">
12.        <title>My JSP 'top.jsp' starting page</title>
13.    </head>
14.    <body bgcolor="#f5f5f5">
15.        <table border="1" bordercolor="#f5f5f5" align="center" width="800"
16.            height="127" background="images/logo.jpg" cellspacing="0"
17.            cellpadding="0">
18.            <tr>
19.                <td>
20.                    <table width="100%" height="127" border="0">
```

```
21.                    <tr>
22.                        <td rowspan="3" width="400" valign="bottom">
23.                            <br>
24.                        </td>
25.                    </tr>
26.                    <tr>
27.                        <td width="100" height="25">
28.                            <br>
29.                        </td>
30.                        <td align="center" width="80">
31.                            <font size="2">
                                    <a href="ly/fbly.jsp">我要留言</a>
32.                            </font>
33.                        </td>
34.                        <td align="center" width="50">
35.                            <font size="2">
                                    <a href="index.jsp">首页</a>
36.                            </font>
37.                        </td>
38.                        <td align="center" width="50">
39.                            <font size="2">
                                    <a href="ly/reg.jsp">注册</a>
40.                            </font>
41.                        </td>
42.                    </tr>
43.                    <tr>
44.                        <td colspan="4">
45.                            <font size="6">小小留言板</font>
46.                        </td>
47.                    </tr>
48.                </table>
49.            </td>
50.        </tr>
51.    </table>
52.    <%
53.        String login = (String) session.getAttribute("login");
54.        if (login != null) {
55.    %>
56.    <table align="center" width="750" bgcolor="#f5f5f5">
57.        <tr>
58.            <td height="25">
59.                <font size="2"> 欢迎您, <%=login%></font>
60.            </td>
61.            <td align="right">
62.                <font size="2"><a href="ly/xgxx.jsp">资料修改</a>
63.                </font>
64.                <font size="2"><a href="ly/xgmm.jsp">修改密码</a>
65.                </font>
66.                <font size="2"><a href="ly/logout.jsp">注销登录</a>
67.                </font>
68.            </td>
69.        </tr>
70.    </table>
71.    <%
72.        } else {
73.    %>
74.    <table align="center" width="750" bgcolor="#f5f5f5">
75.        <tr>
76.            <td height="25" valign="top">
```

```
77.                <font size="2">若要发表留言或回复，请先
78.                <a href="ly/login.jsp">登录</a></font>
79.            </td>
80.        </tr>
81.    </table>
82.<%
83.    }
84.%>
85.</body>
86.</html>
```

程序说明：

- 第 15 行：表格，背景图片存放在 WebRoot/images 文件夹下。
- 第 30~42 行：显示导航"我要留言"、"首页"、"注册"链接。
- 第 53 行：判断用户是否登录，若用户已登录，则显示欢迎信息；若用户未登录，则提示用户登录后方可发表留言与回复。

（3） bottom.jsp

```
1.<%@ page language="java" pageEncoding="UTF-8"%>
2.<%
3.    String path = request.getContextPath();
4.    String basePath = request.getScheme() + "://"
5.            + request.getServerName() + ":" + request.getServerPort()
6.            + path + "/";
7.%>
8.<html>
9.    <head>
10.        <base href="<%=basePath%>">
11.        <title>版权信息</title>
12.    </head>
13.    <body>
14.        <table width="800" align="center">
15.            <tbody>
16.                <tr align="center">
17.                    <td height="30">
18.                        <font size="2">copyright &copy;2010 
19.                        四平职业大学计算机工程学院 版权所有</font>
20.                    </td>
21.                </tr>
22.            </tbody>
23.        </table>
24.    </body>
25.</html>
```

（4） main.jsp

```
1.<%@ page language="java" pageEncoding="utf-8"%>
2.<%@ page language="java" pageEncoding="utf-8"%>
3.<%@ page import="java.sql.*"%>
4.<%
5.    String path = request.getContextPath();
6.    String basePath = request.getScheme() + "://"
7.            + request.getServerName() + ":" + request.getServerPort()
8.            + path + "/";
9.%>
10.<!DOCTYPE HTML PUBLIC "-//W3C//DTD HTML 4.01 Transitional//EN">
11.<html>
12.    <head>
13.        <base href="<%=basePath%>">
14.        <title>小小留言板</title>
```

```
15.   </head>
16.   <body>
17.   <br>
18.   <%
19.   try {
20.       Class.forName("com.mysql.jdbc.Driver");
21.       String strUrl = "jdbc:mysql://localhost:3306/liuyan";
22.       String strUser = "root";
23.       String strPass = "sql";
24.       Connection con = DriverManager.getConnection(strUrl, strUser,
25.           strPass);
26.       Statement stmt = con.createStatement();
27.       String sqlString = "select lyb.id as id,bt,sj,yhm,xm from yhb,lyb
              where yhb.id=lyb.yhid and fid=0 order by sj desc";
28.       ResultSet rs = stmt.executeQuery(sqlString);
29.       //分页
30.       rs.last();
31.       int recordCount = rs.getRow(); //记录总数
32.       if (recordCount == 0) {
33.           out.println("<div align=\"center\">还没有留言信息</align>");
34.       } else {
35.           int pageSize = 10; //每页显示的记录个数
36.           int pageCount = recordCount / pageSize; //页数
37.           if (recordCount % pageSize != 0) {
38.               pageCount++;
39.           }
40.           String strPage = request.getParameter("page");
41.           if (strPage == null) {
42.               strPage = "1";
43.           }
44.           int currentPage = Integer.parseInt(strPage); //当前页号
45.           if (currentPage <= 1) {
46.               currentPage = 1;
47.           } else if (currentPage > pageCount) {
48.               currentPage = pageCount;
49.           }
50.           int num = (currentPage - 1) * pageSize + 1;
51.           rs.absolute((currentPage - 1) * pageSize + 1);//当前页第一条记录
52.   %>
53.   <table width="700" border="1" bordercolor="#f5f5f5" align="center"
54.       cellpadding="0" cellspacing="0">
55.   <tr>
56.       <td align="center" height="25">
57.           <font size="2">序号</font>
58.       </td>
59.       <td align="center">
60.           <font size="2">留言标题</font>
61.       </td>
62.       <td align="center">
63.           <font size="2">留言者</font>
64.       </td>
65.       <td align="center">
66.           <font size="2">留言时间</font>
67.       </td>
68.   </tr>
69.   <%
70.       for (int i = 1; i <= pageSize; i++) {
71.           String id = rs.getString("id");
72.           String bt = rs.getString("bt");
```

```jsp
73.            String sj = rs.getString("sj");
74.            String yhm = rs.getString("yhm");
75.            String xm = rs.getString("xm");
76. %>
77. <tr>
78.     <td align="center" height="35">
79.         <font size="2"><%=num%></font>
80.     </td>
81.     <td align="center">
82.         <a href="ly/ckly.jsp?id=<%=id%>"> <font size="2"><%=bt%></font>
83.         </a>
84.     </td>
85.     <td align="center">
86.         <font size="2"><%=yhm%></font>
87.     </td>
88.     <td align="center">
89.         <font size="2"><%=sj%></font>
90.     </td>
91. </tr>
92. <%
93.     if (!rs.next()) {
94.         break;
95.     }
96.      num++;
97. }
98. %>
99. </table>
100.<%
101.    if (pageCount != 1) {
102.%>
103.<table align="center" width="700">
104.<tr>
105.    <td align="right">
106.    <%
107.        if (currentPage > 1) {
108.    %><a href="index.jsp?page=<%=currentPage - 1%>">
            <font size="2">上页</font>
109.        </a>
110.    <%
111.        }
112.        for (int j = 1; j <= pageCount; j++) {
113.            if (j != currentPage) {
114.    %> 
115.    <a href="index.jsp?page=<%=j%>"><font size="2"><%=j%></font> </a>
116.    <%
117.    } else {
118.    %> 
119.    <strong><font size="2"><%=j%></font> </strong>
120.    <%
121.    }
122.}
123.if (currentPage < pageCount) {
124.%> 
125.<a href="index.jsp?page=<%=currentPage + 1%>"><font size="2">下页</font>
126.</a>
127.<%
128.    }
129.%>
130.    </td>
131.</tr>
132.</table>
```

```
133.<%
134.      }
135.      rs.close();
136.      con.close();
137.}
138.} catch (SQLException e) {
139.     out.println("数据库连接失败！");
140.}
141.%>
142.</body>
143.</html>
```

程序说明：

- 第 20~26 行：连接数据库。
- 第 27~28 行：查询所有留言信息。
- 第 30 行：将记录指针移到最后一行。
- 第 31 行：取得查询结果最后一行的行号，也就是记录总数。
- 第 35 行：设置每页显示 10 条记录。
- 第 36~39 行：求出共有多少页。
- 第 40~44 行：从 request 对象中取得当前页码。若为空，则说明是第 1 次请求本页，应该显示第 1 页，所以赋值为 "1"。
- 第 45~49 行：若请求本页时页码超出范围，则进行相应处理。
- 第 51 行：将记录指针移到当前页的第一条记录。
- 第 53~68 行：显示表头。
- 第 71~91 行：循环获取本页的每一条记录，并显示出来。
- 第 93 行：将记录指针下移一行，若指针已到末尾，则跳出循环。
- 第 101~126 行：循环显示页号列表，并给出每页和"上页"、"下页"的链接，显示总页数。若总页数为 1，则不显示页号列表。

2. 登录模块，效果如图 1.4.10 所示。

图 1.4.10　用户登录

用户登录模块主要由 3 个文件组成：

- login.jsp，用来在表单中输入用户名和密码，并提交给 login1.jsp 验证是否为合法用户。
- login1.jsp，用来接收 login.jsp 提交的信息，并查询数据库验证用户名和密码是否正确，若登录成功，则进入网站首页 index.jsp；若登录失败，则返回登录页 login.jsp。
- login.js，用 JavaScript 代码来验证 login.jsp 表单数据。

（1）　　　　　　　　　　　　　　login.jsp

```
1.<%@ page language="java" pageEncoding="utf-8"%>
2.<%
```

```
3.      String path = request.getContextPath();
4.      String basePath = request.getScheme() + "://"
5.              + request.getServerName() + ":" + request.getServerPort()
6.              + path + "/";
7.  %>
8.  <!DOCTYPE HTML PUBLIC "-//W3C//DTD HTML 4.01 Transitional//EN">
9.  <html>
10.  <head>
11.      <base href="<%=basePath%>">
12.      <title>小小留言板-用户登录</title>
13.      <script type="text/javascript" src="js/login.js" /></script>
14.  </head>
15.  <body>
16.  <jsp:include page="top.jsp"></jsp:include>
17.  <table align="center" width="800" height="400" bgcolor="#ffffff">
18.    <tr><td><br></td><tr>
19.    <tr><td align="center">
20.      <%
21.      String flag = (String) request.getAttribute("flag");
22.      if (flag != null) {
23.          if (flag.equals("loginerror")) {
24.      %><font color="red" size="2">用户名或密码错误,请重新登录!</font>
25.      <%
26.          } else if (flag.equals("regok")) {
27.      %><font color="red" size="2">注册成功,请登录!</font>
28.      <%
29.          } else if (flag.equals("updatepassok")) {
30.      %><font color="red" size="2">密码修改成功,重新登录!</font>
31.      <%
32.          }else if (flag.equals("fblyerror")) {
33.      %><font color="red" size="2">要发表留言,请先登录!</font>
34.      <%
35.          }
36.      }
37.      %>
38.    </td> </tr>
39.    <tr> <td valign="top">
40.      <form action="ly/login1.jsp" method="post"
              onsubmit="return check(this);">
41.        <table align="center" width="400" border="1" bordercolor="#e9fef7"
42.               cellspacing="0" cellpadding="0">
43.          <tr>
44.            <td>
45.              <table width="400" border="0" cellspacing="0" cellpadding="0">
46.                <tr>
47.                  <td colspan="2" height="30" align="center" bgcolor="#e9fef7">
48.                    用户登录
49.                  </td>
50.                </tr>
51.                <tr>
52.                  <td>
53.                    <table width="400" border="0">
54.                      <tr>
55.                        <td height="35" align="right">
56.                          <font size="2">用户名:</font>
57.                        </td>
58.                        <td>
59.                          <input type="text" name="yhm">
60.                        </td>
61.                      </tr>
```

```html
62.            <tr>
63.              <td height="35" align="right">
64.                <font size="2">密    码:</font>
65.              </td>
66.              <td>
67.                <input type="password" name="yhmm" size="22">
68.              </td>
69.            </tr>
70.            <tr>
71.              <td height="35" align="center" colspan="2">
72.                <input type="submit" value="提交" name="button1">
73.              </td>
74.            </tr>
75.          </table>
76.        </td>
77.      </tr>
78.    </table>
79.   </td>
80.  </tr>
81. </table>
82. </form>
83. </td>
84. </tr>
85. </table>
86. <jsp:include page="bottom.jsp" />
87. </body>
88.</html>
```

（2） login1.jsp

```jsp
1.<%@ page language="java" pageEncoding="utf-8"%>
2.<%@ page import="java.sql.*"%>
3.<%
4.  String path = request.getContextPath();
5.  String basePath = request.getScheme() + "://"
6.      + request.getServerName() + ":" + request.getServerPort()
7.      + path + "/";
8.%>
9.<!DOCTYPE HTML PUBLIC "-//W3C//DTD HTML 4.01 Transitional//EN">
10.<html>
11. <head>
12.    <base href="<%=basePath%>">
13.    <title>小小留言板-用户登录</title>
14. </head>
15. <body>
16.    <%
17.      String yhm = request.getParameter("yhm");
18.      String yhmm = request.getParameter("yhmm");
19.      Class.forName("com.mysql.jdbc.Driver");
20.      String strUrl = "jdbc:mysql://localhost:3306/liuyan";
21.      String strUser = "root";
22.      String strPass = "sql";
23.      Connection con = DriverManager.getConnection(strUrl, strUser,
24.          strPass);
25.      Statement stmt = con.createStatement();
26.      String sqlString = "select * from yhb where yhm='" + yhm
27.          + "' and yhmm='" + yhmm + "'";
28.      ResultSet rs = stmt.executeQuery(sqlString);
29.      if (rs.next()) {
30.        session.setAttribute("loginid", rs.getString("id"));
31.        session.setAttribute("login", yhm);
32.        response.sendRedirect("../index.jsp");
```

```
33.            } else {
34.                request.setAttribute("flag", "loginerror");
35.                request.getRequestDispatcher("login.jsp")
36.                    .forward(request,response);
37.            }
38.     %>
39.</body>
40.</html>
```

程序说明:

- 第 17~18 行:获取表单数据。
- 第 19~28 行:连接并查询数据库。
- 第 29~33 行:若用户登录成功,则将用户 ID 和姓名都存储到 session 对象中,并转入网站首页。
- 第 34~36 行:若用户登录失败,则返回登录页面,并给出相应提示。

(3) login.js

```
1.function check(form){
2.   if (form.yhm.value==""){
3    alert("请输入用户名!");
4.    form.yhm.focus();
5.    return false;
6.   }
7.   if (form.yhmm.value==""){
8.    alert("请输入密码! ");
9.    form.yhmm.focus();
10.    return false;
11.   }
12. }
```

3. 注册模块,效果如图 1.4.11 所示。

图 1.4.11 用户注册

用户注册模块主要由 3 个文件组成。

- reg.jsp,用来在表单中输入用户的注册信息,并提交给 reg1.jsp 进行存储操作。
- reg1.jsp,用来接收 reg.jsp 提交的注册信息,并存储到相应的数据库中。
- reg.js,用 JavaScript 代码来验证 reg.jsp 表单数据。

(1) reg.jsp

```
1.<%@ page language="java" pageEncoding="UTF-8"%>
2.<%
3.   String path = request.getContextPath();
```

```
4.    String basePath = request.getScheme() + "://"
5.            + request.getServerName() + ":" + request.getServerPort()
6.            + path + "/";
7. %>
8. <html>
9.   <head>
10.      <base href="<%=basePath%>">
11.      <title>小小留言板-用户注册</title>
12.      <script language="javascript" src="js/reg.js"></script>
13. </head>
14. <body>
15. <%session.removeAttribute("loginid");
16.    session.removeAttribute("login"); %>
17. <jsp:include page="top.jsp"></jsp:include>
18. <table align="center" width="800" height="400" bgcolor="#ffffff">
19. <tr>
20.     <td valign="top">
21.     <form action="ly/reg1.jsp" method="post"
            onsubmit="return check_info(this);">
22.     <table width="600" cellspacing="0" cellpadding="0" border="0"
23.            align="center">
24.     <tr><td height="25"></td></tr>
25.     <tr>
26.     <td align="center" height="30"bgcolor="#e9fef7">
27.         用户注册
28.     </td>
29.     </tr>
30.     <tr>
31.     <td align="center">
32.         <table width="600" border="1" bordercolor="#e9fef7"
33.            align="center" cellspacing="0" cellpadding="0">
34.     <tr>
35.     <td height="34" colspan="2" align="center">
36.         <font size="2"> 
        带<font color="#ff0000">*</font>号的项目为必选项,请全部填写</font>
37.     </td>
38.     </tr>
39.     <tr>
40.     <td width="100" height="34" align="right">
41.         <font size="2">用户名: </font> 
42.     </td>
43.     <td valign="middle">
44.         <input type="text" size="38" name="yhm">
45.         <font color="#ff0000" size="2"> * 6-20 个字符或数字组合。</font>
46.     </td>
47.     </tr>
48. <%
49.     String flag = (String) request.getAttribute("flag");
50.     if (flag != null) {
51. %>
52.     <tr>
53.     <td width="100" height="34" align="right"> </td>
54.     <td valign="middle">
55.     <font size="2" color="#ff0000">**用户名已存在,请重新选择用户名**</font>
56.     </td>
57.     </tr>
58. <%
59.     }
60. %>
61.     <tr>
```

```
62.        <td align="right" height="34">
63.            <font size="2">密码:  </font>
64.        </td>
65.        <td>
66.            <input type="password" size="40" name="yhmm">
67.            <font color="#ff0000" size="2">* 6-16 个字符组成,区分大小写。
                </font>
68.        </td>
69.        </tr>
70.        <tr>
71.        <td align="right" height="34">
72.            <font size="2">确认密码:  </font>
73.        </td>
74.        <td>
75.            <input type="password" size="40" name="yhmm1">
76.            <font color="#ff0000" size="2"> *</font>
77.        </td>
78.        </tr>
79.        <tr>
80.        <td align="right" height="34">
81.            <font size="2">头像</font>:  
82.        </td>
83.        <td>
84.            <select name="head"
                    onChange="document.images['avatar'].
85.                    src=options[selectedIndex].value;">
86. <%
87.     for (int i = 1; i <= 16; i++) {
88. %>
89.            <option value="images/face/head<%=i%>.gif">
90.                head<%=i%>
91.            </option>
92. <%
93.        }
94. %>
95.            </select>
96.            
97.            <img id=avatar src="images/face/head1.gif" alt=头像
98.                    width="32" height="32" border="0">
99.        </td>
100.       </tr>
101.       <tr>
102.       <td align="right" height="34">
103.           <font size="2">真实姓名: </font> 
104.       </td>
105.       <td>
106.           <input type="text" size="40" name="xm">
107.       </td>
108.       </tr>
109.       <tr>
110.       <td align="right" height="34">
111.           <font size="2">性别</font>:  
112.       </td>
113.       <td>
114.           <input type="radio" checked="checked" value="男" name="xb">
115.           <font size="2">男</font>
116.           <input type="radio" value="女" name="xb">
117.           <font size="2">女</font>
118.       </td>
```

```
119.            </tr>
120.            <tr>
121.              <td colspan="2" align="center" height="34">
122.                <input type="submit" value="注册新用户" name="button1">
123.              </td>
124.            </tr>
125.          </table>
126.        </td>
127.      </tr>
128.    </table>
129.  </form>
130.  </td>
131. </tr>
132.  </table>
133.<jsp:include page="bottom.jsp"/>
134.</body>
135.</html>
```

程序说明:

- 第 15~16 行: 注册新用户前先注销原来登录用户, 即将 session 对象中存储的属性移去。
- 第 84 行: 通过组合输入框选择用户头像, 共有 16 个, 存储在 WebRoot/images/face 文件夹下。

（2） reg1.jsp

```
1.<%@ page language="java" pageEncoding="UTF-8"%>
2.<%@ page import="java.sql.*"%>
3.<%
4.  String path = request.getContextPath();
5.  String basePath = request.getScheme() + "://"
6.          + request.getServerName() + ":" + request.getServerPort()
7.          + path + "/";
8.%>
9.<html>
10. <head>
11.     <base href="<%=basePath%>">
12.     <title>小小留言板-用户注册</title>
13. </head>
14. <body>
15. <%
16.     String yhm = request.getParameter("yhm");
17.     String yhmm = request.getParameter("yhmm");
18.     if (yhm == null || yhmm == null) {
19.         response.sendRedirect("reg.jsp");
20.     } else {
21.         String xm = request.getParameter("xm");
22.         xm = new String(xm.getBytes("iso-8859-1"), "utf-8");
23.         String xb = request.getParameter("xb");
24.         xb = new String(xb.getBytes("iso-8859-1"), "utf-8");
25.         String head = request.getParameter("head");
26.         Class.forName("com.mysql.jdbc.Driver");
27.         String strUrl = "jdbc:mysql://localhost:3306/liuyan";
28.         String strUser = "root";
29.         String strPass = "sql";
30.         Connection con = DriverManager.getConnection(strUrl, strUser,
31.                 strPass);
32.         Statement stmt = con.createStatement();
33.         String sqlString = "select * from yhb where yhm='" + yhm + "'";
34.         ResultSet rs = stmt.executeQuery(sqlString);
```

```
35.        if (rs.next()) {
36.            request.setAttribute("flag", "regerror");
37.            request.getRequestDispatcher("reg.jsp").forward(request,
38.                response);
39.        } else {
40.            sqlString = "insert into yhb (yhm,yhmm,xm,xb,head)values('"
41.                + yhm + "','" + yhmm + "','" + xm + "','" + xb
42.                + "','" + head + "')";
43.            int op = stmt.executeUpdate(sqlString);
44.            if (op > 0) {
45.                request.setAttribute("flag", "regok");
46.                request.getRequestDispatcher("login.jsp").forward(
47.                    request, response);
48.            } else {
49.                out.print("注册失败");
50.            }
51.        }
52.    }
53.%>
54.</body>
55.</html>
```

程序说明：

- 第 21~25 行：获取表单数据，并将包含汉字的参数进行转换，避免出现乱码。
- 第 26~37 行：查询数据库，判断要注册的用户名是否已存在，若已存在，则不能注册。
- 第 40~47 行：将注册信息存储到数据库中。

（3）reg.js

```
1.function trim(str)
2.{
3.  return str.replace(/(^\s*)|(\s*$)/g,"");
4.}
5.function check_info(form)
6.{
7.  if(trim(form.yhm.value)=="")
8.  {
9.      alert("请填写您的用户名!");
10.     form.yhm.focus();
11.     return false;
12. }
13. if (form.yhm.value.length<6 || form.yhm.value.length>20)
14. {
15.     alert("用户名的长度必须在6-20之间");
16.     form.yhm.focus();
17.     return false;
18. }
19. if(form.yhmm.value=="")
20. {
21.     alert("请填写您的密码!");
22.     form.yhmm.focus();
23.     return false;
24. }
25. if(form.yhmm.value.length<6 || form.yhmm.value.length>20)
26. {
27.     alert("密码的长度必须在6-16之间!");
28.     form.yhmm.focus();
29.     return false;
30. }
```

```
31. if(form.yhmm1.value=="")
32. {
33.     alert("请确认您的密码");
34.     form.yhmm1.focus();
35.     return false;
36. }
37. if(form.yhmm1.value != form.yhmm.value)
38. {
39.     alert("两次密码不一致,请重新填写");
40.     form.yhmm1.focus();
41.     return false;
42. }
43.}
```

4. 发表留言模块,效果如图 1.4.12 所示。

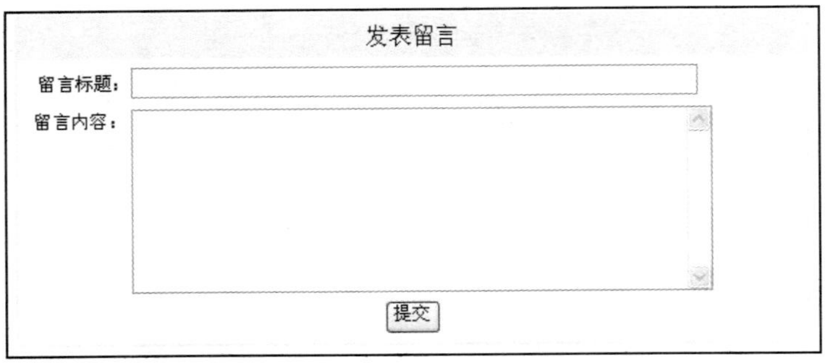

图 1.4.12 发表留言

发表留言模块主要由 3 个文件组成。
- fbly.jsp,用来在表单中输入留言的相关信息,并提交给 fbly1.jsp 进行存储。
- fbly1.jsp,用来接收 fbly.jsp 提交的留言信息,并存储到相应的数据库中。
- fbly.js,用 JavaScript 代码来验证 fbly.jsp 表单数据。

(1) fbly.jsp

```
1.<%@ page language="java" pageEncoding="UTF-8"%>
2.<%
3.    String path = request.getContextPath();
4.    String basePath = request.getScheme() + "://"
5.            + request.getServerName() + ":" + request.getServerPort()
6.            + path + "/";
7.%>
8.<html>
9.    <head>
10.        <base href="<%=basePath%>">
11.        <title>小小留言板-发表留言</title>
12.        <script type="text/javascript" src="js/fbly.js" /></script>
13.    </head>
14.    <body>
15.    <jsp:include page="top.jsp"></jsp:include>
16.    <table align="center" width="800" height="400" bgcolor="#ffffff">
17.    <tr><td><br></td></tr>
18.    <tr>
19.        <td valign="top">
20.        <%
21.            String login = (String) session.getAttribute("login");
22.            if (login == null) {
23.                request.setAttribute("flag", "fblyerror");
24.                request.getRequestDispatcher("login.jsp").forward(request,
```

```
25.                              response);
26.          } else {
27.    %>
28.          <form action="ly/fbly1.jsp" method="post"
29.                  onsubmit="return check(this);">
30.          <table align="center" width="550"
31.                  border="1" bordercolor="#e9fef7"
                     cellspacing="0" cellpadding="0">
32.            <tr>
33.              <td>
34.                <table align="center" width="550" border="0" cellspacing="0"
35.                                cellpadding="0">
36.                  <tr>
37.                    <td colspan="2" height="30" align="center"
                            bgcolor="#e9fef7">
38.                      发表留言
39.                    </td>
40.                  </tr>
41.                  <tr>
42.                    <td height="35" align="right">
43.                      <font size="2"> 留言标题: </font>
44.                    </td>
45.                    <td>
46.                      <input type="text" name="lybt" size="60">
47.                    </td>
48.                  </tr>
49.                  <tr>
50.                    <td height="35" align="right" valign="top">
51.                      <font size="2"> 留言内容</font>:
52.                    </td>
53.                    <td>
54.                      <textarea cols="48" rows="8" name="lynr">
                          </textarea>
55.                    </td>
56.                  </tr>
57.                  <tr>
58.                    <td height="35" align="center" colspan="2">
59.                      <input type="hidden" name="fid" value="0">
60.                      <input type="submit" value="提交" >
61.                    </td>
62.                  </tr>
63.                </table>
64.              </td>
65.            </tr>
66.          </table>
67.          </form>
68.    <%
69.          }
70.    %>
71.    </td>
72.  </tr>
73.  </table>
74.  <jsp:include page="bottom.jsp"/>
75.  </body>
76.</html>
```

程序说明:

- 第 21~25 行: 获取 session 对象中的属性,判断用户是否登录,若用户未登录,则不能发表留言,跳转到登录页面。

（2） fbly1.jsp

```jsp
1.<%@ page language="java" pageEncoding="UTF-8"%>
2.<%@ page import="java.sql.*"%>
3.<%
4.  String path = request.getContextPath();
5.  String basePath = request.getScheme() + "://"
6.          + request.getServerName() + ":" + request.getServerPort()
7.          + path + "/";
8.%>
9.<html>
10.  <head>
11.    <base href="<%=basePath%>">
12.    <title>小小留言板-发表留言</title>
13.  </head>
14.  <body>
15.  <%
16.  String loginid = (String) session.getAttribute("loginid");
17.  if (loginid == null) {
18.      response.sendRedirect("../index.jsp");
19.  } else {
20.      String bt = request.getParameter("lybt");
21.      bt = new String(bt.getBytes("ISO-8859-1"), "utf-8");
22.      String nr = request.getParameter("lynr");
23.      nr = new String(nr.getBytes("ISO-8859-1"), "utf-8");
24.      int fid = Integer.parseInt(request.getParameter("fid"));
25.      //获取当前系统时间
26.      java.text.SimpleDateFormat sdf = new java.text.SimpleDateFormat(
27.          "yyyy-MM-dd HH:mm:ss");
28.      String now = sdf.format(new java.util.Date());
29.      Class.forName("com.mysql.jdbc.Driver");
30.      String strUrl = "jdbc:mysql://localhost:3306/liuyan";
31.      String strUser = "root";
32.      String strPass = "sql";
33.      Connection con = DriverManager.getConnection(strUrl, strUser,
34.          strPass);
35.      Statement stmt = con.createStatement();
36.      String sqlString = "insert into lyb (bt,nr,sj,yhid,fid) values ('"
37.      + bt + "','" + nr + "','" + now + "','" +loginid+ "'," +fid+ ")";
38.      int op = stmt.executeUpdate(sqlString);
39.      if (op > 0) {
40.          response.sendRedirect("../index.jsp");
41.      } else {
42.          out.print("发表留言失败");
43.      }
44.      con.close();
45.  }
46.  %>
47.</body>
48.</html>
```

（3） fbly.js

```javascript
1.function check(form){
2.  if (form.lybt.value==""){
3.    alert("请输入留言标题!");
4.    form.lybt.focus();
5.    return false;
6.  }
7.  if (form.lynr.value==""){
8.    alert("请输入留言内容! ");
9.    form.lynr.focus();
```

```
10.    return false;
11.  }
12. }
```

5. 查看留言模块，效果如图 1.4.13 所示。

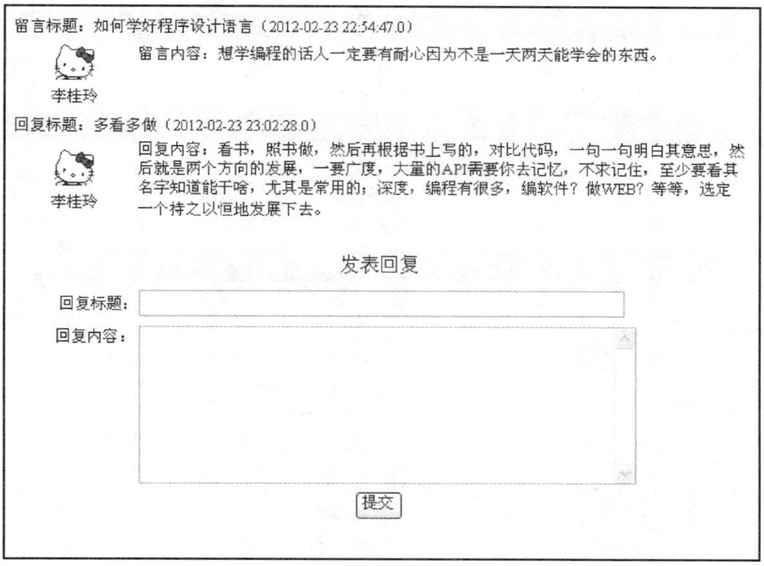

图 1.4.13　查看留言

只有一个文件：ckly.jsp，在网站首页显示的留言信息中，点击留言标题可超链接到本页面，显示该留言的相关信息，如果此时用户已登录，可直接回复该留言。ckly.jsp 程序代码如下。

ckly.jsp

```
1.<%@ page language="java" pageEncoding="UTF-8"%>
2.<%@ page import="java.sql.*"%>
3.<%
4.  String path = request.getContextPath();
5.  String basePath = request.getScheme() + "://"
6.          + request.getServerName() + ":" + request.getServerPort()
7.          + path + "/";
8.%>
9.<html>
10.  <head>
11.      <base href="<%=basePath%>">
12.      <title>小小留言板-查看留言</title>
13.  </head>
14.  <body>
15.  <jsp:include page="top.jsp"></jsp:include>
16.  <table align="center" width="800" height="400" bgcolor="#ffffff">
17.  <tr><td><br></td></tr>
18.  <tr>
19.  <td valign="top">
20.  <%
21.      String id = request.getParameter("id");
22.      try {
23.          Class.forName("com.mysql.jdbc.Driver");
24.          String strUrl = "jdbc:mysql://localhost:3306/liuyan";
25.          String strUser = "root";
26.          String strPass = "sql";
```

```jsp
27.         Connection con = DriverManager.getConnection(strUrl, strUser,
28.                     strPass);
29.         Statement stmt = con.createStatement();
30.         String sqlString = "select lyb.id as id,bt,nr,sj,yhm,xm,head
                from yhb,lyb where yhb.id=lyb.yhid and lyb.id=" + id;
31.         ResultSet rs = stmt.executeQuery(sqlString);
32.         if (rs.next()) {
33.         String lyid = rs.getString("id");
34.         String bt = rs.getString("bt");
35.         String nr = rs.getString("nr");
36.         String yhm = rs.getString("yhm");
37.         String xm = rs.getString("xm");
38.         String sj = rs.getString("sj");
39.         String head = rs.getString("head");
40.     %>
41.     <table width="600" border="1" bordercolor="#f5f5f5" align="center"
42.         cellspacing="0" cellpadding="0">
43.     <tr>
44.     <td width="600" height="25" bgcolor="#f5f5f5" colspan="2">
45.         <font size="2">留言标题：<%=bt%> (<%=sj%>) </font>
46.     </td>
47.     </tr>
48.     <tr>
49.     <td align="center" width="100" height="25">
50.         <img src="<%=head%>" width="32" height="32" border="0">
51.         <br><font size="2"><%=yhm%></font>
52.     </td>
53.     <td valign="top" width="500" height="25">
54.         <font size="2">留言内容：<%=nr%></font>
55.     </td>
56.     </tr>
57.     </table>
58.     <table width="600" border="1" bordercolor="#f5f5f5" align="center"
59.         cellspacing="0" cellpadding="0">
60.     <%
61.     sqlString = "select lyb.id as id,bt,nr,sj,yhm,xm,head
                from yhb,lyb where yhb.id=lyb.yhid and lyb.fid="+ id;
62.     rs = stmt.executeQuery(sqlString);
63.     while (rs.next()) {
64.         lyid = rs.getString("id");
65.         bt = rs.getString("bt");
66.         nr = rs.getString("nr");
67.         yhm = rs.getString("yhm");
68.         xm = rs.getString("xm");
69.         sj = rs.getString("sj");
70.         head = rs.getString("head");
71.     %>
72.     <tr>
73.         <td height="25" bgcolor="#f5f5f5" colspan="2">
74.             <font size="2">回复标题：<%=bt%> (<%=sj%>) </font>
75.         </td>
76.     </tr>
77.     <tr>
78.         <td align="center" width="100" height="25">
79.             <img src="<%=head%>" width="32" height="32" border="0">
80.             <br><font size="2"><%=yhm%></font>
81.         </td>
82.         <td valign="top" width="500" height="25">
83.             <font size="2">回复内容：<%=nr%></font>
84.         </td>
```

```
85.        </tr>
86.        <%
87.            }
88.        %>
89.        </table>
90.        <%
91.        String login = (String) session.getAttribute("login");
92.        if (login != null) {
93.        %>
94.        <form action="ly/fbly1.jsp" method="post"
95.            onsubmit="return check(this);">
96.        <table align="center" width="550" border="1" bordercolor="#e9fef7"
97.            cellspacing="0" cellpadding="0">
98.        <tr>
99.            <td>
100.            <table align="center" width="550" border="0" cellspacing="0"
101.                cellpadding="0">
102.            <tr>
103.                <td colspan="2" height="30" align="center" bgcolor="#e9fef7">
104.                    发表回复
105.                </td>
106.            </tr>
107.            <tr>
108.                <td height="35" align="right">
109.                    <font size="2"> 回复标题: </font>
110.                </td>
111.                <td>
112.                    <input type="text" name="lybt" size="60">
113.                </td>
114.            </tr>
115.            <tr>
116.                <td height="35" align="right" valign="top">
117.                    <font size="2">回复内容</font>:
118.                </td>
119.                <td>
120.                    <textarea cols="48" rows="8" name="lynr"></textarea>
121.                </td>
122.            </tr>
123.            <tr>
124.                <td height="35" align="center" colspan="2">
125.                    <input type="hidden" name="fid" value="<%=id%>">
126.                    <input type="submit" value="提交">
127.                </td>
128.            </tr>
129.            </table>
130.            </td>
131.        </tr>
132.        </table>
133.    </form>
134.    <%
135.        }
136.    } else {
137.    %><div align="center">
138.        没有留言可以显示!
139.    <%
140.    }
141.    rs.close();
142.        } catch (SQLException e) {
143.            out.println("数据库连接失败!");
144.        }
```

```
145.%>
146.</div>
147.</td>
148.</tr>
149.</table>
150.    <jsp:include page="bottom.jsp"/>
150.</body>
151.</html>
```

程序说明：
- 第 21～31 行：根据留言 ID 查询留言信息。
- 第 32～39 行：获取留言信息。
- 第 41～57 行：显示留言信息。
- 第 58～89 行：查询并显示该留言的所有回复信息。
- 第 91～133 行：判断用户是否登录，若已登录，则可以发表回复，显示表单。

6. 修改用户个人资料模块效果如图 1.4.14 所示。

图 1.4.14　修改用户个人资料

本模块主要由 3 个文件组成。

- xgxx.jsp，登录用户通过表单修改个人资料。
- xgxx1.jsp，处理用户修改资料信息。
- xgxx.js，JavaScript 验证表单。

（1）　　　　　　　　　　　　　　　xgxx.jsp

```
1.<%@ page language="java" pageEncoding="UTF-8"%>
2.<%@ page import="java.sql.*"%>
3.<%
4.  String path = request.getContextPath();
5.  String basePath = request.getScheme() + "://"
6.          + request.getServerName() + ":" + request.getServerPort()
7.          + path + "/";
8.%>
9.<html>
10. <head>
11.     <base href="<%=basePath%>">
12.     <title>小小留言板-修改个人资料</title>
13.     <script language="javascript" src="js/xgxx.js"></script>
14. </head>
15. <body>
16. <%
17. String id = (String) session.getAttribute("loginid");
18. if (id == null) {
19.     out.print("您无权访问该页");
20. } else {
```

```jsp
21.         Class.forName("com.mysql.jdbc.Driver");
22.         String strUrl = "jdbc:mysql://localhost:3306/liuyan";
23.         String strUser = "root";
24.         String strPass = "sql";
25.         Connection con = DriverManager.getConnection(strUrl, strUser,
26.             strPass);
27.         Statement stmt = con.createStatement();
28.         String sqlString = "select * from yhb where id=" + id;
29.         ResultSet rs = stmt.executeQuery(sqlString);
30.         if (rs.next()) {
31.             String yhm = rs.getString("yhm");
32.             String xm = rs.getString("xm");
33.             String xb = rs.getString("xb");
34.             String head = rs.getString("head");
35. %>
36. <jsp:include page="top.jsp"></jsp:include>
37. <table align="center" width="800" height="400" bgcolor="#ffffff">
38. <tr>
39.     <td valign="top">
40.         <form action="ly/xgxx1.jsp" method="post"
41.             onsubmit="return check_info(this);">
42.         <table width="600" cellspacing="0" cellpadding="0" border="0"
43.             align="center">
44.         <tr>
45.         <td height="25"><br></td></tr>
46.         <tr>
47.         <td align="center" height="30" bgcolor="#e9fef7">
48.             修改用户资料
49.         </td>
50.         </tr>
51.         <tr>
52.         <td align="center">
53.             <table width="600" border="1" bordercolor="#e9fef7"
54.                 align="center" cellspacing="0" cellpadding="0">
55.             <tr>
56.                 <td height="34" colspan="2" align="center">
57.                 <font size="2"> 
        带<font color="#ff0000">*</font>号的项目为必选项, 请全部填写</font>
58.                 </td>
59.             </tr>
60.             <tr>
61.                 <td width="100" height="34" align="right">
62.                     <font size="2">用户名: </font> 
63.                 </td>
64.                 <td valign="middle">
65.                     <font size="2"><%=yhm%></font>
66.                 </td>
67.             </tr>
68.             <tr>
69.                 <td align="right" height="34">
70.                     <font size="2">头像</font>:  
71.                 </td>
72.                 <td>
73.                     <select name="head"
                        onChange="document.images['avatar'].
74.                         src=options[selectedIndex].value;">
75. <%
76.     for (int i = 1; i <= 16; i++) {
77. %>
78.                     <option value="images/face/head<%=i%>.gif"
```

```
79.            <%if (head.equals("images/face/head"+i+".gif")) {%>
80.              selected="selected" <%} %>> head<%=i%>
81.            </option>
82.    <%
83.        }
84.    %>
85.          </select>
86.              
87.          <img id=avatar src="<%=head%>" alt=头像 width="32"
88.                     height="32" border="0">
89.        </td>
90.      </tr>
91.      <tr>
92.        <td align="right" height="34">
93.          <font size="2">真实姓名: </font> 
94.        </td>
95.        <td>
96.          <input type="text" size="40" name="xm" value="<%=xm%>">
97.        </td>
98.      </tr>
99.      <tr>
100.       <td align="right" height="34">
101.         <font size="2">性别</font>:  
102.       </td>
103.       <td>
104.         <input type="radio" <%if (xb.equals("男")){ %>
105.          checked="checked" <%} %> value="男" name="xb">
106.         <font size="2">男</font>
107.         <input type="radio" <%if (xb.equals("女")){ %>
108.          checked="checked" <%} %> value="女" name="xb">
109.         <font size="2">女</font>
110.       </td>
111.     </tr>
112.     <tr>
113.       <td colspan="2" align="center" height="34">
114.         <input type="hidden" name="id" value="<%=id%>">
115.         <input type="submit" value="修改">
116.       </td>
117.     </tr>
118.   </table>
119.   </td>
120.  </tr>
121. </table>
122.</form>
123.</td>
124.</tr>
125.</table>
126.<jsp:include page="bottom.jsp"/>
127.<%
128.    }
129.    }
130.%>
131.</body>
132.</html>
```

程序说明：

- 第 17~19 行：判断用户是否登录，若未登录，则不允许访问该页。
- 第 21~35 行：查询并获取该用户的相关信息。

- 第 40 行：通过表单显示该用户的相关信息，修改后提交。

（2） xgxx1.jsp

```jsp
1.<%@ page language="java" pageEncoding="UTF-8"%>
2.<%@ page import="java.sql.*"%>
3.<%
4.   String path = request.getContextPath();
5.   String basePath = request.getScheme() + "://"
6.           + request.getServerName() + ":" + request.getServerPort()
7.           + path + "/";
8.%>
9.<html>
10.  <head>
11.      <base href="<%=basePath%>">
12.      <title>修改个人资料</title>
13.  </head>
14.  <body>
15.      <%
16.          String id = request.getParameter("id");
17.          if (id == null) {
18.              out.print("您无权访问该页");
19.          } else {
20.              Class.forName("com.mysql.jdbc.Driver");
21.              String strUrl = "jdbc:mysql://localhost:3306/liuyan";
22.              String strUser = "root";
23.              String strPass = "sql";
24.              Connection con = DriverManager.getConnection(strUrl, strUser,
25.                      strPass);
26.              Statement stmt = con.createStatement();
27.              String xm = request.getParameter("xm");
28.              xm = new String(xm.getBytes("iso-8859-1"), "utf-8");
29.              String xb = request.getParameter("xb");
30.              xb = new String(xb.getBytes("iso-8859-1"), "utf-8");
31.              String head = request.getParameter("head");
32.              String sqlString = "update  yhb set xm='" + xm + "',xb='" + xb
33.                      + "',head='" + head + "' where id=" + id;
34.              int op = stmt.executeUpdate(sqlString);
35.              if (op > 0) {
36.                  response.sendRedirect("../index.jsp");
37.              } else {
38.                  out.print("修改失败");
39.              }
40.          }
41.      %>
42.  </body>
43.</html>
```

程序说明：

- 第 16～18 行：判断用户是否登录，若未登录，则不允许访问该页。
- 第 20～26 行：连接数据库。
- 第 27～34 行：获取表单数据，修改数据库。

7. 修改密码模块，效果如图 1.4.15 所示。

修改密码模块主要由 3 个文件组成。

- xgmm.jsp，登录用户通过表单修改密码。
- xgmm1.jsp，处理用户修改密码。
- xgmm.js，JavaScript 验证表单。

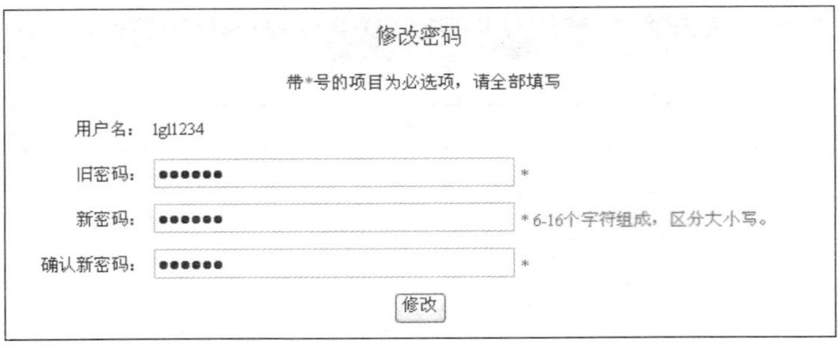

图 1.4.15 修改密码

（1） xgmm.jsp

```jsp
1.<%@ page language="java" pageEncoding="UTF-8"%>
2.<%@ page import="java.sql.*"%>
3.<%
4.  String path = request.getContextPath();
5.  String basePath = request.getScheme() + "://"
6.          + request.getServerName() + ":" + request.getServerPort()
7.          + path + "/";
8.%>
9.<html>
10.  <head>
11.    <base href="<%=basePath%>">
12.    <title>小小留言板-修改密码</title>
13.    <script language="javascript" src="js/xgmm.js"></script>
14.  </head>
15.  <body>
16.  <%
17.  String id = (String) session.getAttribute("loginid");
18.  String yhm = (String) session.getAttribute("login");
19.  if (id == null) {
20.      out.print("您无权访问该页");
21.  } else {
22.  %>
23.  <jsp:include page="top.jsp"></jsp:include>
24.  <table align="center" width="800" height="400" bgcolor="#ffffff">
25.  <tr>
26.      <td valign="top">
27.      <form action="ly/xgmm1.jsp" method="post"
28.          onsubmit="return check_info(this);">
29.          <table width="600" cellspacing="0" cellpadding="0" border="0"
30.              align="center">
31.          <tr><td height="25"><br></td></tr>
32.          <tr>
33.          <td align="center" height="30" bgcolor="#e9fef7">
34.                  修改密码
35.          </td>
36.          </tr>
37.          <tr>
38.          <td align="center">
39.              <table width="600" border="1" bordercolor="#e9fef7"
40.                  align="center" cellspacing="0" cellpadding="0">
41.              <tr>
42.                  <td height="34" colspan="2" align="center">
43.                      <font size="2"> 
            带<font color="#ff0000">*</font>号的项目为必选项，请全部填写</font>
44.                  </td>
```

```
45.            </tr>
46.            <tr>
47.                <td width="100" height="34" align="right">
48.                    <font size="2">用户名：</font> 
49.                </td>
50.                <td valign="middle">
51.                    <font size="2"><%=yhm%></font>
52.                </td>
53.            </tr>
54.            <tr>
55.                <td align="right" height="34">
56.                    <font size="2">旧密码： </font>
57.                </td>
58.                <td>
59.                    <input type="password" size="40" name="oldyhmm">
60.                    <font color="#ff0000" size="2">*</font>
61.        <%
62.            String flag = (String) request.getAttribute("flag");
63.            if (flag != null) {
64.        %><font color="#ff0000" size="2">旧密码不正确</font>
65.        <%
66.            }
67.        %>
68.                </td>
69.            </tr>
70.            <tr>
71.                <td align="right" height="34">
72.                    <font size="2">新密码： </font>
73.                </td>
74.                <td>
75.                    <input type="password" size="40" name="yhmm">
76.                    <font color="#ff0000" size="2">* 6-16 个字符组成，区分大小
                        写。</font>
77.                </td>
78.            </tr>
79.            <tr>
80.                <td align="right" height="34">
81.                    <font size="2">确认新密码： </font>
82.                </td>
83.                <td>
84.                    <input type="password" size="40" name="yhmm1">
85.                    <font color="#ff0000" size="2"> *</font>
86.                </td>
87.            </tr>
88.            <tr>
89.                <td colspan="2" align="center" height="34">
90.                    <input type="hidden" name="id" value="<%=id%>">
91.                    <input type="submit" value="修改">
92.                </td>
93.            </tr>
94.        </table>
95.        </td>
96.        </tr>
97.    </table>
98.    </form>
99.    </td>
100.</tr>
101.</table>
102.<jsp:include page="bottom.jsp"/>
103.<%
```

```
104.        }
105.%>
106.</body>
107.</html>
```

程序说明：

- 第17~19行：判断用户是否登录，若未登录，则不允许访问该页。
- 第27~98行：通过表单修改密码并提交。

（2） xgmm1.jsp

```
1.<%@ page language="java" pageEncoding="UTF-8"%>
2.<%@ page import="java.sql.*"%>
3.<%
4.  String path = request.getContextPath();
5.  String basePath = request.getScheme() + "://"
6.          + request.getServerName() + ":" + request.getServerPort()
7.          + path + "/";
8.%>
9.<html>
10. <head>
11.     <base href="<%=basePath%>">
12.     <title>小小留言板-修改密码</title>
13. </head>
14. <body>
15. <%
16.         String id = request.getParameter("id");
17.         if (id == null) {
18.             out.print("您无权访问该页");
19.         } else {
20.             Class.forName("com.mysql.jdbc.Driver");
21.             String strUrl = "jdbc:mysql://localhost:3306/liuyan";
22.             String strUser = "root";
23.             String strPass = "sql";
24.             Connection con = DriverManager.getConnection(strUrl, strUser,
25.                 strPass);
26.             Statement stmt = con.createStatement();
27.             String sqlString = "select * from yhb where id=" + id;
28.             ResultSet rs = stmt.executeQuery(sqlString);
29.             if (rs.next()) {
30.                 String yhmm = rs.getString("yhmm");
31.                 String oldyhmm = request.getParameter("oldyhmm");
32.                 if (!oldyhmm.equals(yhmm)) {
33.                     request.setAttribute("flag", "xgmmerror");
                        request.getRequestDispatcher("xgmm.jsp")
                            .forward(request,response);
34.                 } else {
35.                     yhmm = request.getParameter("yhmm");
36.                     sqlString = "update yhb set yhmm='" + yhmm +"'
                            where id=" + id;
37.                     int op = stmt.executeUpdate(sqlString);
38.                     if (op > 0) {
39.                         session.removeAttribute("loginid");
40.                         request.setAttribute("flag", "updatepassok");
41.                         request.getRequestDispatcher("login.jsp")
42.                             .forward(request, response);
43.                     } else {
44.                         out.println("修改失败");
45.                     }
46.                 }
47.             }
```

```
48.        }
49.     %>
50. </body>
51.</html>
```

程序说明：
- 第 16～18 行：判断用户是否登录，若未登录，则不允许访问该页。
- 第 20～26 行：连接数据库。
- 第 27～34 行：判断旧密码是否正确，若不正确，则返回修改密码页面。
- 第 35～42 行：旧密码正确时，修改新密码。

（3） xgmm.js

```
1.function trim(str)
2.{
3.  return str.replace(/(^\s*)|(\s*$)/g,"");
4.}
5.function check_info(form)
6.{
7.  if(trim(form.oldyhmm.value)=="")
8.  {
9.      alert("请填写您的旧密码!");
10.     form.oldyhmm.focus();
11.     return false;
12. }
13. if(form.yhmm.value=="")
14. {
15.     alert("请填写您的新密码!");
16.     form.yhmm.focus();
17.     return false;
18. }
19. if(form.yhmm.value.length<6 || form.yhmm.value.length>20)
20. {
21.     alert("密码的长度必须在 6-16 之间!");
22.     form.yhmm.focus();
23.     return false;
24. }
25. if(form.yhmm1.value=="")
26. {
27.     alert("请确认您的新密码");
28.     form.yhmm1.focus();
29.     return false;
30. }
31. if(form.yhmm1.value != form.yhmm.value)
32. {
33.     alert("两次密码不一致，请重新填写");
34.     form.yhmm1.focus();
35.     return false;
36. }
37. }
```

8. 用户注销模块。logout.jsp，登录用户用来注销登录信息。

logout.jsp

```
1.<%@ page language="java" pageEncoding="UTF-8"%>
2.<%
3.  String path = request.getContextPath();
4.  String basePath = request.getScheme()+"://"+request.getServerName()+":"+
        request.getServerPort()+path+"/";
5.%>
6.<html>
```

```
7.  <head>
8.      <base href="<%=basePath%>">
9.      <title>My JSP 'logout.jsp' starting page</title>
10. </head>
11. <body>
12.     <%session.removeAttribute("loginid");
13.     session.removeAttribute("login");
14.     response.sendRedirect("../index.jsp"); %>
15. </body>
16.</html>
```

程序说明：
- 第 12 行：从 session 中移去属性 loginid。
- 第 13 行：从 session 中移去属性 login。
- 第 14 行：转入网站首页。

任务小结

通过本任务的实现，主要带领读者学习了以下内容。
1. ODBC 数据源的配置。
2. JDBC 的基本概念。
3. 数据库连接的基本方法。
4. 数据库查询和更新的方法和步骤。

1.4.5 上机实训 "学林书城"图书信息浏览（JDBC 数据库操作）

【实训目的】
1. 了解数据库连接的基本方法。
2. 掌握基本的数据库操作方法。
3. 在 JSP 页面中实现数据的增删改查功能。

【实训内容】
1. 创建"学林书城"数据库 xlbook，主要有 6 个数据表，表的具体结构及作用如下。
（1）图书类别表 type。

序号	字段名称	含义	数据类型	长度	为空性	约束
1	id	ID	int	4	not null	主键（自动增加）
2	Typename	类别名	varchar	20	not null	
3	Typedescription	类别描述	varchar	100	null	

（2）图书信息表 type。

序号	字段名称	含义	数据类型	长度	为空性	约束
1	id	图书 ID	int	4	not null	主键（自动增加）
2	typeid	类别 ID	int	4	not null	外键
3	bookname	书名	varchar	50	not null	
4	author	作者	varchar	20	not null	
5	publish	出版社	varchar	50	not null	
6	isbn	书号	varchar	50	not null	
7	price	价格	double	10	not null	
8	quantity	数量	int	4	not null	

续表

序号	字段名称	含义	数据类型	长度	为空性	约束
9	image	图片	Varchar	100	null	
10	description	图书描述	varchar	100	null	
11	publishtime	出版时间	varchar	20	not null	
12	addtime	添加时间	varchar	20	not null	

（3）用户信息表 customer。

序号	字段名称	含义	数据类型	长度	为空性	约束
1	id	用户 ID	int	4	not null	主键（自动增加）
2	name	用户名	varchar	20	not null	
3	password	密码	varchar	20	not null	
4	phone	电话号码	varchar	11	null	
5	address	地址	varchar	100	null	
6	email	邮箱	varchar	50	null	

（4）订单表 order。

序号	字段名称	含义	数据类型	长度	为空性	约束
1	id	订单 ID	int	4	not null	主键（自动增加）
2	userid	用户 ID	int	4	not null	外键
3	ordertime	订单时间	varchar	20	null	
4	payment	支付方式	varchar	100	null	
5	sum	总金额	double	10	null	

（5）订单详情表 orderdetails。

序号	字段名称	含义	数据类型	长度	为空性	约束
1	id	详情 ID	int	4	not null	主键（自动增加）
2	orderid	订单 ID	int	4	not null	外键
3	bookid	图书 ID	int	4	null	外键
4	number	购买数量	int	4	null	

（6）管理员表 admin。

序号	字段名称	含义	数据类型	长度	为空性	约束
1	id	管理员 ID	int	4	not null	主键（自动增加）
2	username	用户名	varchar	20	not null	
3	password	密码	varchar	20	not null	
4	level	级别	varchar	1	not null	

2．实现"学林书城"网站的用户登录功能。登录成功时，显示出欢迎信息及用户个人操作功能菜单；登录失败时，需重新登录。

（1）打开 MyEclipse，创建并部署 Web 项目 xlbook4。

（2）在 WebRoot 下创建文件夹 book，用来存储"学林书城"网站前台页面的所有文件。

（3）在 WebRoot 下创建文件夹 admin，用来存储"学林书城"网站后台页面的所有文件。

（4）将项目 xlbook3 下的相关文件复制到项目 xlbook4 中。

3. 在"学林书城"网站左侧导航显示所有图书类别。
4. 在"学林书城"网站首页显示最新上架的 20 本图书信息。
实训 1.3.10 和实训 1.4.5 的程序运行效果参考如图 1.4.16 所示。
5. 在"学林书城"网站后台添加图书信息。

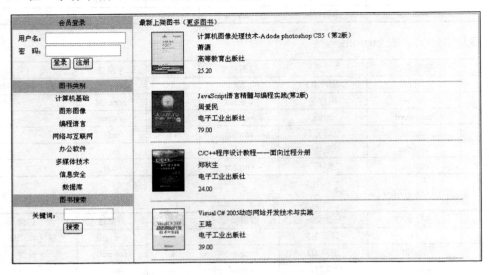

图 1.4.16 实训 1.3.10 和实训 1.4.5 的程序运行效果

1.4.6 习题

一、填空题

1. JDBC 的英文全称是（   ），中文意思是（   ）。
2. 简单地说，JDBC 能完成三件事：与一个数据库建立连接（Connection）、（   ）、（   ）。
3. stmt 为 Statement 对象，在数据表中插入记录需要执行 stmt 的（   ）方法。
4. 创建一个 Statement 接口的实例需要调用 Connection 中的（   ）方法，Statement 接口的（   ）方法用于执行 SQL SELECT 语句。

二、选择题

1. 下面哪一项不是加载驱动程序的方法？（   ）

　　A．通过 DriverManager.getConnection 方法加载

　　B．调用方法 Class.forName

　　C．通过添加系统的 jdbc.drivers 属性

　　D．通过 registerDriver 方法注册

2. DriverManager 类的 getConnection(String url,String user,String password)方法中，参数 url 的格式为 jdbc:<子协议>:<子名称>，下列哪个 URL 是不正确的？（   ）

　　A．"jdbc:mysql://localhost:80/数据库名"

　　B．"jdbc:odbc:数据源"

　　C．"jdbc:oracle:thin@host:端口号:数据库名"

　　D．"jdbc:sqlserver://localhost:1433;DatabaseName=数据库名"

3. Connection 对象调用（　　）方法能够创建一个 PreparedStatement 对象来执行预编译的 SQL 语句。

  A．createStatement   B．prepareCall

  C．prepareStatement   D．rollback

4. Statement 接口中执行 SQL 语句返回多个结果的方法是（　　）。

  A．executeInsert 方法   B．executeQuery 方法

  C．executeUpdate 方法   D．executeDelete 方法

5. PreparedStatement 接口中设置字符串类型的输入参数的方法是（　　）。

  A．setInt 方法   B．setString 方法

  C．setDouble 方法   D．setChar 方法

6. ResultSet 接口中能直接将记录指针移到第 4 行的方法是（　　）。

  A．absolute 方法   B．previous 方法

  C．moveToCurrentRow 方法   D．next 方法

7. JDBC 的常用接口不包括（　　）。

  A．Statement   B．Connection   C．Request   D．ResultSet

项目 2 小小留言板（JSP+JavaBean+Servlet 实现）

 学习目标

目标类型	具体目标
技能目标	1. 能熟练使用 Servlet 处理业务逻辑； 2. 能熟练完成自定义标签的定义和配置； 3. 能独立完成小型网站的设计和实现
知识目标	1. 熟悉 Servlet 的基本概念和处理流程； 2. 掌握 Servlet 的配置和应用； 3. 掌握 Servlet 过滤器的配置和应用； 4. 掌握自定义标签的定义、配置和使用； 5. 熟悉 JSTL 标签和 EL 表达式

 项目功能

在项目 1 中，小小留言板所有页面都是用 JSP 程序实现的，显示逻辑和业务逻辑混杂在一起，不利于网站的维护。在项目 2 中，我们通过 JSP 程序来实现页面的显示，利用 JavaBean 和 Servlet 来完成具体功能的实现，还可以通过 JSP 自定义标签来实现一些特殊功能，如分页的实现。总之，在项目 2 中，完全实现了显示逻辑和业务逻辑的分离，使网站功能更加强大，可读性强，也更容易实现和维护。

任务 2.1　在登录页面中使用 JavaBean

 学习目标

目标类型	具体目标
技能目标	1. 能熟练使用 JavaBean 动作元素； 2. 能在 JSP 程序中正确使用 JavaBean
知识目标	1. 了解 JavaBean 的基本概念； 2. 熟悉 JavaBean 相关动作元素的格式及用法； 3. 掌握 JavaBean 类的创建及调用

在项目 1 的登录页面中,页面的显示和验证代码都写在一个 JSP 程序中,比较混乱。本任务通过在用户登录页面中使用 JavaBean 来实现页面显示和验证代码的分离。通过本任务的实现,使读者了解什么是 JavaBean,熟悉 JavaBean 的定义,掌握 JavaBean 在 JSP 程序中的使用方法。

2.1.1 JavaBean 简介

1. 什么是 JavaBean

JavaBean 是一种基于 Java 语言的可重用组件。JavaBean 传统的应用在于可视化领域,如 AWT 下的应用,自从 JSP 诞生后,JavaBean 更多地应用在非可视化领域。所谓非可视化的 JavaBean,就是没有 GUI 界面的 JavaBean,这类 JavaBean 在 JSP 程序中常用来封装事务逻辑、完成数据库操作等,可以很好地实现业务逻辑和显示逻辑之间的分离,使得系统更加灵活。

JavaBean 技术不但实现了表现层和业务逻辑层的分离,而且提高了 JSP 的效率和代码重用的程序,是 JSP 中常用的技术。

2. JavaBean 的特征

JavaBean 是一个 Java 类,但它和普通 Java 类相比,有以下独有的特点。

(1) JavaBean 是一个 public 类。
(2) JavaBean 必须有一个无参数的构造函数。
(3) 属性必须声明为 private,方法必须声明为 public。
(4) 取得或设置属性值必须使用公共的 get 或 set 方法。
(5) JavaBean 类不需要入口方法 main()。

2.1.2 在 JSP 中使用 JavaBean

1. JavaBean 相关的动作元素

(1) <jsp:useBean>动作。<jsp:useBean>动作用来在 JSP 页面中创建一个 Bean 实例,同时指定 Bean 的名称和作用范围。

<jsp:useBean>的语法格式如下:

```
<jsp:useBean id="name" scope="page|request|session|application"
    class="className"|
    type="typeName"|
    class="className" type="typeName"|
    beanName="beanName" type="typeName"
/>
```

<jsp:useBean>的属性主要如下。

① id 属性。该属性用于指定对象的实例名称,注意区分大小写。
② scope 属性。该属性用于指定对象的作用域,默认值为 page。
③ class 属性。该属性用于指定 JavaBean 实例的 Java 类的完全限定名称。如果没

有指定 type 属性,则必须指定 class 的属性;如果指定了 beanName 属性,则不能指定该属性。

④ beanName 属性。该属性用于指定 JavaBean 的名称。如果指定了 class 属性,则不能指定该属性。

⑤ type 属性。该属性用于指定 JavaBean 的类型,可以是一个类,也可以是一个父类或接口。

JavaBean 动作最简单的用法如下:

```
<jsp:useBean id="name" class="package.className"/>
```

这行代码的含义是创建一个由 class 属性指定的类的实例,然后把它绑定到其名字由 id 属性指定的变量上。

创建 Bean 实例后,要修改 Bean 的属性既可以通过<jsp:setProperty>动作进行,也可以在脚本程序中利用 id 属性所命名的变量,通过调用该对象的 setXXX 方法显式地修改其属性。同样地,要获取 Bean 的属性值也可以通过<jsp:getProperty>动作进行,或通过调用该对象的 getXXX 方法进行。

☞ **案例 2.1.1** <jsp:useBean>动作元素的应用。

创建一个新的 Web 项目,项目名为 jsplx2,用来存储项目 2 中的所有案例文件。

① JavaBean 类文件。

UserBean.java

```
1.  package test;
2.  public class UserBean {
3.      private String username;
4.      private String password;
5.      public UserBean() {
6.      }
7.      public String getUsername() {
8.          return username;
9.      }
10.     public void setUsername(String username) {
11.         this.username = username;
12.     }
13.     public String getPassword() {
14.         return password;
15.     }
16.     public void setPassword(String password) {
17.         this.password = password;
18.     }
19. }
```

说明:

- 这是一个典型的 JavaBean,其中 username 和 password 是 JavaBean 的两个属性,外部可以通过 get/set 方法对这些属性进行读写操作。
- 可以在 JavaBean 中添加 main()方法,对 JavaBean 的功能进行调试,调试好之后就可以在 JSP 程序中进行使用了。
- 在 Tomcat 服务器中使用 JavaBean,必须将 JavaBean 类文件放在一个包中,否则 JSP 将无法访问到该 JavaBean。

如果 JavaBean 进行了修改,则必须重新启动 Tomcat,JavaBean 才能被正确调用。

② JSP 文件。

exam,2_1_1.jsp

```
1.  <%@ page language="java" pageEncoding="utf-8"%>
2.  <html>
3.  <head>
4.      <title>useBean 动作元素应用</title>
5.  </head>
6.  <body>
7.      <jsp:useBean id="userbean" class="test.UserBean">
8.      </jsp:useBean>
9.      <%userbean.setUsername("lgl");
10.      userbean.setPassword("123");
11.      %>
12.      用户名：<%=userbean.getUsername() %><br>
13.      密 码：<%=userbean.getPassword() %>
14. </body>
15. </html>
```

程序说明：
- 第 7 行：使用 JavaBean。
- 第 9～10 行：使用 JavaBean 的 set 方法设置属性值。
- 第 12～13 行：使用 JavaBean 的 get 方法获取属性值。

程序运行结果如图 2.1.1 所示。

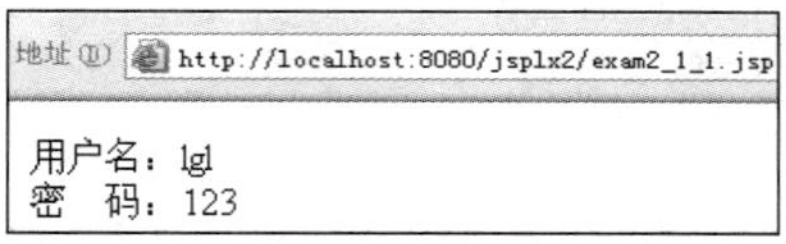

图 2.1.1　案例 2.1.1 程序运行结果

（2）<jsp:setProperty>和<jsp:getProperty>动作。这两个动作用来配合<jsp:useBean>动作一起使用，主要用来设置和获取 Bean 的属性值。

<jsp:setProperty>使用 Bean 中给定的 setXXX 方法，在 Bean 中设置一个或多个属性值；<jsp:getProperty>使用 Bean 中给定的 getXXX 方法，获取 Bean 中的属性值。

<jsp:setProperty>的语法格式如下：

```
<jsp:setProperty name="beanInstanceName"
    property="*" |
    property="propertyName" [param="paramName"]|
    property="propertyName" value="{String | <%= expression %>}"
/>
```

<jsp:getProperty>的语法格式如下：

```
<jsp:getProperty name="beanInstanceName" property="propertyName"/>
```

如案例 2.1.1 的 JSP 文件内容可改写为如下代码，运行结果不变。

```
1.  <%@ page language="java" pageEncoding="utf-8"%>
2.  <html>
3.  <head>
4.      <title>useBean 动作元素应用</title>
5.  </head>
6.  <body>
7.      <jsp:useBean id="userbean" class="test.UserBean">
8.      <jsp:setProperty name="userbean" property="username"value="lgl"/>
9.      <jsp:setProperty name="userbean" property="password"value="123"/>
10.     </jsp:useBean>
11.     用户名：<jsp:getProperty name="userbean" property="username"/><br>
12.     密 码：<jsp:getProperty name="userbean" property="password"/>
```

```
13.    </body>
14.  </html>
```

程序说明：

- 第 7 行：使用 JavaBean。
- 第 8~9 行：使用动作元素设置 JavaBean 属性值。
- 第 11~12 行：使用动作元素获取属性值。

2．JavaBean 与表单的交互

☞ 案例 2.1.2 应用 JavaBean 接收表单数据。

（1）表单输入文件。

input1.html

```
1.   <html>
2.     <head>
3.       <title>JavaBean 应用</title>
4.     <script type="text/javascript">
5.     function check(form){
6.       if (form.username.value==""){
7.         alert("请输入用户名!");
8.         form.username.focus();
9.         return false;
10.      }
11.      if (form.password.value==""){
12.        alert("请输入密码! ");
13.        form.password.focus();
14.        return false;
15.      }
16.    }
17.    </script>
18.    </head>
19.    <body>
20.      <form action="exam2_1_2.jsp" method="post"
             onsubmit="return check(this);">
21.         <table>
22.           <tr>
23.             <td align="right">用户名：</td>
24.             <td><input type="text" name="username"></td>
25.           </tr>
26.           <tr>
27.             <td align="right">密  码：</td>
28.             <td><input type="password" name="password"></td>
29.           </tr>
30.           <tr>
31.             <td align="center" colspan="2">
32.               <input type="submit" value="提交">
33.             </td>
34.           </tr>
35.         </table>
36.      </form>
37.    </body>
38.  </html>
```

（2）数据处理文件。

exam2_1_2.jsp

```
1.  <%@ page language="java" pageEncoding="utf-8"%>
2.  <html>
3.    <head>
```

```
4.          <title>JavaBean 应用</title>
5.      </head>
6.      <body>
7.          <jsp:useBean id="bean" class="test.UserBean" scope="page"/>
8.          <jsp:setProperty name="bean" property="*"/>
9.          您的用户名:<jsp:getProperty name="bean" property="username"/><br>
10.         您的密码：<jsp:getProperty name="bean" property="password"/>
11.     </body>
12. </html>
```

程序说明：
- 第 7 行：使用 JavaBean。
- 第 8 行：使用动作元素设置 JavaBean 的所有属性值。
- 第 9～10 行：使用动作元素获取 JavaBean 的属性值。

程序运行结果如图 2.1.2 和图 2.1.3 所示。

图 2.1.2　表单输入页面

图 2.1.3　数据处理页面

说明：
- 在表单输入页面中的两个输入框的 name 属性值与 JavaBean 中的两个属性名必须一致，以方便交互。
- 在数据处理页面中的"<jsp:setProperty name="bean" property="*"/>"，其中 property="*"表示 JavaBean 中的所有属性与 HTML 表单元素的映射，由于它们是同名匹配，所以可以自动完成对 JavaBean 中属性的赋值。
- 如果 HTML 表单元素的 name 属性值与 JavaBean 中的属性名不一致的话，假如在 input1.html 中的两个输入框分别是 "user" 和 "pass"，则在 exam2_1_2.jsp 中可使用以下格式接收表单数据。

```
<jsp:useBean id="bean" class="test.UserBean" scope="page"/>
<jsp:setProperty name="bean" property="username" param="user"/>
<jsp:setProperty name="bean" property="password" param="pass"/>
```

- 也可以直接给 JavaBean 的属性赋值。这时直接访问 exam2_1_2.jsp 即可。

```
<jsp:useBean id="bean" class="test.UserBean" scope="page"/>
<jsp:setProperty name="bean" property="username" value="lgl"/>
<jsp:setProperty name="bean" property="password" value="123"/>
```

 任务实现

使用 JavaBean 实现小小留言板的用户登录功能。

1．新建 Web 项目 liuyan2，并部署到 Tomcat 服务器中。

2．为方便起见，将 liuyan1 项目中 WebRoot 目录下的所有文件复制到 liuyan2 中。可以直接在 MyEclipse 环境下进行复制，也可以通过资源管理器进行复制，如果通过资源管理器复制文件或文件夹到项目中，必须将项目刷新，否则可能出现资源不能正常使用的问题。

3．应用 JavaBean 封装数据库的操作。

在项目 1 中的许多页面中都需要进行数据库连接和数据库的查询、更新等操作，重复书写造成了代码的冗余，也不利于代码的维护，我们可以利用 JavaBean 将数据库的常用操作封装起来。类名为 DBConn.java，存放在 db 包中。

DBConn.java

```java
1.  package db;
2.  import java.sql.*;
3.  public class DBConn {
4.      Connection conn = null;
5.      Statement stmt = null;
6.      ResultSet rs = null;
7.      private static DBConn cc = new DBConn();
8.      public DBConn() {
9.          try {
10.             Class.forName("com.mysql.jdbc.Driver");
11.         } catch (Exception e) {
12.             System.out.print("驱动程序加载失败");
13.         }
14.     }
15.     public static Connection getConn() {
16.         Connection con = null;
17.         String strUrl = "jdbc:mysql://localhost:3306/liuyan";
18.         String strUser = "root";
19.         String strPass = "sql";
20.         try {
21.             con = DriverManager.getConnection(strUrl, strUser, strPass);
22.         } catch (SQLException e) {
23.             e.printStackTrace();
24.         }
25.         return con;
26.     }
27.     public ResultSet doQuery(String sql) {
28.         try {
29.             conn = DBConn.getConn();
30.             stmt = conn.createStatement(ResultSet.TYPE_SCROLL_INSENSITIVE,
31.                 ResultSet.CONCUR_READ_ONLY);
32.             rs = stmt.executeQuery(sql);
33.         } catch (SQLException e) {
34.             e.printStackTrace();
35.         }
36.         return rs;
37.     }
38.     public int doUpdate(String sql) {
39.         int result = 0;
40.         try {
41.             conn = DBConn.getConn();
42.             stmt = conn.createStatement();
43.             result = stmt.executeUpdate(sql);
44.         } catch (SQLException e) {
45.             e.printStackTrace();
46.         }
47.         return result;
48.     }
49.     public void close() {
50.         try {
51.             if (rs != null) {
```

```
52.            rs.close();
53.        }
54.    } catch (SQLException e) {
55.        e.printStackTrace();
56.    }
57.    try {
58.        if (stmt != null) {
59.            stmt.close();
60.        }
61.    } catch (SQLException e) {
62.        e.printStackTrace();
63.    }
64.    try {
65.        if (conn != null) {
66.            conn.close();
67.        }
68.    } catch (SQLException e) {
69.        e.printStackTrace();
70.    }
71. }
72.}
```

4. 封装登录信息的 JavaBean 类：LoginBean.java，存放在 test 包中，其中有两个属性 yhm 和 yhmm，方法 boolean check()用来验证登录信息。

LoginBean.java

```
1.package test;
2.import java.sql.ResultSet;
3.import java.sql.SQLException;
4.import db.DBConn;
5.public class LoginBean {
6.    private String yhm;
7.    private String yhmm;
8.    public LoginBean() {
9.    }
10.   public boolean check() {
11.       try {
12.           DBConn db = new DBConn();
13.           String sqlString = "select * from yhb where yhm='" + yhm
14.                   + "' and yhmm='" + yhmm + "'";
15.           ResultSet rs = db.doQuery(sqlString);
16.           if (rs.next()) {
17.               return true;
18.           }
19.       } catch (SQLException e) {
20.           e.printStackTrace();
21.       }
22.       return false;
23.   }
24.   public String getYhm() {
25.       return yhm;
26.   }
27.   public void setYhm(String yhm) {
28.       this.yhm = yhm;
29.   }
30.   public String getYhmm() {
31.       return yhmm;
```

```
32.     }
33.     public void setYhmm(String yhmm) {
34.         this.yhmm = yhmm;
35.     }
36. }
```

程序说明：

- 第 6~7 行：JavaBean 的两个属性，是私有的。
- 第 10~23 行：check 方法用来判断用户名和密码是否正确。
- 第 24~35 行：公共的 get/set 方法，用来获取/设置属性值。

5. login.jsp：登录信息输入页面，存储在 WebRoot/test 文件夹下。

login.jsp

```
1.  <%@ page language="java" pageEncoding="utf-8"%>
2.  <%
3.      String path = request.getContextPath();
4.      String basePath = request.getScheme() + "://"
5.              + request.getServerName() + ":" + request.getServerPort()
6.              + path + "/";
7.  %>
8.  <!DOCTYPE HTML PUBLIC "-//W3C//DTD HTML 4.01 Transitional//EN">
9.  <html>
10.     <head>
11.         <base href="<%=basePath%>">
12.         <title>用户登录</title>
13.         <script type="text/javascript" src="exam1/task4/login.js"/>
            </script>
14.     </head>
15.     <body>
16.         <form action="test/login1.jsp" method="post"
17.             onsubmit="return check(this);">
18.             <table width="400" border="1" bordercolor="#e9fef7"
                    cellspacing="0" cellpadding="0">
19.                 <tr>
20.                     <td colspan="2" height="30" align="center"
                            bgcolor="#e9fef7">
21.                         用户登录
22.                     </td>
23.                 </tr>
24.                 <tr>
25.                     <td height="35" align="right">
26.                         用户名:
27.                     </td>
28.                     <td>
29.                         <input type="text" name="yhm">
30.                     </td>
31.                 </tr>
32.                 <tr>
33.                     <td height="35" align="right">
34.                         密    码:
35.                     </td>
36.                     <td>
37.                         <input type="password" name="yhmm" size="22">
38.                     </td>
39.                 </tr>
40.                 <tr>
```

```
41.                    <td height="35" align="center" colspan="2">
42.                        <input type="submit" value="提交" name="button1">
43.                    </td>
44.                </tr>
45.            </table>
46.        </form>
47.    </body>
48. </html>
```

6. login1.jsp：登录信息处理页面，存储在 WebRoot/test 文件夹下。

login1.jsp

```
1.  <%@ page language="java" pageEncoding="utf-8"%>
2.  <%
3.      String path = request.getContextPath();
4.      String basePath = request.getScheme() + "://"
5.              + request.getServerName() + ":" + request.getServerPort()
6.              + path + "/";
7.  %>
8.  <!DOCTYPE HTML PUBLIC "-//W3C//DTD HTML 4.01 Transitional//EN">
9.  <html>
10.     <head>
11.         <base href="<%=basePath%>">
12.         <title>用户登录</title>
13.     </head>
14.     <body>
15.         <jsp:useBean id="loginbean" class="test.LoginBean">
16.             <jsp:setProperty name="loginbean" property="*"/>
17.         </jsp:useBean>
18.         <%
19.             if (loginbean.check()) {
20.             session.setAttribute("login",loginbean.getYhm());
21.                 response.sendRedirect("main.jsp");
22.             } else {
23.                 response.sendRedirect("fail.jsp");
24.             }
25.         %>
26.     </body>
27. </html>
```

程序说明：
- 第 15 行：使用 JavaBean。
- 第 16 行：使用动作元素设置 JavaBean 的所有属性值。
- 第 19~24 行：使用脚本程序调用 JavaBean 的 check 方法，验证用户名和密码是否正确。

7. main.jsp：登录成功转向的页面。

main.jsp

```
1.  <%@ page language="java" pageEncoding="utf-8"%>
2.  <%
3.      String path = request.getContextPath();
4.      String basePath = request.getScheme() + "://"
5.              + request.getServerName() + ":" + request.getServerPort()
6.              + path + "/";
```

```
7.   %>
8.   <!DOCTYPE HTML PUBLIC "-//W3C//DTD HTML 4.01 Transitional//EN">
9.   <html>
10.     <head>
11.        <base href="<%=basePath%>">
12.        <title>小小留言板</title>
13.     </head>
14.     <body>
15.        欢迎进入小小留言板
16.        <br>
17.        <%
18.           String username = (String) session.getAttribute("login");
19.           if (username != null) {
20.              out.println("欢迎您, " + username);
21.           } else {
22.              out.println("您还没有登录, 请"
                      + "<a href=\"exam1/task4/login.jsp\">登录"
                      + "</a>" + "后再访问本页");
23.           }
24.        %>
25.     </body>
26.  </html>
```

程序说明：

● 第 18 行：获取 session 对象中的属性值。

● 第 19 行：判断用户是否登录，若已登录，则显示欢迎信息；若未登录，则不显示。

8. fail.jsp：登录失败转向的页面。

fail.jsp

```
1.   <%@ page language="java" pageEncoding="utf-8"%>
2.   <%
3.      String path = request.getContextPath();
4.      String basePath = request.getScheme() + "://"
5.              + request.getServerName() + ":" + request.getServerPort()
6.              + path + "/";
7.   %>
8.   <!DOCTYPE HTML PUBLIC "-//W3C//DTD HTML 4.01 Transitional//EN">
9.   <html>
10.     <head>
11.        <base href="<%=basePath%>">
12.        <title>失败</title>
13.     </head>
14.     <body>
15.        登录失败，请<a href="test/login.jsp">重新登录</a>
16.     </body>
17.  </html>
```

任务小结

通过本任务的实现，主要带领读者学习了以下内容。

● JavaBean 的概念和特征。

● JavaBean 相关的动作元素的用法。

● 通过 JavaBean 获取表单数据的方法。

2.1.3 上机实训 "学林书城"会员注册功能（JavaBean 技术应用）

【实训目的】
1．了解 JavaBean 的基本概念。
2．掌握创建 JavaBean 的方法。
3．掌握设置和获取 JavaBean 中信息的方法。

【实训内容】
1．写一个"学林书城"的用户 JavaBean 类。
2．通过 JavaBean 实现"学林书城"的会员登录功能。
3．写一个"学林书城"的数据库操作 JavaBean 类。
4．通过 JavaBean 实现"学林书城"的会员注册功能。

2.1.4 习题

一、填空题

1．在 JSP 页面中使用 JavaBean 要使用（　　　　）指令的（　　　　）属性将 Bean 引入。
2．在 JSP 页面中使用（　　　　）动作元素定义一个 JavaBean 实例。
3．JavaBean 有 4 个 scope，分别为 page、request、（　　　　）、application。

二、选择题

1．JavaBean 可以通过 JSP 动作元素进行调用，下面哪个不是 JavaBean 可以使用的 JSP 动作元素？（　　）

　　A．<jsp:useBean>　　　　　　　　B．<jsp:setProperty>
　　C．<jsp:getProperty>　　　　　　　D．<jsp:setParameter>

2．下列叙述中哪一个是不正确的？（　　　）

　　A．JavaBean 的类是具体的和公共的，并且具有无参数的构造函数
　　B．JavaBean 的类属性是私有的，要通过公共方法进行访问
　　C．JavaBean 和 Servlet 一样，使用之前必须在项目的 web.xml 中进行注册
　　D．JavaBean 属性和表单控件名称能很好地耦合，得到表单提交的参数

3．JavaBean 的属性必须声明为 private，方法必须声明为（　　　）。

　　A．private　　　　　　　　　　　　B．public
　　C．protected　　　　　　　　　　　D．static

4．使用<jsp:getProperty>动作可以在 JSP 页面中得到 Bean 实例的属性值，并将其转换为（　　　）类型的数据，发送到客户端。

　　A．String　　　　　　　　　　　　B．Double
　　C．Object　　　　　　　　　　　　D．Class

5．使用<jsp:setProperty>动作可以在 JSP 页面中设置 Bean 实例的属性值，但必须保证 Bean 有对应的（　　　）方法。

　　A．setXXX 方法　　　　　　　　　　B．SetXXX 方法
　　C．getXXX 方法　　　　　　　　　　D．GetXXX 方法

6．在 JSP 页面中使用<jsp:setProperty name="bean 的名字" property="*"/>格式，将表单参数为 bean 属性赋值，property="*"要求 Bean 的属性名称（　　　）。

A．必须和表单参数类型一致

B．必须和表单参数名称一一对应

C．必须和表单参数数量一致

D．名称不一定对应

7．在 JSP 页面中使用<jsp:setProperty name="bean 的名字" property="bean 属性名" param="表单参数名"/>格式，将表单参数为 bean 属性赋值，要求 Bean 的属性名称（　　）。

A．必须和表单参数类型一致

B．必须和表单参数名称一一对应

C．必须和表单参数数量一致

D．名称不一定对应

任务 2.2　用户登录页面的 Servlet 实现

目标类型	具体目标
技能目标	1．能熟练编写和配置 Servlet； 2．能熟练使用 Servlet 处理业务逻辑； 3．能熟练使用过滤器控制页面的访问权限
知识目标	1．熟悉 Servlet 的基本概念和生命周期； 2．掌握 Servlet 的处理流程； 3．掌握 Servlet 的应用； 4．掌握 Servlet 过滤器及其应用； 3．掌握 JavaBean 类的创建及调用

在项目 1 中的用户登录页面时，即使增加了 JavaBean 来实现，在 JSP 程序中也是 HTML 代码和 Java 代码混杂在一起，不利于页面的维护，本任务通过 Servlet 实现登录用户验证功能，真正实现了显示逻辑和业务逻辑的分离。

2.2.1　一个简单的 Servlet

☞ 案例 2.2.1　第一个 Servlet。

1．在 MyEclipse 中打开 Web 项目 jsplx2，在 src 下新建包 myser。

2．在 myser 包中新建类 MyServlet1。

（1）在 myser 包名上右击，在弹出的快捷菜单中选择"New"→"Servlet"命令，出现如图 2.2.1 所示的对话框。

（2）在图 2.2.1 中的 Name 文本框中输入 Servlet 类名称"MyServlet1"，在"doGet"

复选框前打上对勾，把其他复选框上的对勾全部取消，然后单击"Next"按钮，进入下一步，出现如图 2.2.2 所示的对话框。

图 2.2.1 创建 Servlet

图 2.2.2 配置 Servlet

（3）图 2.2.2 所示的对话框给出了 Servlet 在 web.xml 文件中的相关配置信息，我们暂时使用默认值，单击"Finish"按钮，创建一个 Servlet 并在 web.xml 中自动进行配置。

（4）打开 MyServlet1.java 文件和 web.xml 文件，修改代码如下（因篇幅有限，文件中的部分注释已删除）。

① MyServlet1.java

```
1.  package myser;
2.  … …  //导入相关的类
3.  public class MyServlet1 extends HttpServlet {
4.      public void doGet(HttpServletRequest request, HttpServletResponse
            response) throws ServletException, IOException {
5.          response.setContentType("text/html");
6.          PrintWriter out = response.getWriter();
7.          out.println("<html><title>First servlet</title><body>");
8.          out.println("<h2>This is your first servlet </h2><hr>");
9.          out.println("</body></html>");
10.     }
11. }
```

程序说明：

● 第 1 行：声明类所在的包。
● 第 2 行：导入 Servlet 相关的类。
● 第 3 行：声明类 MyServlet1，继承自 HttpServlet。
● 第 4 行：重写 doGet 方法，实现 Servlet 的功能。

② web.xml

```
1.  <?xml version="1.0" encoding="UTF-8"?>
2.  <web-app version="2.5" xmlns="http://java.sun.com/xml/ns/javaee"
3.      xmlns:xsi="http://www.w3.org/2001/XMLSchema-instance"
4.      xsi:schemaLocation="http://java.sun.com/xml/ns/javaee
5.      http://java.sun.com/xml/ns/javaee/web-app_2_5.xsd">
```

```
6.     … …
7.     <servlet>
8.         <description>
9.             This is the description of my J2EE component
10.        </description>
11.        <display-name>
12.            This is the display name of my J2EE component
13.        </display-name>
14.        <servlet-name>MyServlet1</servlet-name>
15.        <servlet-class>myser.MyServlet1</servlet-class>
16.    </servlet>
17.    <servlet-mapping>
18.        <servlet-name>MyServlet1</servlet-name>
19.        <url-pattern>/servlet/MyServlet1</url-pattern>
20.    </servlet-mapping>
21.    … …
22. </web-app>
```

程序说明：

- 第 7～20 行：新增加的内容，其余代码省略。
- 第 7～16 行：完成 Servlet 名称和 Servlet 类的配置。
- 第 17～20 行：完成 Servlet 的映射配置，即在浏览器地址栏中出现如 "/servlet/MyServlet1" 的形式，即是对该 Servlet 的请求。

3. 测试 Servlet。启动 Tomcat，在浏览器地址栏中输入 http://localhost:8080/jsplx2/servlet/MyServlet1，运行结果如图 2.2.3 所示。

图 2.2.3　一个简单的 Servlet

2.2.2　Servlet 基本概念

1. 什么是 Servlet

Servlet 是一个标准的服务器的 Java 应用程序，与传统的从命令行启动的 Java 应用程序不同，Servlet 由 Web 服务器加载，该 Web 服务器必须包含支持 Servlet 的 Java 虚拟机。

Servlet 可以看做是用 Java 编写的 CGI（Common Gate way Interface，公共网关接口），但是它的功能和性能比 CGI 更加强大，它是独立于平台和协议的服务器的 Java 应用程序，Servlet 程序在服务器运行，可以动态生成 Web 页面。与传统的 CGI 和许多类似 CGI 的技术相比，Servlet 具有更高的效率，更容易使用，功能更强大，具有更好的可移植性。

2. Servlet 的特点

（1）可移植性好。Servlet 是用 Java 语言编写的，遵循标准的 Servlet API。因此，延续 Java 在跨平台性能上的表现，Servlet 基本上无须任何实质上的改动即可移植到其他 Web 服务器中，可以说几乎能在所有操作系统和 Web 服务器上运行。

（2）功能强大。在 Servlet 中，许多使用传统 CGI 很难完成的任务都可以轻松地完成。Servlet 能直接与 Web 服务器交互，而 CGI 却不能。它提供了数据共享、连接共享、持续存储等诸多功能。

（3）高效持久。Servlet 在第一次初始化时装载并驻留在内存中，以后直接从内存运行，另外，Servlet 以单实例多线程的方式工作，一个请求到达后，Servlet 实例新开启一个轻量级 Java 线程处理这个请求，因而 Servlet 的最大优势就是速度快。

（4）使用方便。Servlet 提供了大量的实用工具程序，例如自动解析和解码 HTML 表单数据、读取和设置 HTTP 头、处理 Cookie、跟踪会话状态等。

（5）节省投资。不仅有许多廉价甚至免费的 Web 服务器可供个人或小规模网站使用，而且对于现有的服务器，如果它不支持 Servlet 的话，要加上这部分功能也往往是免费的，或者只需要极少的投资。

3．Servlet 的处理流程

（1）客户端发送一个请求到服务器。

（2）服务器将请求信息发给 Servlet。

（3）Servlet 引擎，也就是 Web 服务器会调用 Servlet 的 service()方法。

（4）Servlet 构建一个响应，并将其传给服务器。这个响应是动态构建的，相应的内容通常取决于客户端的请求，这个过程中也可以使用外部资源。

（5）服务器将响应返回给客户端。

4．Servlet 的基本结构

通常，一个 Servlet 类会扩展 HttpServlet，并根据数据由 GET 还是由 POST 发送而覆盖 doGet()方法或 doPost()方法，如果希望 Servlet 对 GET 和 POST 请求采取相同的动作，只要简单地用 doGet()调用 doPost()即可，反之亦然。

doGet()方法或 doPost()方法都有两个参数，分别是 HttpServletRequest 和 HttpServletResponse 对象，通过 HttpServletRequest 的方法可以得到输入信息，如表单数据、HTTP 请求头及客户端的主机名等，HttpServletResponse 允许指定输出信息，如 HTTP 状态代码和响应头。并且，它能获得 PrintWriter，利用 PrintWriter 可以将文档内容发回给客户端。

5．Servlet 的生命周期

每一个 Servlet 都有一个生命周期，它定义了一个 Servlet 如何被加载和被初始化，怎样接收请求、响应请求、怎样提供服务。Servlet 的生命周期从它被装入 Web 应用服务器的内存开始，到终止或重新装入 Servlet 时结束。

HttpServlet 实现的接口是 javax.servlet.Servlet。Servlet 生命周期就是由这个接口 javax.servlet.Servlet 所定义的。所有的 Java Servlet 都必须直接或间接地实现这个接口，这样才能在 Servlet 引擎，也就是 Web 服务器中运行。

java.servlet.Servlet 接口定义了一些方法，如 init()、service()、destroy()等，在 Servlet 生命周期中，这些方法会在特定的时间按照一定的顺序被调用。

首先，创建 Servlet，当请求 Servlet 的服务时，Web 应用服务器能动态地装载和实例化 Servlet。服务器会创建 Servlet 的一个实例，并调用 Servlet 的 init()方法初始化。

一旦初始化了 Servlet，Servlet 就能随时等候处理请求。这时 Servlet 处于"可用服务"状态，每当有一个客户请求 Servlet 时，Web 服务器都会为这个请求创建一个新的 Servlet 线程，用这种方式，Web 应用服务器能处理对同一个 Servlet 的多个同时的请求，对于每一个请求，通常调用 service()方法，service()方法会根据所接收到的 HTTP 请求的类型调用 doGet、doPost 或别的 doXXX 方法。

当 Web 服务器卸载 Servlet 时，调用 destroy()方法，Servlet 会释放它使用的任何资源。

（1）Servlet 的初始化。

● 在下列时刻装入 Servlet。

第一种情况：如果已经配置了自动装入选项，那么在启动服务器时自动装入 Servlet，并初始化。

第二种情况：如果没有配置自动装入选项，那么在服务器启动后，当客户首次向 Servlet 发出请求时，初始化 Servlet。

另外，重新装入 Servlet 时也会初始化 Servlet。

注意：Servlet 是否在 Web 服务器启动时自动装载，是由在 web.xml 中为 Servlet 所设置的<load-on-startup>属性决定的。

● init()方法。

装入 Servlet 后，服务器创建一个 Servlet 实例并且调用 Servlet 的 init()方法，init()方法在每个服务器会话中都会被调用而且只被调用一次。初始化 Servlet 时，可以从数据库里读取初始的数据，建立 JDBC 连接，或者引用其他资源。

init()方法的定义如下：

```
public void init() throws ServletException {
   //初始化代码
}
```

● 初始化参数。

Servlet 的 init()方法执行的最常见的任务之一是读取特定服务器的初始化参数。这些参数封装在一个名叫 ServletConfig 的对象中，ServletConfig 允许 Servlet 访问一组"名称数值对"进行初始化。注意，这个 ServletConfig 是特定于这个 Servlet 本身的。另外还有一个 ServletContext 对象，它描述有关 Servlet 环境的信息。

例如，在初始化方法中读取初始化参数。

```
public void init() throws ServletException {
    ServletConfig config=getServletConfig();
    String param1=config.getInitParameter("parameter1");
}
```

在相应的 web.xml 文件中定义相应的初始化参数名称和数值。

```
<web-app>
    ……
    <servlet>
        <servlet-name>FirstServlet</servlet-name>
        <servlet-class>FirstServlet</servlet-class>
        <init-param>
            <param-name>parameter1</param-name>
            <param-value>The value of the parameter2</param-value>
        </init-param>
    </servlet>
</web-app>
```

（2）Servlet 处理请求。Servlet 被初始化后，就处于就绪状态，每当服务器接收 Servlet()请求时，服务器产生一个新进程并调用 service()方法，用这种方式，服务器能处理对同一个 Servlet 的多个同时的请求。service()方法检查 HTTP 请求类型（GET、POST、PUT、DELETE），并根据其类型调用适当的方法。

doGet()、doPost()等方法都以 HttpServletRequest 和 HttpServletResponse 对象作为参数。

● service()方法：
```
public void service(ServletRequest request,ServletResponse response) throws
ServletException,IOException {
    ......
}
```

● SingleThreadModel 接口。

Servlet 的多个线程可能同时访问一些共享数据，doGet()和 doPost()方法的处理必须谨慎。要阻止多线程的访问，可以使 Servlet 实现 SingleThreadModel 接口。

（3）Servlet 的终止。Web 服务器可能需要删除一个以前装载过的 Servlet 实例，这或许是由于人为要求，或者是由于性能问题。服务器会调用 Servlet 的 destroy()方法，通常在这个方法中执行一些清除资源的操作，比如释放数据库连接，停止后台线程，关闭文件等。

注意：用户调用 destroy()方法不会卸载 Servlet，只有 Web 服务器才可以实现此功能。

6. 创建 Servlet 的基本步骤

一个 Servlet 类能够实现和 JSP 文件完全相同的功能，所以我们通常把 JSP 文件称为"包含 Java 代码的 HTML 文件"，而把 Servlet 类称为"包含 HTML 代码的 Java 类"。

创建并使用一个 Servlet 类的基本步骤如下。

（1）引入相关的包。编写 Servlet 时，需要引入 java.io 包、javax.servlet 包、javax.servlet.http 包。

（2）继承 HttpServlet 类。

（3）重写 doGet()或 doPost()方法，实现 Servlet 的功能。

（4）在 web.xml 中配置 Servlet。在 MyEclipse 中通过向导创建 Servlet 时，Servlet 的映射 URL 默认为"/servlet/Servlet 类名"，所以下面的案例中 Servlet 映射均采用默认值。如下代码即为 Servelt 创建后，在 web.xml 文件中自动添加的配置代码。

```xml
<servlet>
    <description>This is the description of my J2EE component</description>
    <display-name>This is the display name of my J2EE component</display-name>
    <servlet-name>MyServlet1</servlet-name>
    <servlet-class>myser.MyServlet1</servlet-class>
</servlet>
<servlet-mapping>
    <servlet-name>MyServlet1</servlet-name>
    <url-pattern>/servlet/MyServlet1</url-pattern>
</servlet-mapping>
```

那么我们什么时候重写 doGet()方法？什么时候重写 doPost()方法呢？下面给出几种常见的 Servlet 的调用情况。

（1）在浏览器地址栏中直接访问 Servlet，需要重写 doGet()方法。

如在浏览器地址栏中输入 http://localhost:8080/jsplx2/servlet/MyServlet1，属于 GET 请求，此时调用 Servlet 类的 doGet()方法，因此需要重写 doGet()方法。

（2）在 JSP 文件中通过超链接访问 Servlet，需要重写 doGet()方法。

☞ 案例 2.2.2　在 JSP 文件中通过超链接访问 Servlet。

① testservlet.jsp
```
1.  <%@ page language="java" pageEncoding="UTF-8"%>
2.  <%
3.      String path = request.getContextPath();
4.      String basePath = request.getScheme() + "://"
```

```
5.              + request.getServerName() + ":" + request.getServerPort()
6.              + path + "/";
7.   %>
8.   <html>
9.       <head>
10.          <base href="<%=basePath%>">
11.          <title>Servlet 调用</title>
12.      </head>
13.      <body>
14.          <a href="servlet/MyServlet2">访问 Servlet2</a>
15.      </body>
16.  </html>
```

② MyServlet2.java

```
1.   package myser;
2.   … …   //导入相关的类
3.   public class MyServlet2 extends HttpServlet {
4.       public void doGet(HttpServletRequest request, HttpServletResponse
             response) throws ServletException, IOException {
5.           response.setContentType("text/html");
6.           response.setCharacterEncoding("utf-8");
7.           PrintWriter out = response.getWriter();
8.           out.println("调用 Servlet 的 doGet()方法");
9.           out.flush();
10.          out.close();
11.      }
12.      public void doPost(HttpServletRequest request, HttpServletResponse
             response) throws ServletException, IOException {
13.          response.setContentType("text/html");
14.          response.setCharacterEncoding("utf-8");
15.          PrintWriter out = response.getWriter();
16.          out.println("调用 Servlet 的 doPost()方法");
17.          out.flush();
18.          out.close();
19.      }
20.  }
```

程序运行结果如图 2.2.4 和图 2.2.5 所示。

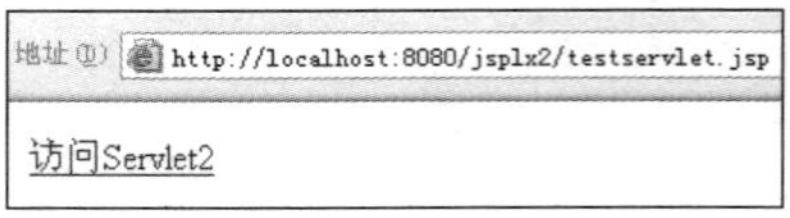

图 2.2.4　通过超链接访问 Servlet 1 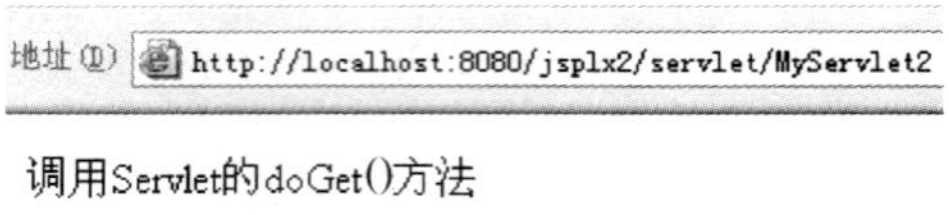　　　　图 2.2.5　通过超链接访问 Servlet 2

（3）在一个 Servlet 中调用另一个 Servlet，需要重写 doGet()方法。

☞ **案例 2.2.3**　在 Servlet 中调用另一个 Servlet。

① MyServlet3.java

```
1.   package myser;
2.   … …   //导入相关的类
3.   public class MyServlet3 extends HttpServlet {
4.       public void doGet(HttpServletRequest request, HttpServletResponse
             response) throws ServletException, IOException {
5.           response.sendRedirect("MyservletB");
6.       }
7.   }
```

② MyServletA.java

```
1.   package myser;
2.   … …   //导入相关的类
```

```
3.  public class MyServletA extends HttpServlet {
4.      public void doGet(HttpServletRequest request, HttpServletResponse
            response) throws ServletException, IOException {
5.          response.setContentType("text/html");
6.          response.setCharacterEncoding("utf-8");
7.          PrintWriter out = response.getWriter();
8.          out.print(this.getClass());
9.          out.println("调用ServletB的doGet()方法");
10.         out.flush();
11.         out.close();
12.     }
13.     public void doPost(HttpServletRequest request, HttpServletResponse
            response) throws ServletException, IOException {
14.         response.setContentType("text/html");
15.         response.setCharacterEncoding("utf-8");
16.         PrintWriter out = response.getWriter();
17.         out.print(this.getClass());
18.         out.println("调用ServletB的doPost()方法");
19.         out.flush();
20.         out.close();
21.     }
22. }
```

在浏览器地址栏中输入 http://localhost:8080/jsplx2/servlet/MyServlet3，得到的结果如图 2.2.6 所示。请读者注意浏览器地址栏的变化情况。

（4）在表单中设置 action 属性，将表单信息提交给一个 Servlet 来处理，此时根据表单的 method 属性值，需要重写 doGet()方法或 doPost()方法。

图 2.2.6　Servlet 的调用

☞ **案例 2.2.4**　Servlet 读取表单数据。

① input.jsp

```
1.  <%@ page language="java" pageEncoding="UTF-8"%>
2.  <%
3.      String path = request.getContextPath();
4.      String basePath = request.getScheme() + "://"
5.              + request.getServerName() + ":" + request.getServerPort()
6.              + path + "/";
7.  %>
8.  <html>
9.      <head>
10.         <base href="<%=basePath%>">
11.         <title>输入表单</title>
12.     </head>
13.     <body>
14.         <form action="servlet/MyServlet4" method="get">
15.             <table border="0">
16.                 <tr>
17.                     <td colspan="2" align="center">
18.                         请输入您的个人信息：
19.                     </td>
20.                 </tr>
21.                 <tr>
22.                     <td>姓名：</td>
23.                     <td><input type="text" name="name"></td>
24.                 </tr>
25.                 <tr>
26.                     <td>邮箱：</td>
27.                     <td><input type="text" name="email"></td>
```

```
28.                    </tr>
29.                    <tr>
30.                        <td>电话:</td>
31.                        <td><input type="text" name="tel"></td>
32.                    </tr>
33.                    <tr>
34.                        <td colspan="2" align="center">
35.                            <input type="submit" value="提交">
36.                        </td>
37.                    </tr>
38.                </table>
39.            </form>
40.        </body>
41. </html>
```

程序说明：

- 第 14 行：action="servlet/MyServlet4"表示提交给 Servlet 处理，其中的映射需在 web.xml 中配置。表单提交方式为 GET，则在 Servlet 中需实现 doGet()方法，若提交方式为 POST，则需实现 doPost()方法。

②   MyServlet4.java

```
1.  package myser;
2.  … …    //导入相关的类
3.  public class MyServlet4 extends HttpServlet {
4.      public void doGet(HttpServletRequest request, HttpServletResponse
            response) throws ServletException, IOException {
5.          response.setContentType("text/html");
6.          response.setCharacterEncoding("utf-8");
7.          PrintWriter out = response.getWriter();
8.          String name = request.getParameter("name");
9.          name = new String(name.getBytes("iso-8859-1"), "utf-8");
10.         String email = request.getParameter("email");
11.         String tel = request.getParameter("tel");
12.         out.println("<HTML>");
13.         out.println("<HEAD><TITLE>检查信息</TITLE></HEAD>");
14.         out.println("<BODY bgcolor=blue>");
15.         out.print("请检查您的个人信息:<br>");
16.         out.print("<b>您的姓名:</b>" + name + "<br>");
17.         out.print("<b>您的邮箱:</b>" + email + "<br>");
18.         out.print("<b>您的电话:</b>" + tel + "<br>");
19.         out.println("</BODY>");
20.         out.println("</HTML>");
21.         out.flush();
22.         out.close();
23.     }
24.     public void doPost(HttpServletRequest request, HttpServletResponse
            response) throws ServletException, IOException {
25.         doGet(request, response);
26.     }
27. }
```

程序说明：

- 第 3 行：定义 Servlet 类名为 MyServlet4，继承自 HttpServlet。
- 第 4 行：实现 doGet()方法，和表单提交方式对应。
- 第 5 行：设置响应的内容类型，类似于 page 指令中的 ContentType 属性。
- 第 6 行：设置响应的编码。如果不设置，相应的 HTML 代码中的汉字将是乱码。
- 第 7 行：获取输出对象 out。相当于 JSP 页面中的 out 对象。

- 第 8～11 行：获取表单参数的值。如果数据中有汉字，则要经过转换才能正常显示，否则为乱码。
- 第 12～22 行：向客户端输出数据。
- 第 24～26 行：实现 doPost()方法，和 doGet()方法实现相同的功能，因此直接调用 doGet()方法即可。

程序运行结果如图 2.2.7 和图 2.2.8 所示。

图 2.2.7　表单输入页面

图 2.2.8　Servlet 处理页面

说明：
- 由于 MyServlet4 使用 doGet()方法处理信息，因此在浏览器中可直接传递参数给 Servlet，如在浏览器中输入 http://localhost:8080/jsplx2/servlet/MyServlet2?name=merry&email=abc@163.com&tel=123456。
- 在 MyEclipse 中，新建 Servlet 时会自动在 web.xml 中添加配置信息，但是，如果删除了一个 Servlet，却不会自动删除其在 web.xml 中相应的配置。

2.2.3　Servlet 接口和类

1. Java Servlet API

Java Servlet API 是一组 Java 类，它定义了 Servlet 和 Web 服务器间的标准接口。客户的请求发送给 Web 服务器，Web 服务器通过这组 API 接口调用 Servlet 为这个请求服务。

这组 API 由两个包组成：javax.servlet 和 javax.servlet.http。javax.servlet 包中所包含的是编写 Servlet 所需的最基本的类和接口，这些类是独立于协议的。javax.servlet.http 包扩展了上述基础包的功能，对 HTTP 协议提供了特别的支持。

（1）javax.servlet 包。
- 该包定义的接口有 7 个：RequestDispatcher，Servlet，ServletConfig，ServletContext，ServletRequest，ServletResponse，SingleThreadModel。
- 该包定义的类有 3 个：GenericServlet，ServletInputStream，ServletOutputStream。
- 该包定义的异常有 2 个：ServletException，UnavilabletException。

（2）javax.servlet.http 包。
- 该包定义的接口有 5 个：HttpServletRequest，HttpServletResponse，HttpSession，HttpSessionBindingListener，HttpSessionContext。
- 该包定义的类有 4 个：Cookie，HttpServlet，HttpSessionBindingEvent，httpUtils。

2. Servlet 接口

Servlet 接口是 Java Servlet API 的一个抽象类，这个类定义了 Servlet 必须实现的方法，比如初始化方法、处理请求的 service()方法和 destroy()方法等。

所有的 Servlet 必须实现这个接口。通常不需要直接实现 Servlet 接口，而继承 GenericServlet 类或者 HttpServlet 类。

Servlet 接口中的常用方法有以下几种。

（1）void init()：该方法仅执行一次，即在服务器装入 Servlet 时执行。

（2）void service()：每当一个客户请求一个 HttpServlet 对象时，该对象的 service() 方法就要被调用。默认的服务功能是调用与 HTTP 请求的方法相应的 do 功能。如 HTTP 请求方法为 GET，则默认情况下就调用 doGet()方法。

（3）void destroy()：该方法仅执行一次，即在服务器停止且卸载 Servlet 时执行。

（4）ServletConfig getServletConfig()：返回一个 ServletConfig 对象，该对象通常用来返回初始化参数和 ServletContext 对象。ServletContext 接口提供有关 Servlet 的环境信息。

（5）ServletContext getServletContext()：返回一个 ServletContext 对象。

（6）String getServletInfo()：提供关于 Servlet 的信息，如作者、版本、版权等。

3．HttpServlet 类

HttpServlet 继承自 javax.servlet.GenericServlet 类，提供 Servlet 接口的 HTTP 实现。

HttpServlet 类的常用方法有以下几种。

（1）void doGet()：用来处理 HTTP GET 请求。

（2）void doPost()：用来处理 HTTP POST 请求。

（3）void doPut()：用来处理 HTTP PUT 请求。

（4）void doDelete()：用来处理 HTTP DELETE 请求。

一般情况下，只需要覆盖 doGet()或 doPost()方法即可。

4．HttpServletRequest 接口

HttpServletRequest 继承自 javax.servlet.ServletRequest 接口，用来获取客户端的请求信息。

HttpServletRequest 接口的常用方法有以下几种。

（1）String getParameter(String name)：返回指定输入参数值，若参数不存在，则返回 null。

（2）Object getAttribute(String name)：返回具有指定名字的请求属性值，若属性不存在，则返回 null。

（3）void setAttribute(String name,Object obj)：设置指定名字的请求属性值。

（4）HttpSession getSession(boolean create)：返回当前 HTTP 会话，如果不存在，则创建一个新的会话，create 的值为 true。

在本书项目 1 任务 1.3 中所介绍的 request 内置对象即为 HttpServletRequest 对象，其他常用方法不再赘述，请参看 request 的常用方法介绍。

5．HttpServletResponse 接口

HttpServletResponse 继承自 javax.servlet.ServletResponse 接口，用来对客户端的请求作出响应。

HttpServletResponse 接口的常用方法有以下几种。

（1）void setContentType(String type)：设置 Servlet 发送的响应数据的 MIME 类型。

（2）void setCharacterEncoding(String char)：设置 Servlet 发送的响应数据的字符编码。

（3）PrintWriter getWriter()：返回可以向客户端发送字符数据的 PrintWrite 对象。

（4）ServletOutputStream getOutputStream()：返回可以向客户端发送二进制数据的输出流对象。

同样的，在本书项目 1 任务 1.3 中所介绍的 response 内置对象即为 HttpServletRespone 对象，其他常用方法请参看 response 的常用方法介绍。

● 6．ServletConfig 接口

它是一个 Servlet 容器使用的 Servlet 配置对象，用于存取 Servlet 实例的初始化参数，这些参数以"名称/数值对"的形式存放在 ServletConfig 中，容器在 web.xml 中设置 Servlet 的一些部署信息，这些信息可以通过 ServletConfig 得到。

每一个 ServletConfig 对象对应一个唯一的 Servlet。

在 Servlet 中，要获取 ServletConfig 对象，可以使用如下代码：
```
ServletConfig config = this.getServletConfig();
```
ServletConfig 接口的常用方法有以下几种。

（1）String getInitParameter(String name)：返回一个 Servlet 指定的初始化参数。

（2）ServletContext getServeltContext()：返回这个 Servlet 的 ServletContext 对象。

（3）String getServletName()：返回一个 Servlet 实例的名称。

同样，在本书项目 1 任务 1.3 中所介绍的 config 内置对象即为 ServletConfig 对象，其他常用方法请参看 config 的常用方法介绍。

● 7．ServletContext 接口

这个接口向 Servlet 提供访问其环境所需的一些方法，并记录一些重要的环境信息。

每个 Web 应用程序都有一个唯一的 ServletContext 对象，供多个客户端共享信息，ServletContext 对象可以看作一个 Web 应用程序的程序级别的对象映射，可以利用它来共享和存取基于 Web 应用程序级别的数据。

在 Servlet 中，要获取 ServletContext 对象，可以使用如下代码：
```
ServletContext context = this.getServletContext();
```
或
```
ServletContext context = this.getServletConfig().getServletContext();
```
ServletContext 接口的常用方法有以下几种。

（1）Object getAttribute(String name)：返回 Servlet 容器内的指定名字的变量值。

（2）void setAttribute(String name,Object obj)：设置 Servlet 容器内的变量值。

（3）RequestDispatcher getRequestDispatcher()：返回一个 RequestDispatcher 对象，该对象可以用于传送一个请求到特定资源或者把特定资源包含到一个响应中，该特定资源可以是动态的也可以是静态的。

RequestDispatcher 接口中有两个方法：forward 和 include。

① forward（转发）：把处理用户请求的控制权转交给其他 Web 资源。

② include（包含）：执行 include 的组件维持对请求的控制权，只有简单地请求将另一个组件的输出包含在本页面的某个特定的地方。

如 getRequestDispatcher("/pages/show.jsp").forward(req,res)将控制权转给了 show.jsp 页面。

getRequestDispatcher("/pages/show.jsp").include(req,res)将 show.jsp 页面的内容包含在当前 Servlet 中。

同样，在本书项目 1 任务 1.3 中所介绍的 application 内置对象即为 ServletContext 对象，其他常用方法请参看 application 的常用方法介绍。

☞ 案例 2.2.5 使用 Servlet 实现网站计数器。

```
1.  package myser;
2.  … …   //导入相关的类
3.  public class MyServlet5 extends HttpServlet {
4.      ServletContext context = null;
5.      public void init() throws ServletException {
6.          context = this.getServletContext();
7.      }
8.      public void doGet(HttpServletRequest request, HttpServletResponse
            response) throws ServletException, IOException {
9.          String str = (String) context.getAttribute("count");
10.         int count = 0;
11.         if (str != null) {
12.             count = Integer.parseInt(str) + 1;
13.         }
14.         context.setAttribute("count", count + "");
15.         response.setCharacterEncoding("utf-8");
16.         response.setContentType("text/html");
17.         PrintWriter out = response.getWriter();
18.         out.println("<HTML>");
19.         out.println("<HEAD><TITLE>网站计数器</TITLE></HEAD>");
20.         out.println("<BODY>");
21.         out.print("本站访问次数: " + count);
22.         out.println(" </BODY>");
23.         out.println("</HTML>");
24.         out.flush();
25.         out.close();
26.     }
27.     public void doPost(HttpServletRequest request, HttpServletResponse
            response) throws ServletException, IOException {
28.         doGet(request, response);
29.     }
30. }
```

程序说明：

● 第 4 行：声明 ServletContext 对象，通过它来实现应用程序范围内的数据共享。
● 第 5~7 行：初始化方法，只执行一次，获取 Servlet 的环境上下文对象 ServletContext。
● 第 8 行：doGet()方法。
● 第 9 行：获取共享属性"count"。
● 第 10 行：声明 count 变量用来存储计数器，初始化为 0。
● 第 11~13 行：判断若不是第一次请求页面，则计数器加 1。
● 第 14 行：将计数器存入共享属性。
● 第 15~26 行：向客户端输出。
● 第 27~29 行：doPost()方法，和 doGet()方法功能相同，故直接调用 doGet()方法。

程序运行结果如图 2.2.9 所示。

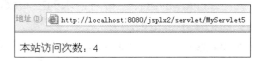

图 2.2.9 网站计数器

8. HttpSession 接口

HttpSession 接口提供了存储和返回标准 Session 属性的方法，标准的 Session 属性都以"名称数值对"的形式保存。即 HttpSession 接口提供了一种把对象保存到内存，在同一用户的后继请求中提取这些对象的标准方法。

在 Servlet 中，要获取当前请求的 Session 对象，可以使用如下代码：
```
HttpSession session=request.getSession(true);
```
即调用 HttpServletRequest 的 getSession()方法，当参数为 true 时，则当 session 不存在时，自动创建一个新的 session 对象。

HttpSession 接口的常用方法有以下两种。

（1）void setAttribute(String name,Object obj)。

（2）String getAttribute(String name)。

同样，在本书项目 1 任务 1.3 中所介绍的 session 内置对象即为 HttpSessiont 对象，其他常月方法请参看 session 的常用方法介绍。

☞ **案例 2.2.6** 使用 Servlet 实现留言发表。

① insert.jsp

```
1.  <%@ page language="java" pageEncoding="utf-8"%>
2.  <%
3.      String path = request.getContextPath();
4.      String basePath = request.getScheme() + "://"
5.              + request.getServerName() + ":" + request.getServerPort()
6.              + path + "/";
7.  %>
8.  <!DOCTYPE HTML PUBLIC "-//W3C//DTD HTML 4.01 Transitional//EN">
9.  <html>
10.     <head>
11.         <base href="<%=basePath%>">
12.         <title>发表留言</title>
13.     </head>
14.     <body>
15.     <form action="servlet/MyServlet6" method="post">
16.     <table width="500" border="1" bordercolor="#e9fef7" cellspacing="0"
17.             cellpadding="0">
18.         <tr>
19.             <td>
20.                 <table width="500" border="0" cellspacing="0" cellpadding="0">
21.                     <tr>
22.                         <td colspan="2" height="30" align="center"
23.                             bgcolor="#e9fef7">发表留言
24.                         </td>
25.                     </tr>
26.                     <tr>
27.                         <td height="35" align="right">
28.                             留言标题：
29.                         </td>
30.                         <td>
31.                             <input type="text" name="lybt" size="40">
32.                         </td>
33.                     </tr>
34.                     <tr>
35.                         <td height="35" align="right" valign="top">
36.                             留言内容：
37.                         </td>
38.                         <td>
39.                             <textarea cols="40" rows="5" name="lynr"></textarea>
40.                         </td>
41.                     </tr>
```

```
42.            <tr>
43.                <td height="35" align="center" colspan="2">
44.                    <input type="submit" value="提交">
45.                </td>
46.            </tr>
47.            </table>
48.        </td>
49.        </tr>
50.    </table>
51.    </form>
52.    </body>
53. </html>
```

程序说明：

- 第 15 行：表单提交给 Servlet 处理，提交方式为 POST。

② MyServlet6.java

```
1.  package myser;
2.  … …   //导入相关的类
3.  public class MyServlet6 extends HttpServlet {
4.      public void init() throws ServletException {
5.          try {
6.              Class.forName("com.mysql.jdbc.Driver");
7.          } catch (ClassNotFoundException e) {
8.              e.printStackTrace();
9.          }
10.     }
11.     public void doGet(HttpServletRequest request, HttpServletResponse
            response) throws ServletException, IOException {
12.         doPost(request, response);
13.     }
14.     public void doPost(HttpServletRequest request, HttpServletResponse
            response) throws ServletException, IOException {
15.         response.setContentType("text/html");
16.         response.setCharacterEncoding("utf-8");
17.         PrintWriter out=response.getWriter();
18.         String bt = request.getParameter("lybt");
19.         bt = new String(bt.getBytes("ISO-8859-1"), "utf-8");
20.         String nr = request.getParameter("lynr");
21.         nr = new String(nr.getBytes("ISO-8859-1"), "utf-8");
22.         // 获取当前系统时间
23.         java.text.SimpleDateFormat sdf = new java.text.SimpleDateFormat(
24.             "yyyy-MM-dd HH:mm:ss");
25.         Connection con = null;
26.         String url = "jdbc:mysql://localhost:3306/liuyan";
27.         String username = "root";
28.         String password = "sql";
29.         try {
30.             Class.forName("com.mysql.jdbc.Driver");
31.             con = DriverManager.getConnection(url, username, password);
32.             String now = sdf.format(new java.util.Date());
33.             String sqlString = "insert into lyb (bt,nr,sj) values
                                    (?,?,?)";
34.             PreparedStatement ps = con.prepareStatement(sqlString);
35.             ps.setString(1, bt);
36.             ps.setString(2, nr);
37.             ps.setString(3, now);
38.             int op = ps.executeUpdate();
39.             con.close();
40.             if (op > 0) {
41.                 out.print("发表成功");
```

```
42.                } else {
43.                    out.print("发表失败");
44.                }
45.            } catch (ClassNotFoundException e) {
46.                e.printStackTrace();
47.            } catch (SQLException e) {
48.                e.printStackTrace();
49.            }
50.        }
51. }
```

程序说明：
- 第 4～10 行：Servlet 的初始化方法，只执行一次，装载驱动程序。
- 第 11～13 行：处理 GET 请求的 doGet()方法，和 doPost()方法完成相同的功能。
- 第 14～50 行：处理 POST 请求的 doPost()方法，获取表单数据，连接数据库，并将留言信息存储到数据库中。

2.2.4　Servlet 过滤器

1. Servlet 过滤器简介

基于 Java 的 Web 开发中的 Servlet 有 3 类：标准 Servlet、Servlet 过滤器、Servlet 监听器，前面介绍的是标准的 Servlet。

Servlet 过滤器是 Servlet API 的 2.3 版本中引入的一个重要的新功能。

过滤器就是一个 Java 程序，它在与之相关的 Servlet 或 JSP 页面之前运行，起到检查这些资源被输入的请求信息，以做预先处理的一些功能。

过滤器可附加到一个或多个 Servlet 或 JSP 页面上。

Servlet 可以支持的功能包括日志记录、提高性能、安全处理、会话处理等，即 Servlet 过滤器是可插入的一种 Web 组件，允许开发人员实现 Web 应用程序中的预处理和后期处理逻辑。

2. Servlet 过滤器的特性

Servlet 过滤器拦截请求和响应，以便查看、提取或以某种方式操作正在客户端和服务器之间交换的数据。Servlet 过滤器有以下特性。

（1）Servlet 将对应用程序处理的逻辑封装到单个类文件中，提供了可以容易地从请求/响应链中添加或删除的模块化单元中。

（2）Servlet 的调用是动态的，过滤器在运行时由 Servlet 容器调用来拦截和处理请求和响应。

（3）Servlet 过滤器是通过 XML 文档来声明配置的，也就是 Web 描述符（web.xml），这样允许添加和删除过滤器，而无需改动任何应用程序代码或 JSP 页面。

（4）Servlet 过滤器是可重用的，过滤器可附加到一个或多个 Servlet 或 JSP 页面上，并且可以跨越不同的项目和应用程序使用。

3. 过滤器接口

过滤器 API 包含 3 个接口（都在 javax.servlet 包中）：javax.servlet.Filter、javax.servlet.FilterChain、javax.servlet.FilterConfig。

所有过滤器都必须实现 javax.servlet.Filter 接口，该接口中有 3 个方法，分别是

doFilter()、init()、destroy()，doFilter()方法包含主要的过滤代码，init()方法进行初始化操作，destroy()方法进行清除资源的操作。

（1）init()方法。

```
public void init(FilterConfig config) throws ServletException
```

该方法只在过滤器第一次初始化时执行，主要用在以下两种情况中。

① 可以访问 FilterConfig 对象，FilterConfig 对象提供了对 Servlet 环境及 web.xml 文件指派的过滤器名的访问。普遍的做法是利用 init()方法将 FilterConfig 对象存放在一个字段中，以便 doFilter()方法能够访问 Servlet 环境或过滤器名。

② FilterConfig 对象具有一个 getInitParameter()方法，它能够访问部署描述符文件（web.xml）中分配的过滤器的初始化参数。

（2）doFilter()方法。

```
public void doFilter(ServletRequest request,ServletResponse response
            ,FilterChain chain) throw ServletException,IOException
```

该方法包含了大部分过滤逻辑。

① 第一个参数是与请求有关的，大多数过滤器是处理这个对象的，此对象给过滤器提供了对请求信息（包括表单数据、Cookie 和 HTTP 请求头）的完全访问，如果要处理 HTTP 请求，则声明为 HttpServletRequest。

② 第二个参数是与响应相关的，通常来讲我们会忽略这个参数。除非用在阻塞对相关 Servlet 或 JSP 页面的访问上，或希望修改相关的 Servlet 或 JSP 页面的输出。

③ 第三个参数是 FilterChain 对象，doFilter 调用此对象来激活与 Servlet 或 JSP 相关的下一个过滤器。如果没有另一个相关的过滤器，则激活 Servlet 或 JSP 页面本身。

（3）destroy()方法。

```
public void destroy()
```

该方法在销毁过滤器时调用。

4．过滤器链

Web 容器用以下方式处理过滤器。

（1）Web 容器将在 Web 资源访问请求出现之前决定为 Web 应用程序构建哪个过滤器。

（2）容器通过调用 init()方法对每个过滤器进行初始化。

（3）当容器得到一个 Web 资源的访问请求时，它就会创建一个由若干与该资源相关的过滤器所组成的过滤器链。

（4）容器调用该过滤器链的 doFilter()方法，从而依次地调用每个过滤器链的 doFilter()方法。一个典型的过滤器的 doFilter()方法如下。

① 预处理请求对象。或者用自定义的 ServletRequest 或 HttpServletRequest 的实现限制它，来修改请求头或数据。

② 预处理响应对象。或者用自定义的 ServletResponse 或 HttpServletResponse 的实现限制它，来修改响应头或数据。

③ 通常，通过调用过滤器链的 doFilter()方法来调用链中的下一个过滤器。

④ 对请求对象和响应对象进行额外的后期处理。

（5）最后，当链中所有过滤器都被调用之后，过滤器链将调用最初的请求资源。

（6）当一个过滤器从服务中移除之前，容器必须调用它的 destroy()方法。

5. 建立一个过滤器的步骤

（1）首先创建一个 Java 类，实现 Filter 接口。
（2）实现 init() 方法，读取过滤器的初始化参数。
（3）实现 doFilter() 方法，实现过滤逻辑。
（4）调用 FilterChain 对象，激活下一个相关的过滤器或 Servlet、JSP 页面。
（5）在部署描述符文件（web.xml）中，对相应的 Servlet 和 JSP 页面注册过滤器。

6. 注册过滤器

在 web.xml 文件中定义了两个用于过滤器的元素，分别是 filter 和 filter-mapping。filter 元素向系统注册一个过滤对象，filter-mapping 元素指定该过滤对象所应用的 URL。

（1）filter 元素：放置在所有 filter-mapping、Servlet 或 servlet-mapping 元素之前。
filter 元素包含的子元素如下。

- filter-name：定义过滤器的名称。
- display-name：定义 IDE 使用的过滤器的简短名称。
- description：对过滤器的描述。
- filter-class：指定过滤器实现类的完全限定名。
- init-param：过滤器的初始化参数。可以使用 FilterConfig 的 getInitParameter() 方法读取。过滤器可以包含多个 init-param 元素。

例如：

```
<web-app>
... ...
<filter>
  <filter-name>MyFirstFilter</filter-name>
  <filter-class>myPackage.MyFirstFilterClass</filter-class>
</filter>
... ...
</web-app>
```

（2）filter-mapping 元素：位于 filter 元素之后 servlet 元素之前。
它包含以下 3 个可能的子元素。

- filter-name：与前面 filter 元素声明时给予过滤器的名称相匹配。
- url-pattern：指定过滤器应用的 URL，所有 filter-mapping 元素必须提供 url-pattern 或 servlet-name。
- servlet-name：指定过滤器应用的 servlet。

例如：

```
<web-app>
   ... ...
   <filter-mapping>
     <filter-name>MyFirstFilter</filter-name>
     <url-pattern>/JSPDirectory/MyPage.jsp</url-pattern>
   </filter-mapping>
   ... ...
</web-app>
```

注意：在 MyEclipse 中，不能通过向导创建过滤器类，在 web.xml 文件中也不能自动部署过滤器，必须手工添加。

Servlet 或过滤器删除时，都必须手工修改 web.xml。

☞ 案例 2.2.7 一个过滤器的例子。通过过滤器测试 Servlet 的执行时间。

（1）Servlet 类。

MainServlet.java

```java
1.  package myser;
2.  … …   //导入相关的类
3.  public class MainServlet extends HttpServlet {
4.      public void doGet(HttpServletRequest request, HttpServletResponse
            response) throws ServletException, IOException {
5.          response.setContentType("text/html");
6.          PrintWriter out = response.getWriter();
7.          out.println("<HTML>");
8.          out.println("  <HEAD><TITLE>A Servlet</TITLE></HEAD>");
9.          out.println("  <BODY>");
10.         long sum = 0;
11.         for (int i = 1; i <= 1000000000; i++) {
12.             sum = sum + i;
13.         }
14.         out.print("1+2+...+1000000000=" + sum);
15.         out.println("  </BODY>");
16.         out.println("</HTML>");
17.         out.flush();
18.         out.close();
19.     }
20. }
```

程序说明：

● 第 11～13 行：求累加和，循环次数多一些是为了能有效测试出执行时间。

（2）过滤器类。

TimeTrackFilter.java

```java
1.  package myser;
2.  … …   //导入相关的类
3.  public class TimeTrackFilter implements Filter {
4.      FilterConfig filterConfig = null;
5.    public void init(FilterConfig filterConfig) throws ServletException
6.    {   this.filterConfig = filterConfig;
7.    }
8.    public void destroy() {
9.        }
10.     public void doFilter(ServletRequest request, ServletResponse response,
11.             FilterChain chain) throws IOException, ServletException {
12.         Date startTime, endTime;
13.         double totalTime;
14.         startTime = new Date();
15.         chain.doFilter(request, response);
16.         endTime = new Date();
17.         totalTime = endTime.getTime() - startTime.getTime();
18.         totalTime = totalTime / 1000;
19.         StringWriter sw = new StringWriter();
20.         PrintWriter writer = new PrintWriter(sw);
21.         writer.println();
22.         writer.println("Total elapsed time is:" + totalTime + "seconds.");
23.         writer.flush();
24.         filterConfig.getServletContext().log(sw.getBuffer().toString());
25.     }
26. }
```

程序说明：

● 第 3 行：定义过滤器类，实现 Filter 接口。

- 第 4 行：声明过滤器中的 FilterConfig 对象。
- 第 5 行：过滤器的初始化方法，获取过滤器的 FiletrConfig 对象。
- 第 8 行：过滤器的销毁方法。
- 第 10 行：过滤器的 doFilter()方法，处理过滤逻辑。
- 第 14 行：获取当前系统时间。
- 第 15 行：调用过滤器链的下一个过滤器，即执行 Servlet。
- 第 16 行：获取当前系统时间。
- 第 17 行：Servlet 执行前后时间的差即为 Servlet 执行时间。
- 第 22 行：在控制台输出 Servlet 的执行时间。
- 第 24 行：写入日志。

（3）部署描述文件。

web.xml

```xml
1.  <web-app>
2.  … …
3.    <filter>
4.        <filter-name>PageRequestTimer</filter-name>
5.        <filter-class>myser.TimeTrackFilter</filter-class>
6.    </filter>
7.    <filter-mapping>
8.        <filter-name>PageRequestTimer</filter-name>
9.        <servlet-name>MainServlet</servlet-name>
10.   </filter-mapping>
11. … …
12.   <servlet>
13.     <servlet-name>MainServlet</servlet-name>
14.     <servlet-class>myser.MainServlet</servlet-class>
15.   </servlet>
16. … …
17.   <servlet-mapping>
18.     <servlet-name>MainServlet</servlet-name>
19.     <url-pattern>/servlet/MainServlet</url-pattern>
20.   </servlet-mapping>
21. … …
22. </web-app>
```

程序说明：
- 第 3～6 行：指定过滤器名称及对应的过滤器类。
- 第 7～10 行：指定过滤器应用的 Servlet。第 8 行的过滤器名称与第 4 行必须一致。
- 第 12～15 行：指定 Servlet 名称及对应的 Servlet 类。
- 第 17～20 行：指定 Servlet 的映射 URL。第 18 行的 Servlet 名称与第 13 行必须一致。

在浏览器地址栏中输入 http://localhost:8080/jsplx2/servlet/MainServlet 后，观察控制台输出结果，如图 2.2.10 所示。

```
信息：
Total elapsed time is:2.906seconds.

2012-2-26 22:49:29 org.apache.catalina.core.ApplicationContext log
```

图 2.2.10　一个过滤器的例子

任务实现

使用 Servlet 完成小小留言板的用户登录功能。

1. 修改 login.jsp，改为由 Servlet 处理表单信息，验证登录用户是否合法。其余代码完全相同。

修改后的代码如下：

```
1.  … …
2.  <form action="LoginServlet" method="post" onsubmit="return check(this);">
3.  … …
```

2. 创建处理登录信息的 Servlet，程序名为 LoginServlet.java，实现 doPost()方法。映射 URL 为 LoginServlet（在通过向导创建 Servlet，系统自动配置 Servlet 时，修改映射 URL，也可以手工修改 web.xml）。

代码如下：

```
1.  package myservlet;
2.  … …   //导入相关的类
3.  public class LoginServlet extends HttpServlet {
4.      public void doGet(HttpServletRequest request, HttpServletResponse
                response) throws ServletException, IOException {
5.      }
6.      public void doPost(HttpServletRequest request, HttpServletResponse
                response) throws ServletException, IOException {
7.          String yhm = request.getParameter("yhm");
8.          String yhmm = request.getParameter("yhmm");
9.          try {
10.             DBConn db = new DBConn();
11.             String sqlString = "select * from yhb where yhm='" + yhm
12.                     + "' and yhmm='" + yhmm + "'";
13.             ResultSet rs = db.doQuery(sqlString);
14.             if (rs.next()) {
15.                 HttpSession session = request.getSession(true);
16.                 session.setAttribute("loginid", rs.getString("id"));
17.                 session.setAttribute("login", yhm);
18.                 response.sendRedirect("index.jsp");
19.             } else {
20.                 response.sendRedirect("ly/login.jsp");
21.             }
22.         } catch (SQLException e) {
23.             e.printStackTrace();
24.         }
25.     }
26. }
```

程序说明：

- 第 3 行：定义 Servlet 类，继承自 HttpServlet。
- 第 4 行：doGet()方法，什么也不做。
- 第 6 行：doPost()方法，与 login.jsp 中的表单提交方式一致。
- 第 7~13 行：查询登录用户是否存在。
- 第 14~18 行：登录用户存在，将该用户的 ID 号和用户名写入 session，并转入网站主页面。
- 第 20 行：登录用户不存在，返回登录页面。

任务小结

通过本任务的实现，主要带领读者学习了以下内容。
1. Servlet 的基本概念。
2. Servlet 的处理流程。
3. Servlet 相关的接口和类。
4. Servlet 过滤器的使用。

2.2.5 上机实训 "学林书城"图书信息的增删改查（Sevlet 技术应用）

【实训目的】
1. 了解 Servlet 的基本概念。
2. 熟悉 Servlet 的执行流程。
3. 掌握 Servlet 的创建和使用。
4. 掌握 Servlet 过滤器的使用。

【实训内容】
1. 使用 Servlet 实现"学林书城"的用户登录功能。
2. 使用 Servlet 实现"学林书城"图书信息的添加功能。
3. 使用 Servlet 实现"学林书城"图书信息的浏览功能。（每页显示 10 条记录）
4. 使用 Servlelt 过滤器实现"学林书城"后台管理权限控制功能。

2.2.6 习题

一、填空题

1. java.servlet.Servlet 接口定义了 3 个用于 Servlet 生命周期的方法，它们分别是（   ）、（   ）、（   ）。
2. Servlet 运行于（   ）端。
3. 使用 Servlet 处理表单提交时，两个最重要的方法是（   ）和（   ）。
4. 编写 Servlet 过滤器时，通过重写 javax.servlet.Filter 接口中的（   ）方法完成实际的过滤操作。

二、选择题

1. 下列哪一项不是 Servlet 中使用的方法？（   ）
   A．doGet()　　　B．doPost()　　　C．service()　　　D．close()
2. 下面 Servlet 的哪个方法在载入时执行，且只执行一次，负责对 Servlet 进行初始化？（   ）
   A．service()　　　B．init()　　　C．doPost()　　　D．destroy()
3. 下面 Servlet 的哪个方法用来为请求服务，在 Servlet 生命周期中，Servlet 每被请求一次它就会被调用一次？（   ）
   A．service()　　　B．init()　　　C．doPost()　　　D．destroy()
4. 下面哪个方法当服务器关闭时被调用，用来释放 Servlet 所占的资源？（   ）
   A．service()　　　B．init()　　　C．doPost()　　　D．destroy()
5. 下面是一个 Servlet 部署文件的片段：

```
<servlet>
   <servlet-name>Hello</servlet-name>
   <servlet-class>Myservlet.FirstServlet</servlet-class>
</servlet>
<servlet-mapping>
   <servlet-name>Hello</servlet-name>
   <url-pattern>/hello</url-pattern>
</servlet-mapping>
```

其中 Servlet 的类名是（　　）。

  A．FirstServlet B．Hello C．hello D．/hello

6．下面关于 Servlet 的叙述正确的是（　　）。

  A．在浏览器地址栏中直接输入要请求的 Servlet，该 Servlet 会调用 doPost()方法处理请求

  B．Servlet 和 Applet 一样是运行在客户端的程序

  C．Servlet 的生命周期包括实例化、初始化、服务、销毁、不可用

  D．Servlet 也可以直接向浏览器发送 HTML 标签

任务 2.3　　完善小小留言板

目标类型	具体目标
技能目标	1．能熟练使用自定义标签实现信息的分页显示； 2．能熟练使用 JSTL 标准标签库实现显示逻辑和业务逻辑的分离
知识目标	1．了解 JSP 标签的分类； 2．掌握自定义标签的定义、配置和使用方法； 3．掌握 JSTL 常用标签的使用； 4．掌握 EL 表达式的基本用法

  在项目 1 中的留言信息显示页面，当留言信息达到一定数量时，通过分页显示使用户查看起来更方便，在项目 1 分页显示留言信息的 JSP 程序中，HTML 代码和 Java 代码都比较多，混杂放在一个程序中，显得比较凌乱，程序的可读性非常差，而且也不利于代码的重用。本任务通过一个自定义标签来实现分页功能，实现了显示逻辑和业务逻辑的分离，同时在程序中使用 JSTL 标准标签库和 EL 表达式，使程序结构更加清晰，更易于维护。

2.3.1　自定义标签

1．JSP 自定义标签简介

  JSP1.1 支持自定义标签，允许开发人员扩展 JSP 标签，建立属于自己的 JSP 标签，用户可以根据自己的需要，自定义一个标签、标签的属性和标签体说明，然后将这些标

签集合成标签库，这些库就可以在其他 JSP 文件中使用。

一般意义的标签有两种：body less 标签和 boay 标签。

（1）bodyless 标签：是指那些可以有属性但不包含内容的标签。用于执行简单的操作，其属性为标签提供必要的信息。

如<img src="images/car.gif"/>，表明在当前位置显示 car.gif 图片，src 属性为标签 img 提供图片的位置。

（2）body 标签：具有开始标签和结束标签，其中包含标签体。用于对标签体执行某些操作。

如<B>Chapter 1</B>，开始标签<B>和结束标签</B>表示其中的标签体"Chapter 1"以粗体显示。

2．JSP 自定义标签的目的

通常来讲，Web 页面的美工设计人员并不十分了解程序设计，需要将页面设计与逻辑设计分开。而且希望赋予 JSP 标签以更强大方便的功能。JSP 自定义标签的目的是赋予开发人员扩展可用于 JSP 页面内部的标签的能力，允许开发人员将一些复杂的服务器端行为以标签处理的形式放到 JSP 页面中。例如，可以自定义将某些数据添加到输出流中，甚至可以在页面发送到浏览器之前修改页面本身的内容。

3．标签库构成

一个标签库由以下几部分构成：标签处理器、标签库描述文件、应用程序部署描述符文件、在 JSP 页面中的标签库声明。

（1）标签处理器（tag handler）。在处理 HTML 文件时，是由浏览器决定基于一套什么样的标准来处理文件包含的标签的。而使用 JSP 自定义标签时，是由一个特殊的 Java 类来决定怎样自定义标签的。这个 Java 类就是标签处理器（tag handler）。

标签处理器是一个 Java 类，是执行标签的预定义的特定行为。首先，它需要实现某个自定义标签接口（继承 TagSupport 类或 BodyTagSupport 类），这取决于与需要开发的标签类型。处理器类有权访问所有的 JSP 资源，如 pageContext 对象、请求响应对象，以及会话对象等。

（2）标签库描述文件（Tag Library Descriptor file，TLD）。TLD 文件是一个 XML 格式的文件，它包含标签库中所有标签的元信息。如标签名称、所需包含的属性、相关联的标签处理器类名等。这个文件由 JSP 容器读取并处理。

（3）web.xml 文件。如果要在 Web 应用程序中使用 JSP 自定义标签，则需要在 web.xml 中定义标签库的名称，以及要使用的 TLD 文件名称、路径。

（4）JSP 页面。在 JSP 页面中，要包含指定一个或多个标签库的指令，并在页面合适位置嵌入 JSP 标签。用户可以在一个 JSP 页面中拥有多个标签库或标签引用。

☞ **案例 2.3.1　一个自定义标签的示例。**

（1）创建标签处理器类。如果自定义标签并不关心开始标签和结束标签之间的标签体，那么标签处理器可以继承 TagSupport 类（实现 Tag 接口）；如果需要访问或修改开始标签和结束标签之间的标签体，则使用 BodyTagSupport 类。BodyTagSupport 类实现了 BodyTag 接口，允许访问标签体文本。

SimpleHello.java

```
1.  package mytag;
```

```
2.   import java.io.IOException;
3.   import javax.servlet.jsp.JspWriter;
4.   import javax.servlet.jsp.tagext.TagSupport;
5.   public class SimpleHello extends TagSupport {
6.       private String key = null;
7.       public String getKey() {
8.           return key;
9.       }
10.      public void setKey(String key) {
11.          this.key = key;
12.      }
13.      public int doStartTag() {
14.          JspWriter out = pageContext.getOut();
15.          try {
16.              out.print("<h1>hello " + key + "</h1>");
17.          } catch (IOException e) {
18.              e.printStackTrace();
19.          }
20.          return this.SKIP_BODY;
21.      }
22.      public int doEndTag() throws JspException {
23.          return this.EVAL_PAGE;
24.      }
25.  }
```

程序说明：

- 第 1 行：声明标签处理器类所在的包。
- 第 5 行：定义标签处理器类，继承自 TagSupport。
- 第 6 行：定义标签的属性名称 key。
- 第 7~12 行：属性的 get/set 方法。
- 第 13~21 行：实现 doStartTag()方法，该方法里编写了开始标记时要实现的功能，这里是输出字符串，并以粗体显示。如果返回 SKIP_BODY，那么它告诉 JSP 引擎忽略自定义开始标签和结束标签之间的内容，如果返回 EVAL_BODY_INCLUDE，那么自定义开始标签和结束标签间的数据会被复制到响应当中。
- 第 22~24 行：实现 doEndTag()方法。该方法中编写了结束标签要完成的功能。如果返回 EVAL_PAGE，则告诉 JSP 引擎继续处理自定义结束标签之后页面的其余部分，如果为 SKIP_PAGE，则忽略其余部分。

（2）创建标签配置文件。创建完处理器类后，要创建标签库描述符来描述标签库中的每个标签，存放在 WebRoot/WEB-INF 下。

mytag.tld

```
1.  <?xml version="1.0" encoding="UTF-8"?>
2.  <!DOCTYPE taglib PUBLIC "-//Sun Microsystems,
        Inc.//DTD JSP Tag Library 1.1//EN"
        "http://java.sun.com/j2ee/dtds/web-jsptaglibrary_1_1.dtd">
3.  <taglib>
4.      <tlibversion>1.2</tlibversion>
5.      <jspversion>1.1</jspversion>
6.      <shortname>html</shortname>
7.      <uri>/mytaglib</uri>
8.      <tag>
9.          <name>SimpleHello</name>
10.         <tagclass>mytag.SimpleHello</tagclass>
```

```
11.            <bodycontent>empty</bodycontent>
12.            <attribute>
13.                <name>key</name>
14.                <required>false</required>
15.            </attribute>
16.        </tag>
17. </taglib>
```

程序说明：
- 第 3 行：TLD 文件的根标签。
- 第 4 行：此标签库的版本。
- 第 5 行：此标签库依赖的 JSP 版本。
- 第 6 行：当在 JSP 中使用标签时，此标签库首选或建议的前缀，当然可以完全忽略这个建议。
- 第 7 行：此标签库的 URI。
- 第 8 行：定义一个标签。
- 第 9 行：标签名称。
- 第 10 行：标签处理器类的名称（全限定名）。
- 第 11 行：此标签的主体部分的内容。通常使用 JSP，此处为 empty，表示此标签没有主体部分。
- 第 12 行：定义标签属性。
- 第 13 行：标签属性名称，与标签处理器类中的属性名称一致。
- 第 14 行：指定该标签属性是必须的（true）或者是可选的（false）。

（3）注册 TLD 文件。在 web.xml 文件中需要加入相应配置，以便 JSP 引擎定位 JSP 自定义标签所关联的 TLD 文件。

在 web.xml 中添加如下代码：

```
1.  … …
2.      <jsp-config>
3.          <taglib>
4.              <taglib-uri>/mytaglib</taglib-uri>
5.              <taglib-location>
6.                  /WEB-INF/mytag.tld
7.              </taglib-location>
8.          </taglib>
9.      </jsp-config>
10. … …
```

程序说明：
- 第 4 行：指定标签库的 URI，以便在 JSP 文件中引用。
- 第 5 行：指定 TLD 文件位置。

（4）在 JSP 页面中使用自定义标签。

exam2_3_1.jsp

```
1.  <%@ page language="java" pageEncoding="UTF-8"%>
2.  <%@ taglib uri="/mytaglib" prefix="test"%>
3.  <%
4.      String path = request.getContextPath();
5.      String basePath = request.getScheme() + "://"
6.              + request.getServerName() + ":" + request.getServerPort()
7.              + path + "/";
8.  %>
9.  <html>
```

```
10.     <head>
11.         <base href="<%=basePath%>">
12.         <title>自定义标签</title>
13.     </head>
14.     <body>
15.         自定义标签使用开始
16.         <test:SimpleHello key="everyone"/>
17.         自定义标签使用结束
18.     </body>
19. </html>
```

程序说明：

- 第 2 行：引用自定义标签库，URI 应与 TLD 文件中指定的 URI 相同，若在 TLD 文件中没有指定 URI，则应与 web.xml 文件中指定的 URI 相同；prefix 用来指定自定义标签前缀。
- 第 16 行：使用自定义标签。

程序运行结果如图 2.3.1 所示。

图 2.3.1　使用自定义标签

2.3.2　JSTL 简介

JSTL（JavaServer Pages Standard Tag Library），是一个不断完善的开放源代码的 JSP 标准标签库，是由 Apache 和 Jakarta 小组来维护的。JSTL 至少运行在支持 JSP1.2 和 Servlet2.3 规范的容器上，在 JSP2.0 中是作为标准予以支持的。

JSTL 包含两个部分：标签库和 EL（Expression Language，表达式语言），标签库目前支持 4 种标签，如表 2.3.1 所示。

表 2.3.1　JSTL 标签

标　　签	URL	前　　缀	示　　例
Core	http://java.sun.com/jstl/core http://java.sun.com/jstl/core_rt	c	<c:if …>
XML processing	http://java.sun.com/jstl/xml	x	<x:parse …>
I18N capable formatting	http://java.sun.com/jstl/fmt	fmt	<fmt:message…>
Database access(SQL)	http://java.sun.com/jstl/sql	sql	<sql:query …>

其中，Core 支持 JSP 中的一些基本操作；XML processing 支持 XML 文档的处理；I18N capable formatting 支持对 JSP 页面的国际化；Database access (SQL)支持 JSP 对数据库的操作。本书主要介绍一些常用的 Core 标签。

1. 一般标签

（1）<c:out>。该标签用于在 JSP 中显示数据，属性主要如下。

- value：输出信息，可以是 EL 表达式或常量。该参数是必须的。
- default：value 为空时的显示信息。
- escapeXml：其值为 true 时避开特殊的 XML 字符集。

如：
```
<c:out value="${username}"/>
```
其中的${username}是 EL 表达式，默认是获取 request（page）属性值，如果 request 中没有名为 username 的属性值，则从 session 中获取；如果 session 中没有，则从 application（ServletContext）中获取；若都没有，取不到任何值，则什么也不显示。

（2）<c:set>。该标签用于保存数据。属性主要如下。
- var：需要保存信息的变量。
- value：要保存的值，可以是 EL 表达式或常量。
- target：需要修改属性的变量名，一般为 JavaBeans 的实例。
- property：需要修改的 JavaBeans 属性。
- scope：保存信息的变量的范围。

如：
```
<c:set var="count" value="1"/>
<c:set var="bean1" value="${bean.username}" scope="session"/>
```

（3）<c:remove>。该标签用于删除数据，属性主要如下。
- var：要删除的变量。该参数是必须的。
- scope：被删除变量的范围。该参数可选。

如：
```
<c:remove var="count"/>
```

2. 条件标签

（1）<c:if>。该标签用于完成单一条件判断，相当于 if(…){ }语句，属性主要如下。
- test：条件，相当于 if 语句中的条件。该参数是必须的。
- var：保存条件结果的变量名。
- scope：保存条件结果的变量范围。

如：
```
<c:if test="${age>20}">
    年龄大于20
</c:if>
```

（2）<c:choose>。该标签没有任何属性。一般同后两个属性结合使用。

（3）<c:when>。该标签可用于完成多分支条件判断，相当于 if(…){ }else{ }中的 if 部分，属性主要如下。
- test：条件，相当于 if 语句中的条件。该参数是必须的。

（4）<c:otherwise>。该标签没有任何属性，一般同属性<c:when>结合使用，以实现多分支条件判断，相当于 if(…){ }else{ }中的 else 部分。

如：
```
<c:choose>
    <c:when test="${score>60}">
        通过了！
    </c:when>
    <c:otherwise>
        不及格！
```

☞ 案例 2.3.2　使用 JSTL 条件标签。

exam2_3_2.jsp

```jsp
1.  <%@ page language="java" pageEncoding="UTF-8"%>
2.  <%@ taglib uri="http://java.sun.com/jstl/core_rt" prefix="c"%>
3.  <%
4.      String path = request.getContextPath();
5.      String basePath = request.getScheme() + "://"
6.              + request.getServerName() + ":" + request.getServerPort()
7.              + path + "/";
8.  %>
9.  <html>
10.     <head>
11.         <base href="<%=basePath%>">
12.         <title>JSTL 条件标签应用</title>
13.     </head>
14.     <body>
15.         <c:set var="score" value="65"/>
16.         您的成绩是:
17.         <c:choose>
18.             <c:when test="${score>=85}">优秀</c:when>
19.             <c:otherwise>
20.                 <c:choose>
21.                     <c:when test="${score>=60}">合格</c:when>
22.                     <c:otherwise>不合格</c:otherwise>
23.                 </c:choose>
24.             </c:otherwise>
25.         </c:choose>
26.     </body>
27. </html>
```

程序说明:
- 第 2 行: 标签库指令,引用 JSTL 标签库。
- 第 15 行: <c:set>标签给变量赋值。
- 第 17～25 行: 条件标签的嵌套,实现多分支。

程序运行结果如图 2.3.2 所示。

图 2.3.2　JSTL 标签

3. 迭代标签

(1) <c:forEach>。该标签用于循环控制,相当于 for 语句。属性主要如下。
- items: 进行循环的项目。
- begin: 开始条件。
- end: 结束条件。
- step: 步长。
- var: 代表当前项目的变量名。
- varStatus: 显示循环状态的变量。

如：
```
<c:forEach var="i" begin="1" end="10" step="1">
   <c:out value="${i}"/>
</c:forEach>
```
用来输出 1 到 10 的数字。
```
<c:forEach var="l" items="${list}">
   <c:out value="${l}"/>
</c:forEach>
```
用来输出 java.util.List 中的每个元素值。这里的 list 是 java.util.List 对象，其中存放的是 String 数据。

（2）<c:forTokens>。该标签用于分析字符串，相当于 java.util.StringTokenizer 类。属性主要如下。

- items：进行循环的项目。该参数是必须的。
- delims：分割符。该参数是必须的。
- begin：开始条件。
- end：结束条件。
- step：步长。
- var：代表当前项目的变量名。
- varStatus：显示循环状态的变量。

如：
```
<c:forTokens items="" delims=":" var="t">
   <c:out value="${t}"/>
</c:forTokens>
```

☞ **案例 2.3.3** 使用 JSTL 迭代标签。

① 程序名：JSTLServlet.java，映射/servlet/JSTLServlet。

JSTLServlet.java

```
1.  package myser;
2.  import java.io.IOException;
3.  import java.util.ArrayList;
4.  import java.util.List;
5.  import javax.servlet.ServletException;
6.  import javax.servlet.http.HttpServlet;
7.  import javax.servlet.http.HttpServletRequest;
8.  import javax.servlet.http.HttpServletResponse;
9.  public class JSTLServlet extends HttpServlet {
10.     public void doGet(HttpServletRequest request, HttpServletResponse
           response) throws ServletException, IOException {
11.        List list = new ArrayList();
12.        list.add("吉林省");
13.        list.add("辽宁省");
14.        list.add("北京市");
15.        list.add("天津市");
16.        request.setAttribute("list", list); //将动态数组传递给 JSP 文件显示
17.        request.getRequestDispatcher("../exam2_3_3.jsp")
18.              .forward(request,response);
19.     }
20.  }
```

程序说明：

- 第 9 行：定义 Servlet。

- 第 11 行：声明创建动态数组。
- 第 12～15 行：向动态数组添加 4 个元素。
- 第 16 行：将动态数组写入 request 属性中。
- 第 17 行：请求转发。只有请求转发才能将动态数组传递给 JSP 程序。

② 程序名：exam2_3_3.jsp，使用迭代标签将 Servlet 传递过来的动态数组循环显示出来。

exam2_3_3.jsp

```
1.  <%@ page language="java" pageEncoding="UTF-8"%>
2.  <%@ taglib uri="http://java.sun.com/jstl/core_rt" prefix="c"%>
3.  <%
4.      String path = request.getContextPath();
5.      String basePath = request.getScheme() + "://"
6.              + request.getServerName() + ":" + request.getServerPort()
7.              + path + "/";
8.  %>
9.  <html>
10.     <head>
11.         <base href="<%=basePath%>">
12.         <title>JSTL 迭代标签应用</title>
13.     </head>
14.     <body>
15.         <c:forEach items="${list}" var="vv" varStatus="ss">
16.             第${ss.index+1}个: ${vv}<br>
17.         </c:forEach>
18.     </body>
19. </html>
```

程序说明：
- 第 2 行：标签库指令，引用 JSTL 标签库。
- 第 15 行：迭代标签。
- 第 16 行：${ss.index+1}表示元素的索引，${vv}表示元素的值。

程序运行结果如图 2.3.3 所示。

图 2.3.3　JSTL 标签

4. URL 标签

（1）<c:import>。该标签用于在当前页面中包含另一个页面。属性主要有以下几个。
- url：要导入页面的 URL。该参数是必须的。
- context：本地 Web 应用程序的名字。
- charEncoding：用于导入数据的字符集。
- var：接收导入文本的变量名。
- scope：接收导入文本的变量名的范围。
- varReader：用于接收导入文本的 Reader 变量。
- varStatus：显示循环状态的变量。

（2）<c:url>。该标签用于输出一个 URL 地址。属性主要有以下几个。
- url：URL 地址。该参数是必须的。
- context：本地 Web 应用程序的名字。
- charEncoding：用于导入数据的字符集。
- var：接收处理过的 URL 变量名，该变量存储 URL。
- scope：存储 URL 变量名的范围。

（3）<c:redirect>。该标签用于将请求重定向到另一个页面。属性主要有以下几个。
- url：URL 地址。该参数是必须的。
- context：本地 Web 应用程序的名字。

（4）<c:param>。该标签用于将参数传递给一个重定向页面或包含页面。属性主要有以下几个。
- name：在 request 参数中设置的变量名。该参数是必须的。
- value：在 request 参数中设置的变量值。

2.3.3 表达式语言

表达式语言（Expression Language，EL）是 JSP2.0 引用的一个新的特性，是一种简化的数据访问方式。使用表达式语言可以方便地访问 JSP 的内置对象和 JavaBean 组件，在 JSP2.0 规范中，建议尽量使用表达式语言使 JSP 文件的格式一致，避免使用 Java 脚本程序。

表达式语言可用于简化 JSP 页面的开发，允许页面美工人员使用表达式语言获取 Servlet 等业务逻辑组件传过来的变量值。

1．表达式语言简介

EL 语言是 JSTL 输出（输入）一个 Java 表达式的表现形式。

表达式语言的语法格式：

```
${expression}
```

在 JSTL 中，EL 表达式只能在属性值中使用，有以下 3 种形式。

（1）value 属性包含一个表达式。

如：

```
<c:out value="${username}"/>
```

将表达式的值计算出来并根据类型转换规则将结果赋给 value 属性。相当于 JSP 表达式 <%=request.getAttribute("username")%>或<%=session.getAttribute("username")%>。

（2）value 属性包含一个或多个值，这些值被文本分割或围绕。

如：

```
<c:out value="${list}${i}"/>
```

将表达式从左到右进行计算，并将结果转换成字符串赋给 value 属性。

（3）value 属性仅仅包含文本。

如：

```
<c:out value="用户名"/>
```

2．常量和变量

（1）常量。
- 逻辑类型 Boolean：true、false。

- 整数类型 Integer：和 Java 中的整型一样。
- 浮点类型 Float：和 Java 中的浮点型一样。
- 字符串类型 String：和 Java 中的字符串型一样。
- 空值：null。

（2）变量。Servlet 容器在遇到表达式的参数时，通过 PageContext.findAttribute("name") 来查找对应的参数。例如，当遇到表达式${username}时，容器将依次在 page、request、session、application 对象中查找 username 属性，如果找到这个属性，则返回属性的值；果没有找到这个属性，则返回 null。

通过"."操作符获得属性的值。如${session.username}、${loginbean.username}。

3．操作符

（1）算术操作：+，-，*，/，div，%，mod。
（2）关系操作：==，eq，!=，ne，<，lt，>，gt，<=，ge，>=，le。
（3）逻辑操作：&，and，||，or，not。
（4）空操作：它是一个前缀操作，用于判断某个值是否为 null 或 empty。
（5）条件操作：A?B:C，若 A 为 true，则计算 B，否则计算 C。

如：

```
${3 + 6}  值为9
${3.5 < 8}  值为true
${10.0 == 10}  值为true
${"abc" ge "abd"}  值为false
```

4．隐含对象

（1）与范围有关的隐含对象。

与范围有关的隐含对象共有 4 个：pageScope、requestScope、sessionScope 和 applicationScope，它们基本上和 JSP 的 pageContext、request、session 和 application 一样。这 4 个隐含对象只能用来取得范围属性值，即 getAttribute(String name)，却不能取得其他相关信息。

例如，我们要取得 session 中存储的一个属性 username 的值，可以使用 session.getAttribute("username")，在 EL 中则使用${sessionScope.username}。

（2）与输入有关的隐含对象。

与输入有关的隐含对象共有 2 个：param 和 paramValues。

例如，我们要取得用户的请求参数时，可以使用 request.getParameter(String name)和 request.getParameterValues(String name)，在 EL 中则使用 ${param.name} 和 ${paramValues.name}。

（3）其他隐含对象。

① pageContext：JSP 页面的上下文，提供访问 JSP 内置对象的方法。例如：${pageContext.request.queryString} 取得请求的参数字符串；${pageContext.request.requestURL} 取得请求的 URL，但不包括参数字符串；${pageContext.session.id}取得 session 的 ID。

② cookie：用于获取指定的 Cookie 值。如要获得 Cookie 中一个设定名称为 userCountry 的值，可以使用${cookie.userCountry}来取得。

③ header：用于获取请求头的属性值。如${header.name}相当于 request.getHeader(name)。

④ headerValues:用于获取请求头的属性值。与 header 的区别在于,该对象用于获取属性值为数组的属性值,如${headerValues.name} 相当于 request.getHeaderValues(name)。

⑤ initParam:用于获取请求 Web 应用的初始化参数。如${initParam.name}相当于 application.getInitParameter("name")。

如:
```
${empty name}   若请求中的变量 name 为 null,那么表达式的值为 true
${sessionScope.user.username}   保存在 session 中的对象 user 的属性 username 值
${header["host"]}   请求头中的 host 值
```

 任务实现

本任务是在项目 1 的小小留言板基础上,进一步完善网站的设计和实现的。网站的显示逻辑使用 JSP 实现,业务逻辑使用 Servlet 实现,完全实现了显示逻辑和业务逻辑的分离。同时使用了自定义标签实现分页功能,在页面中使用 JSTL 标签库和 EL 表达式使程序结构更加清晰,易于维护和扩展。对后台管理页面使用过滤器进行管理权限的控制。

在任务 2.1 中,已经创建项目 liuyan2,下面给出相关代码。部分省略的代码请参考项目 1。

1. 数据库操作和相关 JavaBean 类

数据库操作和相关 JavaBean 类主要有 4 个文件。
- DBConn.java:数据库操作类。
- Yhb.java:用户表的 JavaBean。
- Lyb.java:留言表的 JavaBean。
- Admin.java:管理员表的 JavaBean。

(1) 数据库操作类:DBConn.java。

DBConn.java

```java
1.  package db;
2.  import java.sql.Connection;
3.  import java.sql.DriverManager;
4.  import java.sql.ResultSet;
5.  import java.sql.SQLException;
6.  import java.sql.Statement;
7.  public class DBConn {
8.      Connection conn = null;
9.      Statement stmt = null;
10.     ResultSet rs = null;
11.     private static DBConn cc = new DBConn();
12.     public DBConn() {
13.         try {
14.             Class.forName("com.mysql.jdbc.Driver");
15.         } catch (Exception e) {
16.             System.out.print("驱动程序加载失败");
17.         }
18.     }
19.     public static Connection getConn() {
20.         Connection con = null;
21.         String strUrl = "jdbc:mysql://localhost:3306/liuyan";
22.         String strUser = "root";
23.         String strPass = "sql";
24.         try {
25.             con = DriverManager.getConnection(strUrl, strUser, strPass);
```

```
26.         } catch (SQLException e) {
27.             e.printStackTrace();
28.         }
29.         return con;
30.     }
31.     public ResultSet doQuery(String sql) {
32.         try {
33.             conn = DBConn.getConn();
34.             stmt = conn.createStatement(ResultSet.TYPE_SCROLL_INSENSITIVE,
35.                     ResultSet.CONCUR_READ_ONLY);
36.             rs = stmt.executeQuery(sql);
37.         } catch (SQLException e) {
38.             e.printStackTrace();
39.         }
40.         return rs;
41.     }
42.     public int doUpdate(String sql) {
43.         int result = 0;
44.         try {
45.             conn = DBConn.getConn();
46.             stmt = conn.createStatement();
47.             result = stmt.executeUpdate(sql);
48.         } catch (SQLException e) {
49.             e.printStackTrace();
50.         }
51.         return result;
52.     }
53.     public void close() {
54.         try {
55.             if (rs != null) {
56.                 rs.close();
57.             }
58.         } catch (SQLException e) {
59.             e.printStackTrace();
60.         }
61.         try {
62.             if (stmt != null) {
63.                 stmt.close();
64.             }
65.         } catch (SQLException e) {
66.             e.printStackTrace();
67.         }
68.         try {
69.             if (conn != null) {
70.                 conn.close();
71.             }
72.         } catch (SQLException e) {
73.             e.printStackTrace();
74.         }
75.     }
76. }
```

（2）用户表 JavaBean 类：Yhb.java。

Yhb.java

```
1. package mybean;
2. public class Yhb {
3.     private String id;
4.     private String yhm;
5.     private String yhmm;
6.     private String xm;
7.     private String xb;
```

```
8.          private String head;
9.          … …     //JavaBean 属性的 get/set 方法
10. }
```

（3）留言表 JavaBean 类：Lyb.java。

Lyb.java

```
1.  package mybean;
2.  public class Lyb {
3.          private String id;
4.          private String bt;
5.          private String nr;
6.          private String yhm;
7.          private String xm;
8.          private String head;
9.          private String sj;
10.         … …     //JavaBean 属性的 get/set 方法
11. }
```

（4）管理员表 JavaBean 类：Admin.java。

Admin.java

```
1.  package mybean;
2.  public class Admin {
3.          private String id;
4.          private String username;
5.          private String password;
6.          private String name;
7.          private String level;
8.          private String head;
9.          … …     //JavaBean 属性的 get/set 方法
10. }
```

▶2．分页标签

在网站前台首页和后台管理页面经常要分页显示相关信息，在本项目中通过自定义标签实现了分页功能。主要有 4 个文件。

- page.java：分页标签使用的 JavaBean 类，存放位置 mytaglib 包。
- PageTaglib.java：分页标签的处理器类，存放位置 mytaglib 包。
- mytag.tld：标签库描述文件，存放位置 WebRoot/WEB-INF。
- web.xml：在 web.xml 部署描述符文件中配置标签库。

（1） **page.java**

```
1.  package mytaglib;
2.  import java.util.ArrayList;
3.  import java.util.List;
4.  public class Page {
5.          private int pageno = 1;          //页号
6.          private int pageSize = 5;        //每页显示的记录数
7.          private int pageCount = 0;       //页数
8.          public Page() {
9.              pageno = 1;
10.             pageSize = 5;
11.         }
12.         public Page(int pageSize) {
13.             pageno = 1;
14.             this.pageSize = pageSize;
15.         }
16.         public int getPageno() {
17.             return pageno;
18.         }
```

```
19.     public void setPageno(int pageno) {
20.         this.pageno = pageno;
21.     }
22.     public int getPageSize() {
23.         return pageSize;
24.     }
25.     public void setPageSize(int pageSize) {
26.         this.pageSize = pageSize;
27.     }
28.     public int getPageCount() {
29.         return pageCount;
30.     }
31.     public void setPageCount(int pageCount) {
32.         this.pageCount = pageCount;
33.     }
34.     //获取当前页显示的记录列表
35.     public List mypage(List list) {
36.         pageCount = (list.size() + pageSize - 1) / pageSize;
37.         if (pageno <= 1)
38.             pageno = 1;
39.         else if (pageno > pageCount)
40.             pageno = pageCount;
41.         return getList(list, (pageno - 1) * pageSize, pageSize);
42.     }
43.     //截取子列表
44.     public static List getList(List list, int start, int length) {
45.         List list2 = new ArrayList();
46.         if (list != null) {
47.             for (int i = start; i < start + length && i < list.size(); i++){
48.                 list2.add(list.get(i));
49.             }
50.             return list2;
51.         } else
52.             return null;
53.     }
54. }
```

（2） pageTaglib.java

```
1.  package mytaglib;
2.  import java.io.IOException;
3.  import javax.servlet.http.HttpServletRequest;
4.  import javax.servlet.jsp.tagext.TagSupport;
5.  public class PageTaglib extends TagSupport {
6.      private String name;      //分页对象
7.      private String path;      //分页跳转URL
8.      public String getName() {
9.          return name;
10.     }
11.     public void setName(String name) {
12.         this.name = name;
13.     }
14.     public String getPath() {
15.         return path;
16.     }
17.     public void setPath(String path) {
18.         this.path = path;
19.     }
20.     public int doStartTag() {
21.         HttpServletRequest request = (HttpServletRequest) pageContext
22.                 .getRequest();
23.         Page page = (Page) request.getAttribute(name);
```

```
24.         if (page.getPageCount() == 1) {
25.             return SKIP_BODY;
26.         }
27.         String url = "";
28.         url += "<form action=\"" + path + "\" method=\"post\"onsubmit=\"
29.             return check_page(this);\">";
30.         url += "<script>function trim(str){
                return str.replace(/(^\\s*)|(\\s*$)/g,\"\");}";
31.         url+= "function check_page(form){
                if (trim(form.page.value)==\"\" || isNaN(form.page.value)
                || form.page.value.indexOf(\".\", 0) != -1){
                return false; }}</script>";
32.         if (path.indexOf("?") != -1) {
33.             path += "&";
34.         } else {
35.             path += "?";
36.         }
37.         for (int i = 0; i < page.getPageCount(); i++) {
38.             if ((i + 1) != page.getPageno()) {
39.                 url += "<a href=\'" + path + "pageno=" + (i + 1) + "\'>"
40.                     + "<font size=\"2\">" + (i + 1)
41.                     + "</font></a>  ";
42.             } else {
43.                 url += " <font size=\"2\">" + (i + 1)
44.                     + "</font>  ";
45.             }
46.         }
47.         if (page.getPageno() > 1) {
48.             url += "<a href=\'" + path + "pageno=" + (page.getPageno() - 1)
49.                 + "\'>" + "<font size=\"2\"> 上一页 </font></a>  ";
50.         } else {
51.             url += "<font size=\"2\"> 上一页 </font>    ";
52.         }
53.         if (page.getPageno() < page.getPageCount()) {
54.             url += "<a href=\'" + path + "pageno=" + (page.getPageno() + 1)
55.                 + "\'>" + "<font size=\"2\"> 下一页 </font></a>  ";
56.         } else {
57.             url += "<font size=\"2\">下一页 </font>    ";
58.         }
59.         url += "<font size=\"2\">转到 </font>
                <input type=\"text\"id=\"page\" size=\"1\" name=\""
                + "pageno" + "\">  <font size=\"2\">页 </font>";
60.         url += "<input type=\"submit\" value=\"确定\"></form>";
61.         try {
62.             pageContext.getOut().println(url);
63.         } catch (IOException e1) {
64.             System.out.println("分页异常? ");
65.             e1.printStackTrace();
66.         }
67.         return SKIP_BODY;
68.     }
69. }
```

（3） mytag.tld

```
1. <?xml version="1.0" encoding="UTF-8"?>
2. <!DOCTYPE taglib PUBLIC "-//Sun Microsystems,
        Inc.//DTD JSP Tag Library 1.1//EN"
            "http://java.sun.com/j2ee/dtds/web-jsptaglibrary_1_1.dtd">
3. <taglib>
```

```
4.        <tlibversion>1.2</tlibversion>
5.        <jspversion>1.1</jspversion>
6.        <shortname>html</shortname>
7.        <uri>/mytaglib</uri>
8.        <!-- 分页标签 -->
9.        <tag>
10.           <name>page</name>
11.           <tagclass>mytaglib.PageTaglib</tagclass>
12.           <bodycontent>empty</bodycontent>
13.           <attribute>
14.               <name>path</name>
15.               <required>yes</required>
16.               <rtexprvalue>true</rtexprvalue>
17.           </attribute>
18.           <attribute>
19.               <name>name</name>
20.               <required>yes</required>
21.               <rtexprvalue>true</rtexprvalue>
22.           </attribute>
23.       </tag>
24. </taglib>
```

（4）　　　　　　　　　　　　web.xml

```
1. <?xml version="1.0" encoding="UTF-8"?>
2. <web-app version="2.5" xmlns="http://java.sun.com/xml/ns/javaee"
3.     xmlns:xsi="http://www.w3.org/2001/XMLSchema-instance"
4.     xsi:schemaLocation="http://java.sun.com/xml/ns/javaee
5.     http://java.sun.com/xml/ns/javaee/web-app_2_5.xsd">
6.     <jsp-config>
7.         <taglib>
8.             <taglib-uri>/mytaglib</taglib-uri>
9.             <taglib-location>/WEB-INF/mytag.tld</taglib-location>
10.        </taglib>
11.    </jsp-config>
12. … …
13. </web-app>
```

3．网站首页

网站首页主要显示网站标题图、导航、版权和所有留言信息。留言信息分页显示，每页 10 条记录，若不超过 10 条记录，则不显示分页信息；若超过 10 条记录，则显示分页信息。分页信息的显示通过一个自定义标签来实现。

网站首页主要有 5 个文件。

- MainServlet.java：获取留言信息的 Servlet，存放位置 ly 包，映射 URL 为 main。网站首页访问 URL 为 http://localhost:8080/liuyan2/main。若在 web.xml 中设置"...<welcome-file>main</welcome-file>..."，则网站首页访问 URL 也可为 http://localhost:8080/liuyan2。
- index.jsp：网站首页，存放位置 WebRoot。
- main.jsp：分页显示所有留言信息，存放位置 WebRoot/ly。
- top.jsp：导航页，存放位置 WebRoot/ly。
- bottom.jsp：版权页，存放位置 WebRoot/ly。代码与 liuyan1 中的完全相同。

（1）　　　　　　　　　　　MainServlet.java

```
1. package ly;
2. … …  //导入相关的类
3. public class MainServlet extends HttpServlet {
4.     public void doGet(HttpServletRequest request, HttpServletResponse
```

```
5.              doPost(request, response);
6.          }
7.          public void doPost(HttpServletRequest request, HttpServletResponse
             response)    throws ServletException, IOException {
8.              DBConn db = new DBConn();
9.              try {
10.                 String sqlString = "select lyb.id as id,bt,sj,yhm,xm
                        from yhb,lyb where yhb.id=lyb.yhid and fid=0
                        order by sj desc";
11.                 ResultSet rs = db.doQuery(sqlString);
12.                 List lylist = new ArrayList();
13.                 while (rs.next()) {
14.                     String lyid = rs.getString("id");
15.                     String bt = rs.getString("bt");
16.                     String yhm=rs.getString("yhm");
17.                     String xm = rs.getString("xm");
18.                     String sj = rs.getString("sj");
19.                     Lyb ly1 = new Lyb();
20.                     ly1.setId(lyid);
21.                     ly1.setBt(bt);
22.                     ly1.setYhm(yhm);
23.                     ly1.setXm(xm);
24.                     ly1.setSj(sj);
25.                     lylist.add(ly1);
26.                 }
27.                 String strPageno = request.getParameter("pageno");
28.                 if (strPageno == null || strPageno.equals("")) {
29.                     strPageno = "1";
30.                 }
31.                 int pageno = Integer.parseInt(strPageno);
32.                 Page page = new Page(10);
33.                 page.setPageno(pageno);
34.                 lylist = page.mypage(lylist);
35.                 request.setAttribute("page", page);
36.                 request.setAttribute("lylist", lylist);
37.             } catch (SQLException e) {
38.                 e.printStackTrace();
39.             }
40.             request.getRequestDispatcher("index.jsp")
                        .forward(request,response);
41.         }
42.     }
```

程序说明：

- 第 4 行：doGet()方法，处理 GET 请求。
- 第 7 行：doPost()方法，处理 POST 请求。
- 第 8～26 行：查询留言表中的所有记录，并存入 List 对象中。
- 第 27～31 行：获取当前页码，若为 null 则赋值为 1。
- 第 32 行：声明创建分页对象，并设置每页显示记录数为 10。
- 第 33 行：设置当前页码。
- 第 34 行：获取当前页要显示的所有记录。
- 第 35 行：将分页对象存入 request 中，以便在 JSP 页中显示分页信息。
- 第 36 行：将当前页要显示的记录列表存入 request 中，以便在 JSP 页中显示留言信息。

- 第 40 行：转入网站首页 index.jsp。注意两点：一点是转入页面的 URL，相对于 Servlet 映射目录；另一点是必须用请求转发，这样在 JSP 页面中才能获取放入 request 对象中的属性值，不能用 response.sendRedirect()方法。

（2） index.jsp

```jsp
1.  <%@ page language="java" pageEncoding="UTF-8"%>
2.  <%
3.      String path = request.getContextPath();
4.      String basePath = request.getScheme() + "://"
5.              + request.getServerName() + ":" + request.getServerPort()
6.              + path + "/";
7.  %>
8.  <html>
9.      <head>
10.         <base href="<%=basePath%>">
11.         <title>小小留言板</title>
12.     </head>
13.     <body>
14.         <jsp:include page="ly/top.jsp"/>
15.         <table align="center" width="800" height="400" bgcolor="#ffffff">
16.             <tr>
17.                 <td valign="top">
18.                     <jsp:include page="ly/main.jsp"/>
19.                 </td>
20.             </tr>
21.         </table>
22.         <jsp:include page="ly/bottom.jsp"/>
23.     </body>
24. </html>
```

（3） main.jsp

```jsp
1.  <%@ page language="java" pageEncoding="utf-8"%>
2.  <%@ taglib prefix="c" uri="http://java.sun.com/jstl/core_rt"%>
3.  <%@taglib prefix="my" uri="/mytaglib"%>
4.  <%
5.      String path = request.getContextPath();
6.      String basePath = request.getScheme() + "://"
7.              + request.getServerName() + ":" + request.getServerPort()
8.              + path + "/";
9.  %>
10. <!DOCTYPE HTML PUBLIC "-//W3C//DTD HTML 4.01 Transitional//EN">
11. <html>
12.     <head>
13.         <base href="<%=basePath%>">
14.         <title>小小留言板</title>
15.     </head>
16.     <body>
17.         <br>
18.         <table width="700" border="1" bordercolor="#f5f5f5" align="center"
19.             cellpadding="0" cellspacing="0">
20.             <tr>
21.                 <td align="center" height="25"><font size="2">序号</font></td>
22.                 <td align="center"><font size="2">留言标题</font></td>
23.                 <td align="center"><font size="2">留言者</font></td>
24.                 <td align="center"><font size="2">留言时间</font></td>
25.             </tr>
26.             <c:forEach var="ll" items="${lylist}" varStatus="status">
27.             <tr>
28.                 <td align="center" height="35">
```

```
29.                <font size="2">
                        ${(page.pageno-1)*page.pageSize+status.index+1}
                   </font>
30.             </td>
31.             <td align="center">
32.                <a href="ly/ckly?id=${ll.id}">
                      <font size="2">${ll.bt}</font>
                   </a>
33.             </td>
34.             <td align="center">
35.                <font size="2">${ll.yhm}</font>
36.             </td>
37.             <td align="center">
38.                <font size="2">${ll.sj}</font>
39.             </td>
40.          </tr>
41.       </c:forEach>
42.    </table>
43.    <div align="center">
44.       <my:page name="page" path="main"/>
45.    </div>
46.   </body>
47. </html>
```

程序说明：

- 第 2 行：引用 JSTL 标签库。
- 第 3 行：引用自定义标签库。
- 第 20～25 行：显示表头。
- 第 26～41 行：用迭代标签显示当前页的所有记录。
- 第 44 行：使用自定义标签显示分页信息。

（4） top.jsp

```
1.  <%@ page language="java" pageEncoding="utf-8"%>
2.  <%@ taglib prefix="c" uri="http://java.sun.com/jstl/core_rt"%>
3.  <%
4.      String path = request.getContextPath();
5.      String basePath = request.getScheme() + "://"
6.            + request.getServerName() + ":" + request.getServerPort()
7.            + path + "/";
8.  %>
9.  <!DOCTYPE HTML PUBLIC "-//W3C//DTD HTML 4.01 Transitional//EN">
10. <html>
11.   <head>
12.      <base href="<%=basePath%>">
13.      <title>My JSP 'top.jsp' starting page</title>
14.   </head>
15.   <body bgcolor="#f5f5f5">
16.   <table border="1" bordercolor="#f5f5f5" align="center" width="800"
17.   height="127" background="images/logo.jpg" cellspacing="0"
18.   cellpadding="0">
19.      <tr>
20.         <td>
21.            <table width="100%" height="127" border="0">
22.               <tr>
23.                  <td rowspan="3" width="400"><br></td>
24.               </tr>
25.               <tr>
26.                  <td width="100" height="25"><br></td>
27.                  <td align="center" width="80">
```

```
28.                <font size="2"><a href="ly/fbly0">我要留言</a> </font>
29.               </td>
30.              <td align="center" width="50">
31.                <font size="2"><a href="main">首页</a> </font>
32.              </td>
33.              <td align="center" width="50">
34.                <font size="2"><a href="ly/reg.jsp">注册</a> </font>
35.              </td>
36.            </tr>
37.            <tr>
38.              <td colspan="4">
39.                <font size="6">小小留言板</font>
40.              </td>
41.            </tr>
42.          </table>
43.        </td>
44.      </tr>
45.    </table>
46.    <c:choose>
47.      <c:when test="${empty login}">
48.        <table align="center" width="750" bgcolor="#f5f5f5">
49.          <tr>
50.            <td height="25">
51. <font size="2">若要发表留言或回复,请先 <a href="ly/login.jsp">登录</a>
52.            </font>
53.            </td>
54.          </tr>
55.        </table>
56.      </c:when>
57.      <c:otherwise>
58.        <table align="center" width="750" bgcolor="#f5f5f5">
59.          <tr>
60.            <td height="25">
61.               <font size="2"> 欢迎您, ${login.yhm}</font>
62.            </td>
63.            <td align="right">
64.               <font size="2"><a href="ly/xgxx0">资料修改</a></font>
65.               <font size="2"><a href="ly/xgmm.jsp">密码修改</a></font>
66.               <font size="2"><a href="ly/logout">注销登录</a></font>
67.            </td>
68.          </tr>
69.        </table>
70.      </c:otherwise>
71.    </c:choose>
72.  </body>
73. </html>
```

程序说明:

- 第2行:使用 JSTL 标准标签库。有时也写成<%@ taglib prefix="c"uri="http://java.sun.com/jstl/core"%>,但可能出现有些 JSTL 标签不能使用的问题。
- 第47~70行:JSTL 标签。相当于 if-else 语句。判断是否有用户登录,若有用户登录,则显示欢迎信息;若没有用户登录,则提示登录后才可以发表留言或回复。

4. 登录模块

只有登录用户才可以发表留言和回复信息,用户登录后还可以修改自己的个人资料。登录模块主要有以下 3 个文件。

- login.jsp:表单,输入用户名和密码后提交处理,存放位置 WebRoot/ly。

- LoginServlet.java：验证登录信息的 Servlet，映射 URL 为 ly/login。
- login.js：验证表单的 JavaScript 代码，存放位置 WebRoot/js，代码与 liuyan1 完全相同。

（1） login.jsp

```jsp
1.  … …
2.  <body>
3.  <jsp:include page="top.jsp"></jsp:include>
4.  <table align="center" width="800" height="400" bgcolor="#ffffff">
5.      <tr>
6.          <td align="center">
7.              <br><font color="red">${loginmess}</font>
8.          </td>
9.      </tr>
10.     <tr>
11.         <td valign="top">
12.             <form action="ly/login" method="post"
13.                     onsubmit="return check(this);">
14.                 … …
15.             </form>
16.         </td>
17.     </tr>
18. </table>
19. </body>
20. </html>
```

（2） LoginServlet.java

```java
1.  package myservlet;
2.  … …  //导入相关的类
3.  public class LoginServlet extends HttpServlet {
4.      public void doPost(HttpServletRequest request, HttpServletResponse
            response) throws ServletException, IOException {
5.          String yhm = request.getParameter("yhm");
6.          String yhmm = request.getParameter("yhmm");
7.          try {
8.              DBConn db = new DBConn();
9.              String sqlString = "select * from yhb where yhm='" + yhm
10.                     + "' and yhmm='" + yhmm + "'";
11.             ResultSet rs = db.doQuery(sqlString);
12.             if (rs.next()) {
13.                 Yhb yh=new Yhb();
14.                 yh.setId(rs.getString("id"));
15.                 yh.setYhm(rs.getString("yhm"));
16.                 yh.setXm(rs.getString("xm"));
17.                 yh.setXb(rs.getString("xb"));
18.                 yh.setHead(rs.getString("head"));
19.                 HttpSession session = request.getSession(true);
20.                 session.setAttribute("login", yh);
21.                 response.sendRedirect("../main");
22.             } else {
23.                 request.setAttribute("loginmess",
                        "用户名或密码错误，请重新登录");
24.                 request.getRequestDispatcher("ly/login.jsp")
                        .forward(request, response);
25.             }
26.         } catch (SQLException e) {
27.             e.printStackTrace();
28.         }
29.     }
30. }
```

程序说明：

- 第5~6行：获取表单数据。
- 第7~12行：查询数据库。
- 第13~18行：将查询到的登录用户信息存放到JavaBean中。
- 第19~20行：将登录用户JavaBean存入session对象中。
- 第21行：登录成功，转入网站主页。
- 第23行：登录失败，将提示信息存入request对象中。
- 第24行：登录失败，返回登录页面。注意使用的方法。

5. 注册模块

注册模块主要有3个文件。

- reg.jsp：表单，输入用户的个人资料提交处理。存放位置WebRoot/ly。
- RegServlet.java：存储登录信息的Servlet。映射URL为ly/reg。
- login.js：验证表单的JavaScript代码。存放位置WebRoot/js，代码与liuyan1完全相同。

(1) reg.jsp

```
1.  <%@ page language="java" pageEncoding="UTF-8"%>
2.  <%@ taglib prefix="c" uri="http://java.sun.com/jstl/core_rt"%>
3.  … …
4.  <form action="ly/reg" method="post" onsubmit="return check_info(this);">
5.  … …
6.  <tr>
7.      <td width="100" height="34" align="right">
8.          <font size="2">用户名：</font> 
9.      </td>
10.     <td valign="middle">
11.         <input type="text" size="38" name="yhm">
12.     <font color="#ff0000" size="2"> * 6-20 个字符或数字组合。
13.       <br>${regmess }</font>
14.     </td>
15. </tr>
16. … …
17. <select name="head"  onChange="document.images['avatar'].
18.                     src=options[selectedIndex].value;">
19.     <c:forEach begin="1" end="16" var="i" step="1">
20.         <option value="images/face/head${i}.gif">
21.                 head${i}
22.         </option>
23.     </c:forEach>
24. </select>
25.     
26. <img id=avatar src="images/face/head1.gif" alt=头像
27.                 width="32" height="32" border="0">
28. … …
```

程序说明：

- 第2行：使用JSTL标签库。
- 第4行：表单，提交给Servlet处理。
- 第13行：显示注册提示信息（用户名重复时显示）。
- 第17~24行：列表框显示用户头像，使用JSTL迭代标签与EL表达式。

（2）RegServlet.java

```java
1.  package myservlet;
2.  … …         //导入相关的类
3.  public class RegServlet extends HttpServlet {
4.      public void doPost(HttpServletRequest request, HttpServletResponse
            response) throws ServletException, IOException {
5.          response.setContentType("text/html");
6.          response.setCharacterEncoding("utf-8");
7.          PrintWriter out = response.getWriter();
8.          HttpSession session = request.getSession(true);
9.          session.removeAttribute("login");
10.         String yhm = request.getParameter("yhm");
11.         String yhmm = request.getParameter("yhmm");
12.         String mes = null;
13.         String xm = request.getParameter("xm");
14.         xm = new String(xm.getBytes("iso-8859-1"), "utf-8");
15.         String xb = request.getParameter("xb");
16.         xb = new String(xb.getBytes("iso-8859-1"), "utf-8");
17.         String head = request.getParameter("head");
18.         DBConn db = new DBConn();
19.         try {
20.             String sqlString = "select * from yhb where yhm='" + yhm + "'";
21.             ResultSet rs = db.doQuery(sqlString);
22.             if (rs.next()) {
23.                 request.setAttribute("regmess", "用户名已存在，请重新选择用户名！");
24.                 request.getRequestDispatcher("reg.jsp")
                        .forward(request,response);
25.             } else {
26.                 sqlString = "insert into yhb (yhm,yhmm,xm,xb,head)values
27.                     ('"+ yhm + "','" + yhmm + "','" + xm + "','"
                        + xb + "','" + head + "')";
28.                 int op = db.doUpdate(sqlString);
29.                 if (op > 0) {
30.                     request.setAttribute("loginmess","注册成功,请登录");
31.                     request.getRequestDispatcher("login.jsp")
32.                         .forward(request, response);
33.                 } else {
34.                     out.print("注册失败");
35.                 }
36.             }
37.         } catch (SQLException e) {
38.             out.print("数据库操作错误！");
39.         } finally {
40.             db.close();
41.         }
42.     }
43. }
```

6. 用户修改个人资料模块

用户登录后可修改个人资料如姓名、性别和头像等。

用户修改个人资料模块主要有 3 个文件。

- Xgxx0Servlet.java：当用户登录后点击页面上方的"修改资料"超链接时，跳转到该 Servlet，获取当前登录用户的相关信息，再通过 xgxx.jsp 页面显示并修改。映射 URL 为 ly/xgxx0。
- xgxx.jsp：表单，显示并修改用户个人资料。存放位置 WebRoot/ly。

● XgxxServlet.java：存储修改后的用户个人资料。映射 URL 为 ly/xgxx。

（1） Xgxx0Servlet.java

```java
1.  package ly;
2.  … …    //导入相关的类
3.  public class Xgxx0Servlet extends HttpServlet {
4.      public void doGet(HttpServletRequest request, HttpServletResponse
            response) throws ServletException, IOException {
5.          HttpSession session = request.getSession();
6.          Yhb login = (Yhb) session.getAttribute("login");
7.          try {
8.              DBConn db = new DBConn();
9.              String sqlString = "select * from yhb where id=" + login.getId();
10.             ResultSet rs = db.doQuery(sqlString);
11.             rs.next();
12.             Yhb yhb = new Yhb();
13.             yhb.setYhm(rs.getString("yhm"));
14.             yhb.setXm(rs.getString("xm"));
15.             yhb.setXb(rs.getString("xb"));
16.             yhb.setHead(rs.getString("head"));
17.             request.setAttribute("yhb", yhb);
18.             request.getRequestDispatcher("xgxx.jsp")
                        .forward(request,response);
19.         } catch (Exception e) {
20.             System.out.println("数据库操作错误");
21.         }
22.     }
23. }
```

（2） xgxx.jsp

```jsp
1.  <%@ page language="java" pageEncoding="UTF-8"%>
2.  <%@ taglib prefix="c" uri="http://java.sun.com/jstl/core_rt"%>
3.  <%
4.      String path = request.getContextPath();
5.      String basePath = request.getScheme() + "://"
6.          + request.getServerName() + ":" + request.getServerPort()
7.          + path + "/";
8.  %>
9.  <html>
10. <head>
11.     <base href="<%=basePath%>">
12.     <title>修改个人资料</title>
13.     <script language="javascript" src="js/xgxx.js"></script>
14. </head>
15. <body>
16. <jsp:include page="top.jsp"></jsp:include>
17. <table align="center" width="800" height="400" bgcolor="#ffffff">
18.     <tr><td valign="top">
19.     <form action="ly/xgxx" method="post"
20.             onsubmit="return check_info(this);">
21.     <table width="600" cellspacing="0" cellpadding="0" border="0"
22.             align="center">
23.     <tr><td height="25"><br></td></tr>
24.     <tr>
25.         <td align="center" height="30" bgcolor="#e9fef7">
26.             修改用户资料
27.         </td>
28.     </tr>
29.     <tr>
30.         <td align="center">
31.             <table width="600" border="1" bordercolor="#e9fef7"
```

```
32.                    align="center" cellspacing="0" cellpadding="0">
33.            <tr>
34.                <td height="34" colspan="2" align="center">
35.                    <font size="2">  带<font color="#ff0000">*
                    </font>号的项目为必选项，请全部填写</font>
36.                </td>
37.            </tr>
38.            <tr>
39.                <td width="100" height="34" align="right">
40.                    <font size="2">用户名：</font> 
41.                </td>
42.                <td valign="middle">
43.                    <font size="2">${yhb.yhm }</font>
44.                </td>
45.            </tr>
46.            <tr>
47.                <td align="right" height="34">
48.                    <font size="2">头像</font>:  
49.                </td>
50.                <td>
51.                    <select name="head"
                        onChange="document.images['avatar'].
52.                        src=options[selectedIndex].value;">
53.                    <c:forEach begin="1" end="16" var="i" step="1">
54.                        <option value="images/face/head${i}.gif"
55.                    <c:set var="vv" value="images/face/head${i}.gif">
                    </c:set>
56.                            <c:if test='${yhb.head==vv}'>
                            selected="selected"
                            </c:if>>
57.                            head${i}
58.                            </option>
59.                    </c:forEach>
60.                    </select>
61.                        
62.                    <img id=avatar src="${yhb.head}" alt=头像
                        width="32" height="32" border="0">
63.                </td>
64.            </tr>
65.            <tr>
66.                <td align="right" height="34">
67.                    <font size="2">真实姓名：</font> 
68.                </td>
69.                <td>
70.                <input type="text" size="40" name="xm" value="${yhb.xm}">
71.                </td>
72.            </tr>
73.            <tr>
74.                <td align="right" height="34">
75.                    <font size="2">性别</font>:  
76.                </td>
77.                <td>
78.                    <input type="radio">
79.    <c:if test='${yhb.xb=="男"}'>checked="checked"</c:if>
80.            value="男" name="xb">
81.            <font size="2">男</font>
82.            <input type="radio">
83.    <c:if test='${yhb.xb=="女"}'>checked="checked"</c:if>
84.            value="女" name="xb">
```

```
85.                    <font size="2">女</font>
86.                </td>
87.            </tr>
88.            <tr>
89.                <td colspan="2" align="center" height="34">
90.                <input type="hidden" name="id" value="${login.id}">
91.                <input type="submit" value="修改">
92.                </td>
93.            </tr>
94.        </table>
95.        </td>
96.      </tr>
97.    </table>
98.    </form>
99.    </td>
100.  </tr>
101. </table>
102.</body>
103.</html>
```

程序说明：

- 第 2 行：使用 JSTL 标签库。
- 第 19 行：表单，提交给 Servlet 处理。
- 第 21~97 行：显示用户个人信息（取的是 session 中存储的登录用户信息，下同）。
- 第 43 行：用 EL 表达式显示用户名。
- 第 51~62 行：用 JSTL 标签和 EL 表达式显示用户头像信息。
- 第 70 行：用 EL 表达式显示用户姓名。
- 第 78~85 行：用 JSTL 标签和 EL 表达式显示用户性别信息。
- 第 90 行：隐藏文本框，用 EL 表达式显示用户 ID。
- 第 91 行：提交按钮。

（3） XgxxServlet.java

```
1.  package myservlet;
2.  … …    //导入相关的类
3.  public class XgxxServlet extends HttpServlet {
4.      public void doPost(HttpServletRequest request, HttpServletResponse
            response)throws ServletException, IOException {
5.          String id = request.getParameter("id");
6.          String mes = "";
7.          DBConn db = new DBConn();
8.          String xm = request.getParameter("xm");
9.          xm = new String(xm.getBytes("iso-8859-1"), "utf-8");
10.         String xb = request.getParameter("xb");
11.         xb = new String(xb.getBytes("iso-8859-1"), "utf-8");
12.         String head = request.getParameter("head");
13.         String sqlString = "update yhb set xm='" + xm + "',xb='" + xb
14.             + "',head='" + head + "' where id='" + id + "'";
15.         int op = db.doUpdate(sqlString);
16.         db.close();
17.         response.sendRedirect("../main");      }
18. }
```

程序说明：

- 第 4 行：doPost()方法。
- 第 6 行：获取用户 ID。

- 第 8～16 行：修改个人资料。

7. 用户修改密码模块

用户登录后可对密码进行修改。

用户修改密码模块主要有 2 个文件。

- xgmm.jsp：表单，显示修改用户密码表单。存放位置 WebRoot/ly。
- XgmmServlet.java：对用户密码进行修改。映射 URL 为 ly/xgmm。

（1） xgmm.jsp

```jsp
1.  <%@ page language="java" pageEncoding="UTF-8"%>
2.  <%@ taglib prefix="c" uri="http://java.sun.com/jstl/core_rt"%>
3.  <%
4.      String path = request.getContextPath();
5.      String basePath = request.getScheme() + "://"
6.              + request.getServerName() + ":" + request.getServerPort()
7.              + path + "/";
8.  %>
9.  <html>
10.     <head>
11.         <base href="<%=basePath%>">
12.         <title>修改密码</title>
13.         <script language="javascript" src="js/xgmm.js"></script>
14.     </head>
15.     <body>
16.         <jsp:include page="top.jsp"></jsp:include>
17.         <table align="center" width="800" height="400" bgcolor="#ffffff">
18.             <tr>
19.                 <td valign="top">
20.                     <form action="ly/xgmm" method="post"
21.                         onsubmit="return check_info(this);">
22.                         <table width="600" cellspacing="0" cellpadding="0" border="0"
23.                             align="center">
24.                             <tr><td height="25"><br></td></tr>
25.                             <tr>
26.                                 <td align="center" height="30" bgcolor="#e9fef7">
27.                                     修改密码
28.                                 </td>
29.                             </tr>
30.                             <tr>
31.                                 <td align="center">
32.                                     <table width="600" border="1" bordercolor="#e9fef7"
33.                                         align="center" cellspacing="0" cellpadding="0">
34.                                         <tr>
35.                                             <td height="34" colspan="2" align="center">
36.                                                 <font size="2"> 
                                                     带<font color="#ff0000">*</font>
                                                     号的项目为必选项，请全部填写
                                                 </font>
37.                                             </td>
38.                                         </tr>
39.                                         <tr>
40.                                             <td width="100" height="34" align="right">
41.                                                 <font size="2">用户名：</font> 
42.                                             </td>
43.                                             <td valign="middle">
44.                                                 <font size="2">${login.yhm }</font>
45.                                             </td>
46.                                         </tr>
```

```
47.                    <tr>
48.                        <td align="right" height="34">
49.                            <font size="2">旧密码:  </font>
50.                        </td>
51.                        <td>
52.                            <input type="password" size="40"
                                     name="oldyhmm">
53.                            <font color="#ff0000" size="2">*</font>
54.                            <font color="#ff0000" size="2">${mess}
                              </font>
55.                        </td>
56.                    </tr>
57.                    <tr>
58.                        <td align="right" height="34">
59.                            <font size="2">新密码:  </font>
60.                        </td>
61.                        <td>
62.                            <input type="password" size="40" name="yhmm">
63.                            <font color="#ff0000" size="2">
                                  * 6-16个字符组成,区分大小写。
                              </font>
64.                        </td>
65.                    </tr>
66.                    <tr>
67.                        <td align="right" height="34">
68.                            <font size="2">确认新密码:  </font>
69.                        </td>
70.                        <td>
71.                            <input type="password" size="40"
                                     name="yhmm1">
72.                            <font color="#ff0000" size="2">*</font>
73.                        </td>
74.                    </tr>
75.                    <tr>
76.                        <td colspan="2" align="center" height="34">
77.                            <input type="hidden" name="id"
                                     value="${login.id}">
78.                            <input type="submit" value="修改">
79.                        </td>
80.                    </tr>
81.                </table>
82.            </td>
83.        </tr>
84.    </table>
85.    </form>
86.    </td>
87. </tr>
88. </table>
89. </body>
90. </html>
```

程序说明:

- 第2行:使用 JSTL 标签库。
- 第20行:表单,提交给 Servlet 处理。

(2) XgmmServlet.java

```
1.  package ly;
2.  … …     //导入相关的类
3.  public class XgmmServlet extends HttpServlet {
4.      public void doGet(HttpServletRequest request, HttpServletResponse
```

```
5.          response.setContentType("text/html");
6.          response.setCharacterEncoding("utf-8");
7.          PrintWriter out = response.getWriter();
8.          String id = request.getParameter("id");
9.          String sqlString = "select * from yhb where id=" + id;
10.         DBConn db = new DBConn();
11.         try {
12.             ResultSet rs = db.doQuery(sqlString);
13.             if (rs.next()) {
14.                 String yhmm = rs.getString("yhmm");
15.                 String oldyhmm = request.getParameter("oldyhmm");
16.                 if (!oldyhmm.equals(yhmm)) {
17.                     request.setAttribute("mess", "旧密码不正确");
18.                     request.getRequestDispatcher("xgmm.jsp")
                            .forward(request,response);
19.                 } else {
20.                     yhmm = request.getParameter("yhmm");
21.                     sqlString = "update yhb set yhmm='" + yhmm
22.                         + "' where id='" + id + "'";
23.                     int op = db.doUpdate(sqlString);
24.                     if (op > 0) {
25.                         HttpSession session = request.getSession(true);
26.                         session.removeAttribute("login");
27.                         request.setAttribute("loginmess",
                             "密码修改成功,请重新登录");
28.                         request.getRequestDispatcher("login.jsp")
                                .forward(request, response);
29.                     } else {
30.                         out.print("修改失败");
31.                     }
32.                 }
33.             }
34.         } catch (SQLException e) {
35.             out.print("数据库操作错误");
36.         } finally {
37.             db.close();
38.         }
39.     }
40. }
```

程序说明:

- 第 4 行: doPost()方法。
- 第 8 行: 获取用户 ID。
- 第 10~19 行: 判断旧密码是否正确,若不正确,则跳回密码修改页面,并给出相应提示。
- 第 20~30 行: 修改密码,若修改成功,则跳转到登录页面重新登录。

8. 用户注销模块

用户注销模块主要有 1 个文件。

LogoutServlet: 注销登录用户的 Servlet。映射 URL 为 ly/logout。

```
1.  package myservlet;
2.  … …        //导入相关的类
3.  public class LogoutServlet extends HttpServlet {
4.      public void doGet(HttpServletRequest request, HttpServletResponse
            response) throws ServletException, IOException {
5.          HttpSession session = request.getSession(true);
```

```
6.              session.removeAttribute("login");
7.              response.sendRedirect("../main");
8.        }
9.  }
```

9. 发表留言模块

只有登录用户才能发表留言。

发表留言模块主要有 4 个文件。

- Fbly0Servlet.java：判断用户是否登录，若未登录，则跳转到登录页面，若已登录，则进入发表留言页面。映射 URL 为 ly/fbly0。
- fbly.jsp：表单，输入要发表的留言标题和内容。存放位置 WebRoot/ly。
- FblyServlet.java：存储留言信息的 Sevlet。映射 URL 为 ly/fbly。
- fbly.js：验证表单的 JavaScript 代码。存放位置 WebRoot/js，代码与 liuyan1 完全相同。

(1) Fbly0Servlet.java

```
1.  package ly;
2.  … …    //导入相关的类
3.  public class Fbly0Servlet extends HttpServlet {
4.      public void doGet(HttpServletRequest request, HttpServletResponse
            response) throws ServletException, IOException {
5.          HttpSession session = request.getSession();
6.          Yhb login = (Yhb) session.getAttribute("login");
7.          if (login == null) {
8.              request.setAttribute("loginmess", "要发表留言，请先登录");
9.              request.getRequestDispatcher("login.jsp")
10.                 .forward(request, response);
11.         } else {
12.             response.sendRedirect("fbly.jsp");
13.         }
14.     }
15. }
```

(2) fbly.jsp

```
1.  <%@ page language="java" pageEncoding="UTF-8"%>
2.  <%@ taglib prefix="c" uri="http://java.sun.com/jstl/core_rt"%>
3.
4.  … …
5.  <form action="ly/fbly" method="post" onsubmit="return check(this);">
6.  … …
7.  </form>
8.  … …
```

程序说明：

- 第 2 行：使用 JSTL 标签库。
- 第 5 行：表单，提交给 Servlet。

(3) FblyServlet.java

```
1.  package myservlet;
2.  … …    //导入相关的类
3.  public class FblyServlet extends HttpServlet {
4.      public void doPost(HttpServletRequest request, HttpServletResponse
            response) throws ServletException, IOException {
5.          HttpSession session = request.getSession(true);
6.          Yhb yhb = (Yhb) session.getAttribute("login");
7.          String loginid=yhb.getId();
8.          String bt = request.getParameter("lybt");
```

```
9.            bt = new String(bt.getBytes("ISO-8859-1"), "utf-8");
10.           String nr = request.getParameter("lynr");
11.           nr = new String(nr.getBytes("ISO-8859-1"), "utf-8");
12.           int fid = Integer.parseInt(request.getParameter("fid"));
13.           // 获取当前系统时间
14.           java.text.SimpleDateFormat sdf = new java.text.SimpleDateFormat(
15.                   "yyyy-MM-dd HH:mm:ss");
16.           String now = sdf.format(new java.util.Date());
17.           DBConn db = new DBConn();
18.           String sqlString = "insert into lyb (bt,nr,sj,yhid,fid) values ('"
                   + bt   + "','" + nr + "','" + now + "','" + loginid + "'," + fid
                   + ")";
19.           int op = db.doUpdate(sqlString);
20.           db.close();
21.           if (fid == 0) {
22.               response.sendRedirect("../main");
23.           } else {
24.               response.sendRedirect("ckly?id=" + fid);
25.           }
26.       }
27. }
```

程序说明：

- 第 4 行：doPost()方法。
- 第 5~6 行：获取 session 中存储的登录用户的信息。
- 第 7~19 行：将留言信息存储到数据库中。
- 第 21~24 行：若发表的是留言信息，则跳转到网站首页；若发表的是某条留言的回复信息，则跳转到查看留言页面。

▶10. 查看留言模块

在网站首页显示的留言信息列表中，点击留言标题可以查看留言及其回复的详细信息，如果有用户登录，则可以发表回复。

查看留言模块主要有 2 个文件。

- CklyServlet.java：根据留言 ID 查找留言信息的 Servlet。映射 URL 为 CklyServlet。
- ckly.jsp：显示留言信息。存放位置 WebRoot/ly，注意与 liuyan1 中的 ckly.jsp 区别。

（1）　　　　　　　　　　　　CklyServlet.java

```
1.  package myservlet;
2.  … …   //导入相关的类
3.  public class CklyServlet extends HttpServlet {
4.      public void doGet(HttpServletRequest request, HttpServletResponse
                response) throws ServletException, IOException {
5.          String id = request.getParameter("id");
6.          DBConn db = new DBConn();
7.          try {
8.              String sqlString = "select lyb.id as id,bt,nr,sj,yhm,xm,head
                        from yhb,lyb where yhb.id=lyb.yhid and lyb.id="+id;
9.              ResultSet rs = db.doQuery(sqlString);
10.             rs.next();
11.             Lyb ly = new Lyb();
12.             ly.setId(rs.getString("id"));
13.             ly.setBt(rs.getString("bt"));
14.             ly.setNr(rs.getString("nr"));
15.             ly.setYhm(rs.getString("yhm"));
16.             ly.setXm(rs.getString("xm"));
17.             ly.setSj(rs.getString("sj"));
18.             ly.setHead(rs.getString("head"));
```

```
19.                    request.setAttribute("ly", ly);
20.                    // 回复
21.                    sqlString = "select lyb.id as id,bt,nr,sj,yhm,xm,head
                            from yhb,lyb where yhb.id=lyb.yhid and lyb.fid="+ id;
22.                    rs = db.doQuery(sqlString);
23.                    List hflist = new ArrayList();
24.                    while (rs.next()) {
25.                        Lyb ly1 = new Lyb();
26.                        ly1.setId(rs.getString("id"));
27.                        ly1.setBt(rs.getString("bt"));
28.                        ly1.setNr(rs.getString("nr"));
29.                        ly1.setYhm(rs.getString("yhm"));
30.                        ly1.setXm(rs.getString("xm"));
31.                        ly1.setSj(rs.getString("sj"));
32.                        ly1.setHead(rs.getString("head"));
33.                        hflist.add(ly1);
34.                    }
35.                    request.setAttribute("hflist", hflist);
36.                    request.getRequestDispatcher("ly/ckly.jsp")
                            .forward(request,response);
37.            } catch (SQLException e) {
38.                e.printStackTrace();
39.            }
40.        }
41. }
```

程序说明：

- 第 4 行：doGet()方法。
- 第 5 行：获取留言 ID。
- 第 8～18 行：查询留言信息存入 JavaBean 对象中。
- 第 19 行：将保存留言信息的 JavaBean 对象存储到 request 中。
- 第 21～34 行：查询该留言的所有回复信息存入动态数组。
- 第 35 行：将保存所有留言信息的动态数组存储到 request 中。
- 第 36 行：转入查看留言页面。注意方法。

(2) ckly.jsp

```
1.  <%@ page language="java" pageEncoding="UTF-8"%>
2.  <%@ taglib prefix="c" uri="http://java.sun.com/jstl/core_rt"%>
3.  <%
4.      String path = request.getContextPath();
5.      String basePath = request.getScheme() + "://"
6.              + request.getServerName() + ":" + request.getServerPort()
7.              + path + "/";
8.  %>
9.  <html>
10. <head>
11.     <base href="<%=basePath%>">
12.     <title>查看留言</title>
13. </head>
14. <body>
15. <jsp:include page="top.jsp"></jsp:include>
16. <table align="center" width="800" height="400" bgcolor="#ffffff">
17.   <tr><td height="25"><br></td></tr>
18.   <tr><td valign="top">
19.     <table width="600" border="1" bordercolor="#f5f5f5"
                align="center"  cellspacing="0" cellpadding="0">
20.       <tr>
21.         <td width="600" height="25" bgcolor="#f5f5f5" colspan="2">
```

```
22.            <font size="2">留言标题：${ly.bt } (${ly.sj })</font>
23.          </td>
24.        </tr>
25.        <tr>
26.          <td align="center" width="100" height="25">
27.            <img src="${ly.head }" width="32" height="32" border="0">
28.            <br><font size="2">${ly.xm }</font>
29.          </td>
30.          <td valign="top" width="500" height="25">
31.            <font size="2">留言内容：${ly.nr }</font>
32.          </td>
33.        </tr>
34.      </table>
35.      <table width="600" border="1" bordercolor="#f5f5f5"
              align="center" cellspacing="0" cellpadding="0">
36.        <c:forEach var="hf" items="${hflist}" varStatus="status">
37.        <tr>
38.          <td height="25" bgcolor="#f5f5f5" colspan="2">
39.            <font size="2">回复标题：${hf.bt} (${hf.sj})</font>
40.          </td>
41.        </tr>
42.        <tr>
43.          <td align="center" width="100" height="25">
44.            <img src="${hf.head}" width="32" height="32" border="0">
45.            <br><font size="2">${hf.xm }</font>
46.          </td>
47.          <td valign="top" width="500" height="25">
48.            <font size="2">回复内容：${hf.nr }</font>
49.          </td>
50.        </tr>
51.        </c:forEach>
52.      </table>
53.        <c:if test="${not empty login}">
54.        <form action="ly/fbly" method="post"
55.             onsubmit="return check(this);">
56.          <table align="center" width="550" border="1"
                bordercolor="#e9fef7"cellspacing="0"cellpadding="0">
57.            <tr>
58.              <td>
59.                <table align="center" width="550" border="0"
                     cellspacing="0"    cellpadding="0">
60.                  <tr>
61.                    <td colspan="2" height="30" align="center"
                          bgcolor="#e9fef7">
62.                      发表回复
63.                    </td>
64.                  </tr>
65.                  <tr>
66.                    <td height="35" align="right">
67.                      <font size="2"> 回复标题：</font>
68.                    </td>
69.                    <td>
70.                      <input type="text" name="lybt" size="60">
71.                    </td>
72.                  </tr>
73.                  <tr>
74.                    <td height="35" align="right" valign="top">
75.                      <font size="2">回复内容</font>:
76.                    </td>
77.                    <td>
```

```
78.                            <textarea cols="48" rows="8" name="lynr">
                               </textarea>
79.                        </td>
80.                    </tr>
81.                    <tr>
82.                        <td height="35" align="center" colspan="2">
83.                            <input type="hidden" name="fid"
                                   value="${ly.id }">
84.                            <input type="submit" value="提交">
85.                        </td>
86.                    </tr>
87.                </table>
88.            </td>
89.        </tr>
90.    </table>
91.    </form>
92.    </c:if>
93.    </td>
94.    </tr>
95.    </table>
96. </body>
97. </html>
```

程序说明：
- 第 2 行：使用 JSTL 标签库。
- 第 19～34 行：显示留言信息。
- 第 35～52 行：使用 JSTL 迭代标签显示该留言的回复信息。
- 第 53～92 行：使用 JSTL 标签判断是否有用户登录，若有用户登录，则显示回复表单。

11. 后台管理模块

后台管理员登录后，可以对用户信息、留言信息进行管理，也可以添加新的管理员。

后台管理的所有 JSP 程序均存放在 WebRoot/admin 文件夹下，所有 Servlet 文件的映射 URL 均为/admin/XXX。

对后台管理页面和 Servlet 使用了过滤器，只有管理员登录之后才能进入后台管理页面。

对于后台管理模块，只给出管理登录、后台首页和过滤器代码，其余代码留给读者自己实现（可参考本书配套资源）。

- login.jsp：后台管理登录页面，存放在 WebRoot/admin 文件夹下。
- AdminLoginServlet.java：后台管理登录验证的 Servlet，存放在 src/admin 文件夹下，映射 URL 为/admin/login。
- main.jsp：后台管理首页，存放在 WebRoot/admin 文件夹下。
- MyLoginFilter.java：后台管理的过滤器。

（1）　　　　　　　　　　　　　　　　login.jsp

```
1. <%@ page language="java" pageEncoding="utf-8"%>
2. <%
3.     String path = request.getContextPath();
4.     String basePath = request.getScheme() + "://"
5.         + request.getServerName() + ":" + request.getServerPort()
6.         + path + "/";
7. %>
8. <!DOCTYPE HTML PUBLIC "-//W3C//DTD HTML 4.01 Transitional//EN">
```

```
9.  <html>
10.  <head>
11.      <base href="<%=basePath%>">
12.      <title>管理员登录</title>
13.      <script type="text/javascript" src="js/admin.js" /></script>
14.  </head>
15.  <body>
16.  <table align="center" width="800" height="400" bgcolor="#ffffff">
17.      <tr>
18.          <td align="center"><font color="red">${adminmess}</font>
19.          </td>
20.      <tr>
21.          <td valign="top">
22.              <form action="admin/login" method="post"
23.                      onsubmit="return check(this);">
24.                  <table align="center" width="400" border="1"
                        bordercolor="#e9fef7" cellspacing="0" cellpadding="0">
25.                      <tr>
26.                          <td>
27.                              <table width="400" border="0" cellspacing="0"
                                    cellpadding="0">
28.                                  <tr>
29.                                      <td colspan="2" height="30" align="center"
                                            bgcolor="#e9fef7">
30.                                          <img src="images/admin.png">   管理员登录
31.                                      </td>
32.                                  </tr>
33.                                  <tr>
34.                                      <td>
35.                                          <table width="400" border="0">
36.                                              <tr>
37.                                                  <td width="150" height="35" align="right">
38.                                                      <font size="2"> 用户名: </font>
39.                                                  </td>
40.                                                  <td>
41.                                                      <input type="text" name="username">
42.                                                  </td>
43.                                              </tr>
44.                                              <tr>
45.                                                  <td height="35" align="right">
46.                                                      <font size="2"> 密    码:
                                                        </font>
47.                                                  </td>
48.                                                  <td>
49.                                                      <input type="password" name="password"
                                                            size="22">
50.                                                  </td>
51.                                              </tr>
52.                                              <tr>
53.                                                  <td height="35" align="center" colspan="2">
54.                                                      <input type="submit" value="提交">
55.                                                  </td>
56.                                              </tr>
57.                                          </table>
58.                                      </td>
59.                                  </tr>
60.                              </table>
61.                          </td>
62.                      </tr>
63.                  </table>
```

```
64.            </form>
65.          </td>
66.        </tr>
67.      </table>
68.  </body>
69. </html>
```

（2） AdminLoginServlet.java

```java
1.  package admin;
2.  … …      //导入相关的类
3.  public class AdminLoginServlet extends HttpServlet {
4.      public void doPost(HttpServletRequest request, HttpServletResponse
            response) throws ServletException, IOException {
5.          HttpSession session = request.getSession(true);
6.          String username = request.getParameter("username");
7.          String password = request.getParameter("password");
8.          if (username.equals("lgl") && password.equals("lgl")) {
9.              Admin admin = new Admin();
10.             admin.setUsername(username);
11.             admin.setPassword(password);
12.             admin.setLevel("0");
13.             session.setAttribute("admin", admin);
14.             response.sendRedirect("main.jsp");
15.         } else {
16.             try {
17.                 DBConn db = new DBConn();
18.                 String sqlString = "select * from admin where username='"
19.                         + username + "' and password='" + password + "'";
20.                 ResultSet rs = db.doQuery(sqlString);
21.                 if (rs.next()) {
22.                     Admin admin = new Admin();
23.                     admin.setId(rs.getString("id"));
24.                     admin.setUsername(username);
25.                     admin.setName(rs.getString("name"));
26.                     admin.setLevel(rs.getString("level"));
27.                     admin.setHead(rs.getString("head"));
28.                     session.setAttribute("admin", admin);
29.                     response.sendRedirect("main.jsp");
30.                 } else {
31.     request.setAttribute("adminmess", "用户名或密码错误，请重新登录");
32.     request.getRequestDispatcher("login.jsp")
                    .forward(request,response);
33.                 }
34.             } catch (SQLException e) {
35.                 e.printStackTrace();
36.             }
37.         }
38.     }
39. }
```

（3） main.jsp

```jsp
1.  <%@ page language="java" pageEncoding="UTF-8"%>
2.  <%@ taglib prefix="c" uri="http://java.sun.com/jstl/core_rt"%>
3.  <%
4.      String path = request.getContextPath();
5.      String basePath = request.getScheme() + "://"
6.              + request.getServerName() + ":" + request.getServerPort()
7.              + path + "/";
8.  %>
9.  <html>
10. <head>
```

```
11.        <base href="<%=basePath%>">
12.        <title>小小留言板-后台管理</title>
13. <script type="text/javascript">
14. function SetWinHeight(obj) {
15.   var win=obj;
16.   if (document.getElementById) {
17.     if (win && !window.opera) {
18.       if (win.contentDocument && win.contentDocument.body.offsetHeight)
19.         win.height = win.contentDocument.body.offsetHeight;
20.       else if(win.Document && win.Document.body.scrollHeight)
21.         win.height = win.Document.body.scrollHeight;
22.     }
23.   }
24. }
25. </script>
26. </head>
27. <body>
28. <table width="800" cellspacing="0" cellpadding="0" border="0"
29.         align="center">
30.   <tr>
31.     <td align="center">
32.       <font size="4" color="#0000ff">小小留言板后台管理</font>
33.     </td>
34.   </tr>
35.   <tr>
36.     <td>
37.       <table width="100%" cellspacing="0" cellpadding="0" border="1"
38.              bordercolor="#99ccff" align="center">
39.         <tr>
40.           <td width="120" valign="top">
41.             <table width="120" cellspacing="0" cellpadding="0"
                    border="0" bordercolor="#99ccff" align="center">
42.               <tr>
43.                 <td height="30" align="center">
44.                   <font size="2">欢迎您,${admin.username}
                      </font>
45.                 </td>
46.               </tr>
47.               <c:if test="${admin.level!=0}">
48.               <tr>
49.                 <td height="30" align="center">
50.                   <a href="admin/xgadminmm.jsp" target="rf">
                      <font size="2">修改密码</font></a>
51.                 </td>
52.               </tr>
53.               </c:if>
54.               <tr>
55.                 <td height="30" align="center">
56.                   <a href="admin/logout">
                      <font size="2">注销登录</font></a>
57.                 </td>
58.               </tr>
59.               <tr>
60.                 <td height="30" align="center">
61.                   <a href="admin/lygl" target="rf">
                      <font size="2">留言管理</font></a>
62.                 </td>
63.               </tr>
64.               <tr>
65.                 <td height="30" align="center">
```

```
66.                             <a href="admin/yhgl" target="rf">
                                    <font size="2">用户管理</font></a>
67.                         </td>
68.                     </tr>
69.                     <c:if test='${admin.level=="0"||admin.level=="1"}'>
70.                     <tr>
71.                         <td height="30" align="center">
72.                             <a href="admin/adminsz" target="rf">
                                    <font size="2">管理员设置</font></a>
73.                         </td>
74.                     </tr>
75.                     </c:if>
76.                 </table>
77.             </td>
78.             <td valign="top">
79. <iframe src="admin/right.jsp" width="100%" height="100%" name="rf"
80. id="rf"onload="Javascript:SetWinHeight(this)" marginwidth="0"
81. frameborder="0" marginheight="0" border="0" scrolling="no"></iframe>
82.             </td>
83.         </tr>
84.     </table>
85.     </td>
86. </tr>
87. <tr>
88.     <td align="center" height="30">
89.         <font size="2">版权所有：四平职业大学计算机工程学院</font>
90.     </td>
91. </tr>
92. </table>
93. </body>
94. </html>
```

程序说明：

- 第 13~25 行：JavaScript 脚本，控制框架自动调整高度。
- 第 44 行：显示欢迎信息。
- 第 47~75 行：后台管理菜单。
- 第 79~81 行：后台管理功能显示区域，用框架实现。

（4） MyLoginFilter.java

```
1.  package myfilter;
2.  … …    //导入相关的类
3.  public class MyLoginFilter implements Filter {
4.      private FilterConfig filterConfig;
5.      private FilterChain chain;
6.      private HttpServletRequest request;
7.      private HttpServletResponse response;
8.      public void init(FilterConfig filterConfig) throws ServletException
9.      {   this.filterConfig = filterConfig;
10.     }
11.     public void doFilter(ServletRequest servletRequest,
12.         ServletResponse servletResponse, FilterChain chain)
13.         throws IOException, ServletException {
14.         this.chain = chain;
15.         this.request = (HttpServletRequest) servletRequest;
16.         this.response = (HttpServletResponse) servletResponse;
17.         String url = request.getRequestURI();
18.         String url1 = url.substring
                (url.lastIndexOf("/") + 1,url.length());
19.     HttpSession session = request.getSession();
```

```
20.         Admin admin = (Admin) session.getAttribute("admin");
21.         if (url1.indexOf("login") != -1) {
22.            //若不需要判断权限的请求,如登录页面,则跳过,继续执行请求
23.            chain.doFilter(request, response);
24.         } else if (admin == null && url.indexOf("admin") != -1) {
25.            // 后台页面且管理员未登录,跳转到后台登录页面
26.            response.sendRedirect(accessPath + "/admin/login.jsp");
27.         } else {
28.            // 其他页面,或管理员已登录,继续执行请求
29.            chain.doFilter(request, response);
30.         }
31.     }
32.     public void destroy() {
33.         this.filterConfig = null;
34.     }
35. }
```

程序说明:

- 第 3 行: 定义一个过滤器, 主要是针对后台管理页面, 若没有登录用户, 则不允许访问。
- 第 8~10 行: 过滤器的 init()方法获取 filterConfig 对象。
- 第 11 行: 过滤器的 doFilter()方法, 第 1 个参数, 给过滤器提供了对进入的信息 (包括表单数据、cookie 和 HTTP 请求头) 的完全访问; 第 2 个参数, 通常在简单的过滤器中忽略此参数; 第 3 个参数, 用来调用 servlet 或 JSP 页。
- 第 17 行: 获取请求的 URL 串。如/liuyan2/admin/index.jsp。
- 第 18 行: 截取 Servlet 或 JSP 页。如 index.jsp。
- 第 19~20 行: 获取用户登录验证信息。
- 第 21 行: 判断截取的 Servlet 或 JSP 中是否包含 login, 即判断是否为登录页面, 如果是登录页面, 则不需要判断权限, 直接跳过。
- 第 24 行: 判断若用户未登录并且是后台管理页面 (包含 admin), 则返回到登录页面。
- 第 27 行: 其他页面, 或用户已经登录, 则直接跳过。

任务小结

通过本任务的实现, 主要带领读者学习了以下内容。
- JSP 自定义标签的定义、配置和使用。
- JSTL 标准标签库。
- EL 表达式的用法。

2.3.4 上机实训 "学林书城"图书信息的分页浏览(JSP 自定义标签)

【实训目的】

1. 掌握 JSP 自定义标签的定义和使用。
2. 掌握 JSTL 常用标签的格式和使用。
3. 掌握表达式语言的使用。

【实训内容】

1．使用自定义标签实现“学林书城”首页按类别浏览图书信息的功能。

程序运行效果如图 2.3.4 所示。

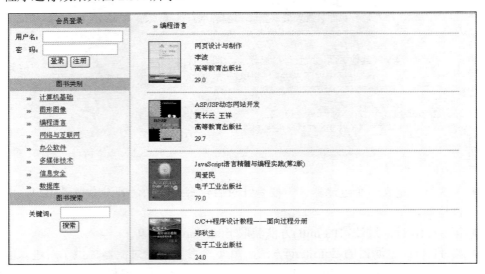

图 2.3.4　“学林书城”首页按类别浏览图书

2．使用 JSTL 标签和表达式语言实现图书信息的添加、修改、删除和浏览操作，完全实现显示逻辑和业务逻辑的分离。

程序运行效果如图 2.3.5 所示。

序号	图书名称	作者	出版社	操作	
1	网页设计与制作	李波	高等教育出版社	编辑	删除
2	中文Flash CS3基础与案例教程	沈大林	高等教育出版社	编辑	删除
3	计算机图像处理技术-Adode photoshop CS5（第2版）	萧潇	高等教育出版社	编辑	删除
4	ASP/JSP动态网站开发	贾长云 王祥	高等教育出版社	编辑	删除
5	Internet应用案例教程	段欣	高等教育出版社	编辑	删除
6	JavaScript语言精髓与编程实践(第2版)	周爱民	电子工业出版社	编辑	删除
7	C/C++程序设计教程——面向过程分册	郑秋生	电子工业出版社	编辑	删除
8	Visual C# 2005动态网站开发技术与实践	王路	电子工业出版社	编辑	删除

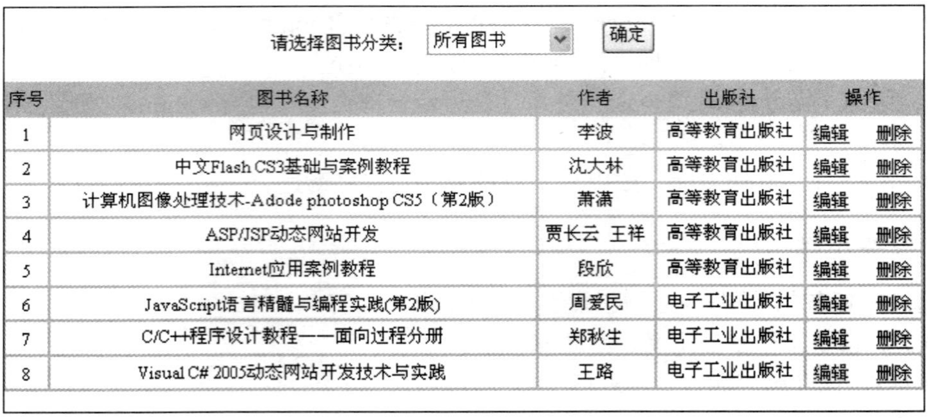

图 2.3.5　“学林书城”后台图书信息管理页面

2.3.5　习题

一、填空题

1．在 JSP 程序中要使用 JSTL 标准标签库，使用的完整命令是（　　　　　　）。

2．如果自定义标签并不关心开始标签和结束标签之间的标签体，那么标签处理器可以继承（　　　　　　）类。

3．如果自定义标签需要访问或修改开始标签和结束标签之间的标签体，则标签处理器需要继承

（　　　　　）类。

4. 标签库描述文件包含标签库中所有标签的元信息。如标签名称、所需包含的属性、相关联的标签处理器类名等，它的扩展名是（　　　　）。

二、选择题

1. request 范围内有一名字为 username 的属性，若想在 JSP 页面中输出，（　　　）是正确的。

    A. `<c:out value="username"/>`　　　　B. `<c:out value="${username}"/>`

    C. `<c:out value="{username}"/>`　　　　D. `<c:out var="${username}"/>`

2. 下列选项中正确的 JSTL 标签用法是（　　　）。

    A. `<c:if test="${score>60}">`

        通过了！

    `</c:if>`

    `<c:else>`

        不及格！

    `</c:else>`

    B. `<c:choose>`

        `<c:when test="${score>60}">`

            通过了！

        `</c:when>`

        `<c:otherwise>`

            不及格！

        `</c:otherwise>`

    `</c:choose>`

    C. `<c:choose>`

        `<c:when test="score>60">`

            通过了！

        `</c:when>`

        `<c:otherwise>`

            不及格！

        `</c:otherwise>`

    `</c:choose>`

    D. `<c:when test="${score>60}">`

        通过了！

    `</c:when>`

    `<c:otherwise>`

        不及格！

    `</otherwise>`

项目 3
学习论坛（JSP+Struts+Hibernate 实现）

目标类型	具体目标
技能目标	1. 能熟练使用 Struts 框架实现 Web 应用； 2. 能熟练使用 Hibernate 操作数据库
知识目标	1. 了解 MVC 框架的基本概念； 2. 掌握 Struts 和 Hibernate 的下载和安装方法； 3. 掌握 Struts 的配置方法； 4. 掌握 Hibernate 的配置方法

项目功能

这是一个学习论坛交流系统，目的是通过本项目的设计与实现过程，使读者能熟练掌握 Struts 和 Hibernate 的基本使用方法，了解 MVC 的基本概念，掌握 Struts 和 Hibernate 的下载和安装方法，掌握 Struts 和 Hibernate 的配置过程。

学习论坛系统的主要功能如下。

（一）前台

1. 论坛首页

论坛首页左侧是版块导航，右侧显示最近发表的 20 篇帖子，如图 3.0.1 所示。

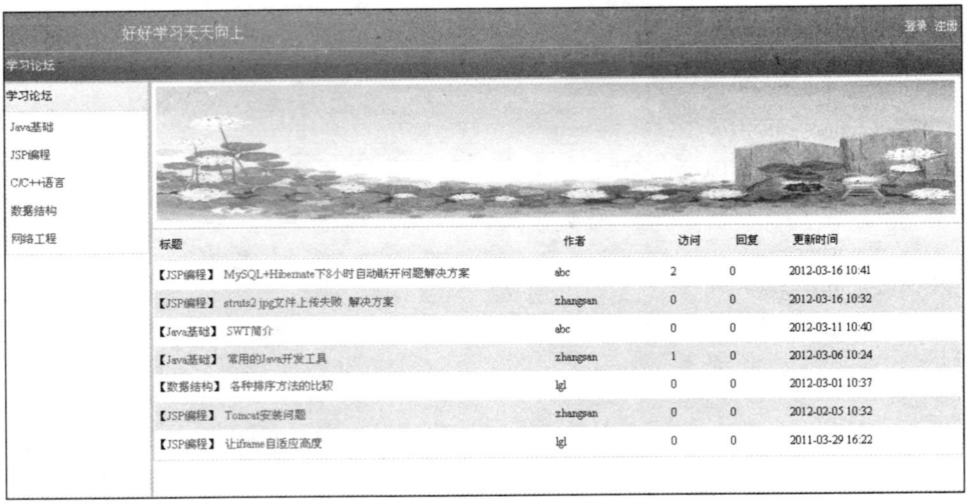

图 3.0.1 论坛首页

2. 版块浏览页

在论坛首页左侧的版块导航栏中选择一个版块，可以浏览该版块中的相应帖子列表，如图 3.0.2 所示。

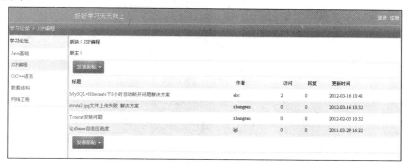

图 3.0.2 版块浏览页

3. 帖子浏览页

不管是在论坛首页，还是在版块浏览页，点击相应帖子标题都可以浏览该帖子的详细内容，以及该帖子的所有评论内容，如图 3.0.3 所示。

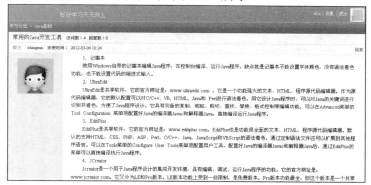

图 3.0.3 帖子浏览

4. 用户注册模块

用户填写相关信息即可成为学习论坛的注册用户，只有注册用户才能发表帖子和评论，非注册用户只能阅读帖子和评论，如图 3.0.4 所示。

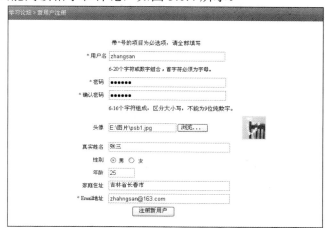

图 3.0.4 用户注册页面

▶ 5. 用户登录模块

注册用户登录后方可发表帖子和对别人的帖子进行评论。如果用户没有登录就要发表帖子或评论，则系统会提示用户进行登录，如图 3.0.5 所示。

图 3.0.5　用户登录页面

▶ 6. 发表帖子模块

注册用户登录后，在版块浏览页单击"发表新帖"按钮，就可以发表帖子，如图 3.0.6 所示。

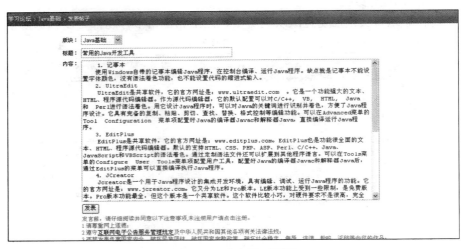

图 3.0.6　发表帖子页面

▶ 7. 发表评论模块

注册用户登录后，可在帖子浏览页面发表评论，如图 3.0.7 所示。

图 3.0.7　发表评论页面

若用户没有登录，则提示用户登录后方可回贴或注册帐号，如图 3.0.8 所示。

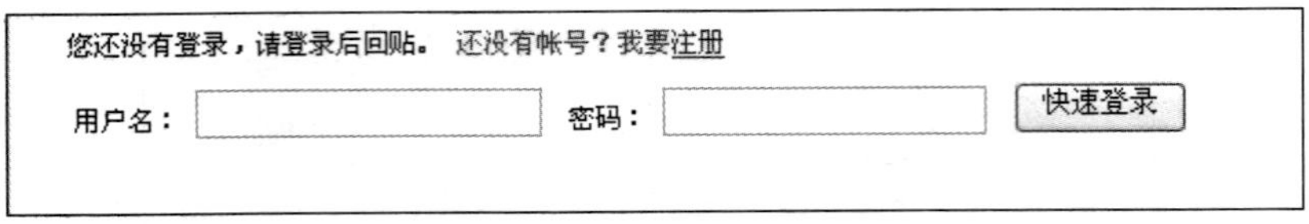

图 3.0.8　提示未登录用户登录或注册

8. 资料设置模块

注册用户登录后，可以单击页面上方的"设置"按钮链接到个人资料设置模块，如图 3.0.9～图 3.0.11 所示。

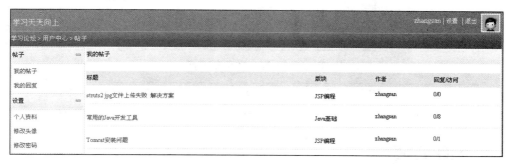

图 3.0.9　查看自己发表的帖子

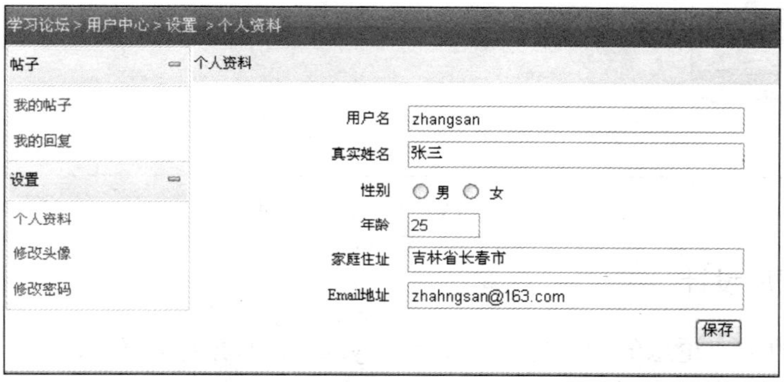

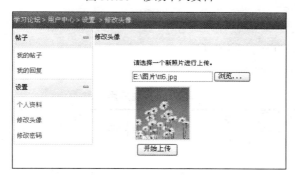

图 3.0.10　修改个人资料

图 3.0.11　修改头像

（二）后台

1. 管理员登录模块

管理员需要通过单独的页面登录方可进入学习论坛的后台管理系统，如图 3.0.12 所示。

2. 后台管理页面

管理员登录进入后台管理页面后，可以对版块、帖子、注册用户、管理员信息进行管理（增删改查），如图 3.0.13 所示。

图 3.0.12　管理员登录页面

图 3.0.13　后台管理页面

（三）数据库设计

本书实现的学习论坛的数据库使用的是 MySQL，数据库名为 luntan，主要有 6 个数据表，表的具体结构及作用如下。

▶1. 注册用户表

表名：yhb。

含义：存储注册用户的相关信息。

详细结构如表 3.0.1 所示。

表 3.0.1　注册用户表

序　号	字段名称	含　　义	数据类型	长　度	为　空　性	约　　束
1	yhid	用户 ID	int	4	not null	主键（自动增加）
2	yhm	用户名	varchar	20	not null	
3	yhxm	真实姓名	varchar	20		
4	yhmm	密码	varchar	20	not null	
5	head	头像	varchar	100		
6	yhxb	性别	varchar	4		
7	yhnl	年龄	int	4		
8	yhdz	家庭住址	varchar	50		
9	yhyx	邮箱	varchar	50		

▶2. 版块表

表名：bkb。

含义：存储版块的相关信息。
详细结构如表 3.0.2 所示。

表 3.0.2　版块表

序号	字段名称	含义	数据类型	长度	为空性	约束
1	bkid	版块 ID	int	4	not null	主键（自动增加）
2	bkmc	名称	varchar	20	not null	
3	bksm	说明	varchar	200		

3．版主表

表名：bzb。
含义：存储各版块版主的相关信息。
详细结构如表 3.0.3 所示。

表 3.0.3　版主表

序号	字段名称	含义	数据类型	长度	为空性	约束
1	id	ID	int	4	not null	主键（自动增加）
2	yhid	版主 ID	int	4	not null	外键
3	bkid	版块 ID	int	4	not null	外键

4．发帖表

表名：ftb。
含义：存储用户发表的帖子的相关信息。
详细结构如表 3.0.4 所示。

表 3.0.4　发帖表

序号	字段名称	含义	数据类型	长度	为空性	约束
1	ftid	帖子 ID	int	4	not null	主键（自动增加）
2	ftbt	标题	varchar	20	not null	
3	ftnr	内容	text	0	not null	
4	yhid	发帖人 ID	int	4	not null	外键
5	fws	访问数	int	4	not null	
6	hfs	回复数	int	4	not null	
7	ftsj	发帖时间	datetime	0	not null	
8	gxsj	更新时间	datetime	0	not null	
9	bkid	版块 ID	int	4	not null	外键
10	sfly	允许回复	int	4		

5．评论表

表名：hfb。
含义：存储帖子评论的相关信息。
详细结构如表 3.0.5 所示。

表 3.0.5 评论表

序号	字段名称	含义	数据类型	长度	为空性	约束
1	hfid	评论 ID	int	4	not null	主键（自动增加）
2	yhid	评论人 ID	int	4	not null	外键
3	hfnr	内容	text	0	not nul	
4	ftid	帖子 ID	int	4	not null	外键
5	hfsj	评论时间	datetime	0	not nul	
6	gxsj	更新时间	datetime	0	not nul	

6. 管理员表

表名：glyb。

含义：存储后台管理员的相关信息。

详细结构如表 3.0.6 所示。

表 3.0.6 管理员表

序号	字段名称	含义	数据类型	长度	为空性	约束
1	glid	管理 ID	int	4	not null	主键（自动增加）
2	username	用户名	varchar	20	not null	
3	password	密码	varchar	20	not null	
4	name	真实姓名	varchar	20	not null	

任务 3.1 学习论坛的前台管理系统

学习目标

目标类型	具体目标
技能目标	1. 能熟练使用 Struts 实现 Web 应用； 2. 能熟练配置 Struts 应用
知识目标	1. 了解 MVC 的基本概念； 2. 掌握 Struts 的下载和安装方法； 3. 掌握 Struts 的配置和应用

任务分析

在本任务中，我们通过 Struts2 框架技术来完成学习论坛的前台首页和查看文章及相关评论的功能。通过本任务的实现，主要了解 JSP 的两种技术模型，熟悉 MVC 框架的基本概念，掌握 Struts2 的下载和安装方法，了解 Struts2 的处理流程，熟练掌握 Action 的实现及 Struts2 的配置方法。

3.1.1 MVC 概述

1. JSP 的技术模型

使用 JSP 技术开发 Web 应用程序,有两种技术模型可供选择。这两种技术模型通常称为 Model1 和 Model2。

(1) JSP Model1。JSP Model1 的处理流流程:用户通过浏览器发出一个被送到某 JSP 页面的请求,在收到客户端的请求后,JSP 页面中编译出的 Servlet 从一个 JavaBean 中请求信息。该 JavaBean 可以从一个 Enterprise JavaBean、数据库或其他后端系统中请求信息。一旦 JavaBean 获取需要的信息后,JSP Servlet 可以查询并以 HTML 形式在用户响应中显示该信息。

传统的 JSP Model1 模型:JSP 是独立的,自主完成所有任务,包括页面的显示和业务处理,如图 3.1.1 所示。

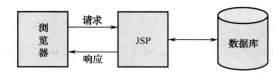

图 3.1.1 JSP Model1 体系结构

改进的 JSP Model1 模型:JSP 页面与 JavaBean 共同协作完成任务,如图 3.1.2 所示。

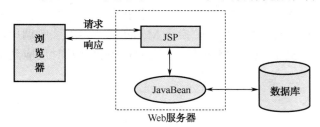

图 3.1.2 改进的 JSP Model1 体系结构

JSP Model1 的优点:这种架构模型非常适合小型 Web 项目的快速开发,而且对 Java Web 开发人员的技术水平要求不高。

JSP Model1 的缺点:HTML 代码和 Java 代码强耦合在一起,导致页面设计与逻辑处理无法分离;可读性差,调试困难,不利于维护;功能划分不清。

(2) JSP Model2。JSP Model2 中使用了 3 种技术:JSP、Servlet 和 JavaBeans。JSP 负责生成动态网页,只用做显示页面;Servlet 负责流程控制,用来处理各种请求的分派;JavaBeans 负责业务逻辑,对数据库的操作。

JSP Model2 的处理流程:客户发出一个由 Java Servlet 处理的请求,此 Servlet 如同 Model1 中的 JSP 页面,将从 JavaBean 或者 Enterprise JavaBean 中请求信息。生成的动态内容将被封装在一个 JavaBean 中,Servlet 然后调用 JSP,由 JSP 从前面生成的 JavaBean 中获取动态内容并发送到客户端的 Web 浏览器上,如图 3.1.3 所示。

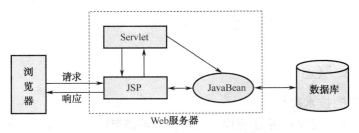

图 3.1.3　JSP Model2 体系结构

JSP Model2 的优点：消除了 Model1 的缺点；适合多人合作开发大型的 Web 项目；各司其职，互不干涉；有利于开发中的分工；有利于组件的重用。

JSP Model2 的缺点：Web 项目的开发难度加大，同时对开发人员的技术要求也提高了。

2. MVC 设计模式

MVC 设计模式是软件设计中的典型结构之一，是在 JSP Model2 基础上发展起来的。

（1）MVC 的概念。MVC 是 Model/View/Control 的缩写，在这种设计结构下，应用程序分为 3 个组成部分：Model 模型、View 视图、Controller 控制器，每个部分负责不同的功能，如图 3.1.4 所示。

- Model 提供应用业务逻辑，是指对业务数据、业务信息的处理模块，包括对业务数据的存取、加工、综合等。
- View 是指用户界面，也就是用户与应用程序交互的接口。用户可以通过 View 输入信息，另一方面应用程序通过 View 将数据结果以某种形式显示给用户。
- Controller 负责 View 和 Model 之间的流程控制。一方面，它将用户在界面上的操作抽象成系统能理解的对象，转换成 Model 的特定方法的调用，来完成具体的业务逻辑；另一方面，它将 Model 处理完的业务数据及时反应到用户界面上，以便用户浏览。

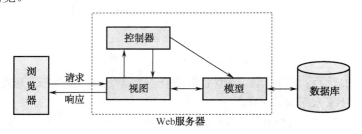

图 3.1.4　MVC 体系结构

（2）MVC 的优点。

① 多个视图对应一个模型，可以减少代码的复制及代码的维护量，一旦模型发生改变，也易于维护。例如，订单模型可能有本系统的订单，也有网上订单，或者其他系统的订单，但对于订单的处理都是一样的，也就是说订单的处理是一致的。按 MVC 设计模式，一个订单模型及多个视图即可解决问题。

② 由于模型返回的数据不带任何显示格式，因而这些模型也可直接应用于接口的使用。

③ 由于一个应用被分离为三层，因此有时改变其中的一层就能满足应用的改变。一个应用的业务流程或者业务规则的改变只需改动 MVC 的模型层。

④ 控制层的概念也很有效，由于它把不同的模型和不同的视图组合在一起完成不同的请求，因此，控制层可以说是包含了用户请求权限的概念。

⑤ 有利于软件工程化管理。由于不同的层各司其职，每一层不同的应用具有某些相同的特征，有利于通过工程化、工具化产生管理程序代码。

（3）MVC 的不足。

① 增加了系统结构和实现的复杂性。对于简单的界面，严格遵循 MVC，使模型、视图与控制器分离，会增加结构的复杂性，并可能产生过多的更新操作，降低运行效率。

② 视图与控制器间的过于紧密的连接。视图与控制器是相互分离，但确实联系紧密的部件，视图没有控制器的存在，其应用是很有限的，反之亦然，这样就妨碍了它们的独立重用。

③ 视图对模型数据的低效率访问。依据模型操作接口的不同，视图可能需要多次调用才能获得足够的显示数据。对未变化数据的不必要的频繁访问，也将损害操作性能。

④ 目前，一般高级的界面工具或构造器不支持 MVC 架构。改造这些工具以适应 MVC 需要和建立分离的部件的代价是很高的，从而造成使用 MVC 的困难。

3.1.2　Struts2 概述

Struts 实质上就是在 JSP Model2 的基础上实现的一个 MVC 框架，用于快速开发 Java Web 应用。在 Struts 框架中，模型由实现业务逻辑的 JavaBean 或 EJB 组件构成，控制器由 ActionServlet 和 Action 来实现，视图由一组 JSP 文件构成。

Struts2 是 Struts 的下一代产品，是在 struts 和 WebWork 的技术基础上进行了合并的全新的 Struts2 框架。其全新的 Struts2 的体系结构与 Struts1 的体系结构的差别巨大。Struts2 以 WebWork 为核心，采用拦截器的机制来处理用户的请求，这样的设计也使得业务逻辑控制器能够与 Servlet API 完全脱离开，所以 Struts2 可以理解为 WebWork 的更新产品。虽然从 Struts1 到 Struts2 有着太大的变化，但是相对于 WebWork，Struts2 只有很小的变化。

1. Struts2 的下载

打开 http://struts.apache.org/download.cgi，下载 Struts2 的最新版。下载页面有如下几个选项。

- Full Distribution：下载 Struts2 的完整版。该选项包括 Struts2 的示例应用、空示例应用、核心库、源代码和文档等。
- Example Application：仅下载 Struts2 的示例应用。
- Essential Dependencies Only：仅下载 Struts2 的核心库。
- Documentation：仅下载 Struts2 的相关文档。
- Source：下载 Struts2 的全部源代码。

通常建议读者下载 Struts2 的完整版。将下载后的 ZIP 文件解压缩，解压缩后的文件夹中包含如下文件结构。

- apps：包含基于 Struts2 的示例应用。
- docs：包含 Struts2 的相关文档，如 Struts2 快速入门、Struts2 的文档、API 文档等。

- lib：包含 Struts2 的核心类库，以及 Struts2 的第三方插件类库。
- src：包含 Struts2 的全部源代码。

2．在 MyEclipse 中使用 Struts2

（1）新建并部署 Web 项目 jsplx3，用来存储项目 3 中的所有案例。

（2）为了让 Web 应用具有 Struts2 的支持功能，必须将 Struts2 的核心类库添加到 Web 应用中。将 Struts2 框架的 lib 路径下的 commons-fileupload-1.2.1.jar、commons-io-1.3.2.jar、freemarker-2.3.16.jar、javassist-3.7.ga.jar、ognl-3.0.jar、struts2-core-2.2.1.jar、xwork-core-2.2.1.jar 等核心类库复制到本书案例项目 jsplx3 的 WebRoot/WEB-INF/lib 路径下。

（3）在 MyEclipse 的包资源管理器视图中找到项目 jsplx3，按【F5】键刷新项目，将看到如图 3.1.5 所示的项目界面。该界面表明 Web 应用已经加入了 Struts2 的必需类库。

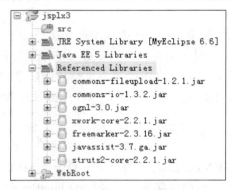

图 3.1.5　项目添加 Struts2 支持

（4）修改 web.xml 文件，配置 Struts2 的核心 Filter。代码片段如下：

```
1.  <?xml version="1.0" encoding="UTF-8"?>
2.  <web-app version="2.5" xmlns="http://java.sun.com/xml/ns/javaee"
3.      xmlns:xsi="http://www.w3.org/2001/XMLSchema-instance"
4.      xsi:schemaLocation="http://java.sun.com/xml/ns/javaee
5.      http://java.sun.com/xml/ns/javaee/web-app_2_5.xsd">
6.      <filter>
7.          <filter-name>struts2</filter-name>
8.          <filter-class>
9.              org.apache.struts2.dispatcher.FilterDispatcher
10.         </filter-class>
11.     </filter>
12.     <filter-mapping>
13.         <filter-name>struts2</filter-name>
14.         <url-pattern>/*</url-pattern>
15.     </filter-mapping>
16.     … …
17. </web-app>
```

程序说明：

- 第 6 行：开始定义 Struts2 的 FilterDispatcher 的 Filter。
- 第 7 行：定义核心过滤器的名字。
- 第 8~10 行：定义核心过滤器的实现类。
- 第 12~15 行：FilterDispatcher 用来初始化 Struts2 并且处理所有请求。

经过上面 3 个步骤，我们就可以在 jsplx3 项目中使用 Struts2 的基本功能了。

注意：笔者在完成本书案例和项目时，使用的是 MyEclipse6.6，在该版本中集成了 Struts1，而没有集成 Struts2，因此需要手工添加 Struts2 的核心类库。

☞ **案例 3.1.1** 使用 Struts 完成简单的用户登录。

（1）在 jsplx3 的 WebRoot 下面新建 login1.jsp、welcome.jsp 和 fail.jsp 程序，代码如下。

① login1.jsp

```
1.  <%@ page language="java" pageEncoding="UTF-8"%>
2.  <%
3.      String path = request.getContextPath();
4.      String basePath = request.getScheme() + "://"
5.              + request.getServerName() + ":" + request.getServerPort()
6.              + path + "/";
7.  %>
8.  <html>
9.      <head>
10.         <base href="<%=basePath%>">
11.         <title>用户登录</title>
12.     </head>
13.     <body>
14.         <form action="login1" method="post">
15.             用户名：<input type="text" name="username"><br>
16.             密   码：<input type="password" name="password"><br>
17.             <input type="submit" value="登录">
18.         </form>
19.     </body>
20. </html>
```

② welcome.jsp

```
1.  <%@ page language="java" pageEncoding="UTF-8"%>
2.  <%
3.      String path = request.getContextPath();
4.      String basePath = request.getScheme() + "://"
5.              + request.getServerName() + ":" + request.getServerPort()
6.              + path + "/";
7.  %>
8.  <html>
9.      <head>
10.         <base href="<%=basePath%>">
11.         <title>登录成功</title>
12.     </head>
13.     <body>
14.         欢迎您，${user}
15.     </body>
16. </html>
```

③ fail.jsp

```
1.  <%@ page language="java" pageEncoding="UTF-8"%>
2.  <%
3.      String path = request.getContextPath();
4.      String basePath = request.getScheme() + "://"
5.              + request.getServerName() + ":" + request.getServerPort()
6.              + path + "/";
7.  %>
8.  <html>
9.      <head>
10.         <base href="<%=basePath%>">
11.         <title>登录失败</title>
12.     </head>
13.     <body>
```

```
14.            用户名或密码错误，请重新<a href="exam3/login1.jsp">登录</a>
15.        </body>
16. </html>
```

（2）在 login1.jsp 中表单的 action 为"login1"（也可写成 login1.action），所以我们需要定义一个 Struts2 的 Action。Struts2 的 Action 通常应用继承 ActionSupport 基类或者实现 Action 接口。

在 src 路径下新建 actions 包，在该包下新建类"Login1Action"，代码如下：

```
1.  package actions;
2.  import com.opensymphony.xwork2.Action;
3.  import com.opensymphony.xwork2.ActionContext;
4.  public class Login1Action implements Action {
5.      private String username;
6.      private String password;
7.      public String getUsername() {
8.          return username;
9.      }
10.     public void setUsername(String username) {
11.         this.username = username;
12.     }
13.     public String getPassword() {
14.         return password;
15.     }
16.     public void setPassword(String password) {
17.         this.password = password;
18.     }
19.     public String execute() throws Exception {
20.         if (username.equals("lgl") && password.equals("123")) {
21.             ActionContext.getContext().getSession().put("user", username);
22.             return this.SUCCESS;
23.         } else {
24.             return this.ERROR;
25.         }
26.     }
27. }
```

程序说明：

- 第 2~3 行：导入 Action 类必须的包。
- 第 4 行：定义 Action 类。
- 第 5~6 行：定义 Action 类的两个私有属性，与表单输入参数相同。
- 第 7~18 行：Action 属性的 get/set 方法。
- 第 19 行：处理用户请求的 execute()方法。
- 第 20 行：判断用户名和密码。
- 第 21 行：如果用户名和密码正确，则将登录用户名写入 session 对象中。
- 第 22 行：登录成功，返回处理结果为 success。
- 第 24 行：登录失败，返回处理结果为 error。

（3）为了让 Struts2 应用运行起来，还必须为 Struts2 提供一个配置文件：struts.xml。在 src 路径下新建文件 struts.xml，代码如下：

```
1.  <?xml version="1.0" encoding="UTF-8" ?>
2.  <!DOCTYPE struts PUBLIC
3.      "-//Apache Software Foundation//DTD Struts Configuration 2.0//EN"
4.      "http://struts.apache.org/dtds/struts-2.0.dtd">
5.  <struts>
6.      <constant name="struts.custom.i18n.resources"
```

```
                       value="messageResource"/>
7.         <constant name="struts.i18n.encoding" value="utf-8"/>
8.         <package name="default" extends="struts-default">
9.             <action name="login1" class="actions.Login1Action">
10.                <result name="success">/welcome.jsp</result>
11.                <result name="error">/fail.jsp</result>
12.            </action>
13.        </package>
14. </struts>
```

程序说明：
- 第 6 行：指定全局国际化资源文件名。
- 第 7 行：指定国际化编码所使用的字符集。
- 第 8 行：所有的 Action 定义都放在 package 下面，其 name 名字是唯一的。
- 第 9 行：配置了一个 Action，指定 Action 名称和对应的类。
- 第 10~11 行：指定逻辑视图和物理资源之间的映射关系，即当 execute()方法返回 success 逻辑视图时，系统跳转到/welcome.jsp 页面；而当返回 error 逻辑视图时，系统跳转到/fail.jsp 页面。

启动 Tomcat 后，浏览 login1.jsp，效果如图 3.1.6 所示。

输入用户名和密码分别为 lgl、123 后，单击"登录"按钮，将出现登录成功页面，注意观察浏览器地址栏的变化，如图 3.1.7 所示。

图 3.1.6　登录页面　　　　　图 3.1.7　登录成功页面

3．Struts2 的流程

通过案例 3.1.1，我们已经基本掌握了在 MyEclipse 下开发 Struts2 应用的基本流程，现总结如下。

（1）将 Struts2 的核心类库添加到项目应用中。由于 MyEclipse 暂时还没有专门的 Struts2 插件，因此只能通过手工复制到 Web 应用的 WEB-INF/lib 路径下。

（2）在 web.xml 文件中配置 Struts2 的核心 Filter，负责拦截所有用户请求。代码如下：

```
<filter>
    <filter-name>struts2</filter-name>
    <filter-class>
        org.apache.struts2.dispatcher.FilterDispatcher
    </filter-class>
</filter>
<filter-mapping>
    <filter-name>struts2</filter-name>
    <url-pattern>/*</url-pattern>
</filter-mapping>
```

（3）定义包含表单数据的 JSP 页面，通常表单以 POST 方式提交。如 login1.jsp。

（4）定义处理用户请求的 Action 类，该类需继承 ActionSupport 类或使用 Action 接口。如果 Action 需要接收表单数据，则通常要为 Action 定义和表单输入参数同名的私有属性，属性对应的 set 方法负责从表单接收数据；通常还要在 execute()方法中给出 Action

处理逻辑并返回相应的处理结果（一般为简单的字符串），如 Login1Action.java。

（5）配置 Action。配置 Action 就是指定哪个请求由哪个 Action 进行处理，从而让核心处理器根据该配置创建合适的 Action 实例，并调用该 Action 的业务控制方法。

配置 Action 需要新建或修改 struts.xml 文件。如：

```
<action name="login1" class="actions.Login1Action">
    … …
</action>
```

（6）配置处理结果和物理视图资源之间的对应关系。当 Action 处理用户请求结果后，通常会返回一个处理结果，可以把它称为逻辑视图名，这个逻辑视图名需要和指定物理视图资源建立关联才有意义。如：

```
<action name="login1" class="actions.Login1Action">
    <result name="success">/welcome.jsp</result>
    <result name="error">/fail.jsp</result>
</action>
```

（7）编写视图资源。Action 处理用户请求后，需要将一些数据传给视图资源，通常是 JSP 页面，在这些 JSP 页面中可以使用 OGNL 表达式。

如图 3.1.8 所示给出了 Struts2 的一个完整的请求—响应流程。

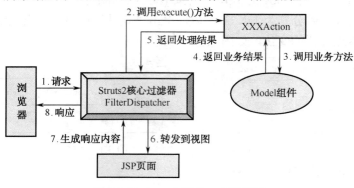

图 3.1.8　Struts2 请求—响应流程

3.1.3　Struts2 的常规配置

Struts2 的默认配置文件是 struts.xml，该文件存放在 Web 应用的类加载路径下，通常都是存放在 WEB-INF/classes 路径下的。说到这里，有的读者可能会问，案例 3.1.1 中的 struts.xml 文件是怎么存放在 src 路径下面的呢？因为在 MyEclipse 环境下，生成、部署项目时，会自动将 src 路径下除 .java 之外的所有文件都复制到 Web 应用的类路径 classes 下。

struts.xml 配置文件的主要作用是配置 Action 和请求之间的对应关系，并配置逻辑视图名和物理视图资源之间的对应关系。除此之外，struts.xml 文件可能还要配置常量、导入其他配置文件等。

▶1．属性配置

在下载的 Struts2 压缩包中，有一个 default.properties 文件，其中包含了 Struts2 的所有属性及其默认值，读者可以查看该文件来了解 Struts2 所支持的常量。本书只列出一些常用的 Struts2 属性。

（1）struts.locale：指定 Web 应用的默认 Locale。

（2）struts.i18n.encoding：指定 Web 应用的默认编码。该属性对于处理中文请求参数非常有用。对于获取中文请求参数值，应该将属性设置为 GBK 或 GB2312，也可设置为 UTF-8。

（3）struts.multipart.parser：指定处理 multipart/form-data 的 MIME 类型（文件上传）请求的框架。

（4）struts.multipart.saveDir：指定上传文件的临时保存路径，默认值是 javax.servlet.context.tempdir。

（5）struts.multipart.maxsize：指定 Struts2 文件上传中整个请求内容允许的最大字节数。

（6）struts.custom.properties：指定 Struts2 应用加载用户自定义的属性文件，该自定义属性文件指定的属性不会覆盖 struts.property 文件中指定的属性。如果需要加载多个自定义属性文件，则多个自定义属性文件的文件名之间用逗号隔开。

（7）struts.custom.i18n.resources：指定 Struts2 应用所需要的国际化资源文件，如果有多个国际化资源文件，则多个资源文件的文件名之间用逗号隔开。

Struts2 可以使用 struts.properties 文件来管理配置，该文件是一个标准的 Properties 文件，包含了系列的 key/value 对，每个 key 就是一个 Struts2 属性，该 key 对应的 value 就是一个 Struts2 属性值，当然 Struts2 也允许在 struts.xml 及其他所有配置文件如 struts-default.xml、struts-plugin.xml，甚至用户自定义的，只要能被 Struts2 加载的配置文件中管理这些属性。

如在 struts.xml 文件中配置属性：

```xml
<?xml version="1.0" encoding="UTF-8"?>
<!DOCTYPE struts PUBLIC
    "-//Apache Software Foundation//DTD Struts Configuration 2.0//EN"
    "http://struts.apache.org/dtds/struts-2.0.dtd">
<struts>
    <constant name="struts.custom.i18n.resources" value="messageResource"/>
    <constant name="struts.i18n.encoding" value="utf-8"/>
    … …
</struts>
```

另外，当我们在 web.xml 文件中配置 FilterDispatcher 时也可以配置 Struts2 属性，此时采用为 FilterDispatcher 配置初始化参数的方式来配置 Struts2 的属性。如：

```xml
… …
<filter>
    <filter-name>struts2</filter-name>
    <filter-class>
        org.apache.struts2.dispatcher.FilterDispatcher
    </filter-class>
    <init-param>
        <param-name>struts.i18n.encoding</param-name>
        <param-value>utf-8</param-value>
    </init-param>
</filter>
… …
```

如前所述，可以通过在 struts.properties、struts.xml、web.xml 这 3 种文件中配置 Struts2 的属性，通常推荐在 struts.xml 文件中定义 Struts2 的属性。

▶2．配置文件的包含

Struts2 默认自动加载类路径下的 struts.xml、default-struts.xml、struts-plugin.xml 这 3 个文件。

对于规模较大的 Struts2 应用，系统中的 Action 数量会很多，struts.xml 配置文件也会变得十分臃肿。为了提高 struts.xml 的可读性，通常将一个 struts.xml 配置文件分解成多个配置文件，然后在 struts.xml 中通过"include"包含其他配置文件。如：

```xml
<?xml version="1.0" encoding="UTF-8"?>
<!DOCTYPE struts PUBLIC
    "-//Apache Software Foundation//DTD Struts Configuration 2.0//EN"
    "http://struts.apache.org/dtds/struts-2.0.dtd">
<struts>
    <include file="struts1.xml"/>
    <include file="struts2.xml"/>
</struts>
```

说明：
- 被包含的文件是标准的 Struts2 配置文件，同样要包含 DTD 信息、Struts2 配置文件根元素信息等。
- 被包含的两个配置文件中定义的名称不能重名，如 pageage 的 name 值必须互不相同，任意 Action 名字也不能相同。

3.1.4 Action 的实现

1. Action 属性

（1）通过 Action 属性封装请求参数。在 Struts2 的应用中，通常称 Action 类为业务控制器，它包含了对用户请求的处理逻辑，因此在 Action 类中应该包含与请求参数对应的属性，并用为这些属性提供对应的 get 和 set 方法。如：

```java
… …
public class Login1Action implements Action {
    private String username;
    private String password;
    public String getUsername() {
        return username;
    }
    public void setUsername(String username) {
        this.username = username;
    }
    public String getPassword() {
        return password;
    }
    public void setPassword(String password) {
        this.password = password;
    }
    … …
}
```

说明：
- 通常，Action 属性与 Action 需要处理的请求参数名称相同，但 Action 类也可以不包含这些属性，因为系统是通过对应的 get 和 set 方法处理请求参数的，只要在 Action 类中包含请求参数对应的 get 和 set 方法即可。

（2）通过 Action 属性封装处理结果。Action 类里的属性，不仅可以用来封装请求参数，还可以用来封装处理结果。如在案例 3.1.1 的登录页面，若没有输入用户名和密码就单击"登录"按钮，则返回登录页面并提示"用户名或密码不能为空"；若输入的用户名和密码不正确，则返回登录页面并提示"用户名或密码错误，请重新登录"。此时可以在 Login1Action 中增加一个属性 logintip，并且为该属性提供对应的 get 和 set 方法。

☞ 案例 3.1.2　Action 属性封装处理结果。

在 LoginAction 基础上新建 Login2Action，代码如下：

```java
1.  package actions;
2.  import com.opensymphony.xwork2.Action;
3.  import com.opensymphony.xwork2.ActionContext;
4.  public class Login2Action implements Action {
5.      private String username;
6.      private String password;
7.      private String logintip;
8.      public String getLogintip() {
9.          return logintip;
10.     }
11.     public void setLogintip(String logintip) {
12.         this.logintip = logintip;
13.     }
14.     … …   //username 和 password 的 get/set 方法省略
15.     public String execute() throws Exception {
16.         if (username.equals("") || password.equals("")) {
17.             logintip = "用户名或密码不能为空";
18.             return this.ERROR;
19.         }
20.         if (username.equals("lgl") && password.equals("123")) {
21.             ActionContext.getContext().getSession()
                                          .put("user",username);
22.             return this.SUCCESS;
23.         } else {
24.             logintip = "用户名或密码错误，请重新登录";
25.             return this.ERROR;
26.         }
27.     }
28. }
```

在 struts.xml 中添加 Action 的配置信息如下：

```xml
<action name="login2" class="actions.Login2Action">
    <result name="success">/welcome.jsp</result>
    <result name="error">/login2.jsp</result>
</action>
```

在 login1.jsp 基础上新建 login2.jsp 如下：

```html
1.  … …
2.      <body>
3.          <font color="red">${logintip}</font><br>
4.          <form action="login2" method="post">
5.              用户名：<input type="text" name="username"><br>
6.              密   码：<input type="password" name="password"><br>
7.              <input type="submit" value="登录">
8.          </form>
9.      </body>
10. </html>
```

登录失败时界面如图 3.1.9 所示。

图 3.1.9　Action 属性封装处理结果

2. Action 实现

Struts2 提供了一个 Action 接口，这个接口定义了 Struts2 的 Action 处理类应该实现的规范。下面是 Action 接口的代码：

```java
public interface Action {
    public static final String ERROR = "error";
    public static final String INPUT = "input";
    public static final String LOGIN = "login";
    public static final String NONE = "none";
    public static final String SUCCESS = "success";
    public String execute() throws Exception;
}
```

Action 接口中只定义了一个方法 execute()，用来处理用户请求，该方法返回一个字符串。Action 接口中还定义了 5 个字符串常量，它们的作用是统一 execute()方法的返回值。当 Action 类处理用户请求结束后，execute()方法会返回一个字符串，这个字符串可以是任意的，比如登录成功返回"welcome"，登录失败返回"fail"等，但这样不利于项目的统一管理，因此 Action 接口定义了 5 个字符串常量，分别代表不同的含义。

另外，Struts2 还为 Action 接口提供了一个实现类 ActionSupport，该类提供了许多默认方法，如获取国际化信息的方法、数据校验的方法、默认的处理用户请求的方法等。所以在开发 Struts2 应用时继承 ActionSupport 类会简化 Action 的开发。

3. 在 Action 中访问 Servlet API

（1）ActionServlet 类。Struts2 提供了一个 ActionContext 类，Action 可以通过该类来访问 Servlet API。

ActionContext 类的几个常用方法如下。

- Object get(String name)：该方法相当于调用 HttpServletRequest 的 getAttribute(String name)方法，可以通过该方法获取 request 范围内的属性。
- void put(String name,Object obj)：该方法相当于调用 HttpServletRequest 的 setattribute(String name,Object obj)方法，可以通过该方法设置 request 范围内的属性。
- static ActionContext getContext()：静态方法，获取系统的 ActionContext 实例。
- Map getApplication()：返回一个 Map 对象，该对象相当于应用的 ServletContext 实例。
- Map getSession()：返回一个 Map 对象，该对象相当于应用的 HttpSession 实例。
- Map getParameters()：获取所有的请求参数，相当于调用 HttpServletRequest 的 getParameterMap()方法。

如在案例 3.1.1 的 Login1Action 类中，登录成功时执行的代码：

```java
ActionContext.getContext().getSession().put("user", username);
```

即获取 Session 对象，并将属性 username 写入 Session 中。

（2）ServletActionContext 类。Struts2 还提供了一个 ServletActionContext 类，能以更简单的方式访问 Servlet API。

ServletActionContext 类的几个常用方法如下。

- static PageContext getPageContext()：获取 Web 应用的 pageContext 对象。
- static HttpServletRequest getRequest()：获取 Web 应用的 HttpServletRequest 对象。
- static HttpServletResponse getResponse()：获取 Web 应用的 HttpServletResponse 对象。

- static ServletContext getServletContext()：获取 Web 应用的 ServletContext 对象。

☞ **案例 3.1.3　在 Action 中访问 Servlet API。**

如在案例 3.1.2 的 Login2Action 类中，将所有属性删除，通过 Struts2 中的 ActionContext 和 ServletActionContext 这两个类来获取请求参数并返回处理结果。其余程序代码不变，请读者修改后观察运行结果，会发现运行结果没有任何变化。

新建 Login3Action 如下：

```java
1.  package actions;
2.  import org.apache.struts2.ServletActionContext;
3.  import com.opensymphony.xwork2.Action;
4.  import com.opensymphony.xwork2.ActionContext;
5.  public class Login3Action implements Action {
6.      public String execute() throws Exception {
7.          String username, password, logintip;
8.          //通过 Servlet API 获取请求参数值
9.          username = 
                ServletActionContext.getRequest().getParameter("username");
10.         password = 
                ServletActionContext.getRequest().getParameter("password");
11.         if (username.equals("") || password.equals("")) {
12.             logintip = "用户名或密码不能为空";
13.             ActionContext.getContext().put("logintip", logintip);
14.             return this.ERROR;
15.         }
16.         if (username.equals("lgl") && password.equals("123")) {
17.             ActionContext.getContext().getSession().put("user", username);
18.             return this.SUCCESS;
19.         } else {
20.             logintip = "用户名或密码错误，请重新登录";
21.             ActionContext.getContext().put("logintip", logintip);
22.             return this.ERROR;
23.         }
24.     }
25. }
```

在 struts.xml 中添加 Action 的配置信息如下：

```xml
<action name="login3" class="actions.Login3Action">
    <result name="success">/welcome.jsp</result>
    <result name="error">/login3.jsp</result>
</action>
```

在 login2.jsp 基础上新建 login3.jsp，只是修改了表单的 action 属性，代码如下：

```html
…..
<body>
    <font color="red">${logintip}</font><br>
    <form action="login3" method="post">
        用户名：<input type="text" name="username"><br>
        密 码：<input type="password" name="password"><br>
        <input type="submit" value="登录">
    </form>
</body>
</html>
```

当然，在 Struts2 中提供这两个类的目的并不是为了使用它们来获取请求参数或返回处理结果，如果在某个表单提供的请求参数的名称或个数是动态的，那么我们在编写 Action 类的时候就无法明确定义相应的属性，此时可以考虑使用 ActionContext 和 ServletActionContext 这两个类的相关方法。

需要说明的是，虽然在 Action 类中可以获取 HttpServletResponse 对象，但如果想通过它来生成服务器响应是不可能的，这和 Servlet 是不同的。

3.1.5 Action 的配置

配置 Action 就是让 Struts2 的哪个 Action 处理哪个请求，也就是完成用户请求和 Action 之间的对应关系。

1. package 元素

在 Struts2 中的核心组件就是 Action、拦截器等，Struts2 使用包来管理 Action、拦截器等，每个包就是多个 Action、多个拦截器、多个拦截器引用的集合。

在 struts.xml 中，使用 package 元素来配置包。

（1）package 元素的几个属性。
- name：必选属性。用来指定该包的名字，是该包被其他包引用的唯一标志。
- extends：可选属性。用来指定该包继承其他包，必须是另一个包的 name 属性，表示该包继承另一个包，子包可以从一个或多个父包中继承到 Action、拦截器、拦截器栈等配置。
- namespace：可选属性。用来定义该包的命名空间。
- abstract：可选属性。用来指定该包是否是一个抽象包，抽象包中不能包含 Action 定义。

如：

```
1.  <struts>
2.      <package name="pack" extends="struts-default">
3.          … …
4.      </package>
5.      <package name="pack1" extends="pack">
6.          … …
7.      </package>
8.  </struts>
```

说明：
- 第 2 行：定义包的名字为 pack，继承 struts-default。struts-default 是 Struts2 中定义的一个抽象包，通常我们自己定义的包都应该继承它。
- 第 5 行：定义包的名字为 pack1，继承名字为 pack 的包。

（2）命名空间。在定义一个 package 元素时，可以指定一个 namespace 属性，这个属性用于指定该包对应的命名空间。如：

```
1.  <struts>
2.      <package name="pack" extends="struts-default">
3.          <action name="test" class="action.TestAction">
4.              … …
5.          </action>
6.      </package>
7.      <package name="pack1" extends="pack" namespace="/p1">
8.          <action name="login" class="action.LoginAction">
9.              … …
10.         </action>
11.     </package>
12. </struts>
```

为包 pack1 指定了命名空间为/p1，而包 pack 没有指定命名空间，此时该包使用默认的命名空间，即""。

如果一个包指定了 namespace 属性，则该包下的所有 Action 处理的 URL 应为"命名空间"+"/"+"Action 名字"，如包 pack1 下面的名字为 login 的 Action，请求该 Action 的 URL 如下：

```
http://localhost:8080/jsplx/p1/login
```

或

```
http://localhost:8080/jsplx/p1/login.action
```

对于包 pack 下面的 Action，请求的 URL 则如下：

```
http://localhost:8080/jsplx/test
```

或

```
http://localhost:8080/jsplx/test.action
```

另外，Struts2 还可以显式指定根命名空间，通过设置某个包的 namespace="/"来指定根命名空间。

注意：

- 根命名空间和默认命名空间是不同的。默认命名空间里的 Action 可以处理任何命名空间下的 Action 请求，但根命名空间的 Action 只能处理根命名空间的 Action 请求，不能处理其他命名空间的请求。
- 如果请求为/p1/test.action，系统会在/p1 命名空间查找名为 test 的 Action，如果在该命名空间找到对应的 Action，则使用该 Action 处理用户请求；否则系统将到默认命名空间查找名为 test 的 Action，如果找到，则使用该 Action 处理用户请求；如果两个命名空间里都找不到名为 test 的 Action，则系统出现错误。
- 如果请求为/test.action，系统会在根命名空间查找名为 test 的 Action，如果在根命名空间找到对应的 Action，则使用该 Action 处理用户请求；否则系统将到默认命名空间查找名为 test 的 Action，如果找到，则使用该 Action 处理用户请求；如果两个命名空间里都找不到名为 test 的 Action，则系统出现错误。

2．action 元素

（1）Action 的基本配置。定义 Action 时，需要指定两个属性：name 和 class。

- name：必选属性。用来指定该 Action 的名字，该属性是 Action 所对应的请求 URL 的前半部分。
- class：必选属性。用来指定该 Action 的实现类。

如：

```
<package … …>
    <action name="login" class="acitons.LoginAction"/>
    … …
</package>
```

说明：

- 用 name 属性指定的 Action 名字通常由字母和数字组成，尽量不要加带点（.）或中画线（-）这样的字符，可能会引发一些未知异常。
- 在 struts.xml 中可以配置一个 name=""的 Action，该 Action 可以处理 Web 应用根路径下的所有文件请求。

如：

```
<package>
    … …
```

```
    <action name="" >
     <result>.</result>
    </action>
</package>
```

可实现列出 Struts2 应用根路径下所有页面。当然首先要保证您的 Web 容器本身可以列出根路径下所有文件。比如 Tomcat 5.5、Tomcat 6.0，它默认是不会列出的。此时需要修改 Tomcat 的 conf/web.xml 文件中的 listings 参数，将其修改为 true。

（2）Action 的动态方法调用。Struts2 提供了包含多个处理逻辑的 Action。

我们在实现 Action 类时，通常要实现 execute()方法，这是 Action 的默认处理逻辑方法，在实际应用中，在 Action 类中也可以包含其他处理逻辑方法，它们和 execute()方法只是方法名不同，其他部分如形参列表、返回值类型都应该完全相同。

☞ **案例 3.1.4** 在登录页面的表单中添加一个"注册"按钮，为没有用户名的用户提供注册功能。

表单输入页面 login4.jsp 的代码如下：

```
1.  <%@ page language="java" pageEncoding="UTF-8"%>
2.  <%
3.      String path = request.getContextPath();
4.      String basePath = request.getScheme() + "://"
5.          + request.getServerName() + ":" + request.getServerPort()
6.          + path + "/";
7.  %>
8.  <html>
9.      <head>
10.         <base href="<%=basePath%>">
11.         <title>用户登录</title>
12.  <script type="text/javascript">
13.     function reg(){
14.       form.action="login4!regist";
15.     }
16.  </script>
17.     </head>
18.     <body>
19.         <font color="red">${logintip}</font>
20.         <br>
21.     <form action="login4" method="post" name="form">
22.         用户名:<input type="text" name="username"><br>
23.         密   码:<input type="password" name="password"><br>
24.         <input type="submit" value="登录">
25.         <input type="submit" value="注册" onClick="reg();">
26.     </form>
27.     </body>
28.  </html>
```

程序说明：

- 第 12～16 行：JavaScript 代码，单击"注册"按钮时触发的 reg 函数。
- 第 19 行：提示信息。
- 第 21 行：表单，action="login4"。
- 第 24 行：表单提交按钮"登录"，使用 Action 的默认方法处理。
- 第 25 行：表单提交按钮"注册"，使用 Action 的动态方法处理。当在表单中单击"注册"按钮时，首先调用第 12 行的 JavaScript 函数，在 reg 函数中改变了表单的 action 属性，form.action="login4!regist"指定表单 form 提交给名字为 login4 的

Action 中的 regist()方法处理。

Action 类 Login4Action.java 的代码如下：

```java
1.  package actions;
2.  import com.opensymphony.xwork2.Action;
3.  import com.opensymphony.xwork2.ActionContext;
4.  public class Login4Action implements Action {
5.      private String username;
6.      private String password;
7.      private String logintip;
8.      … …  // 省略代码，属性的get/set方法
9.      public String execute() throws Exception {
10.         if (username.equals("") || password.equals("")) {
11.             logintip = "用户名或密码不能为空";
12.             return this.ERROR;
13.         }
14.         if (username.equals("lgl") && password.equals("123")) {
15.             ActionContext.getContext().getSession().put("user", username);
16.             return this.SUCCESS;
17.         } else {
18.             logintip = "用户名或密码错误，请重新登录";
19.             return this.ERROR;
20.         }
21.     }
22.     public String regist() throws Exception {
23.         logintip = "恭喜注册成功，请您登录";
24.         return this.INPUT;
25.     }
26. }
```

程序说明：

- 第9~21行：默认处理方法。
- 第22~25行：动态处理方法。

在 struts.xml 中添加 Action 的配置信息如下。

```xml
<action name="login4" class="actions.Login4Action">
    <result name="success">/welcome.jsp</result>
    <result name="error">/login4.jsp</result>
    <result name="input">/login4.jsp</result>
</action>
```

程序运行结果如图 3.1.10 和图 3.1.11 所示。注意观察注册成功页面的浏览器地址栏。

图 3.1.10　一个表单两个提交按钮

图 3.1.11　注册成功的页面

（3）action 元素的 method 属性。在 struts.xml 中配置 action 元素时，还可以指定 action 的 method 属性，method 属性可以让 Action 类调用指定方法，而不是默认方法 execute() 来处理用户请求。

☞ 案例 3.1.5　在 action 元素中配置 method 属性。

在 login4.jsp 的基础上新建 login5.jsp，修改 JavaScript 函数 reg 如下：

```
1.  <script type="text/javascript">
2.    function reg(){
3.      form.action="regist.action";
4.    }
5.  </script>
```

在 struts.xml 中添加 Action 的配置信息如下：

```
1.  <action name="login5" class="actions.Login4Action">
2.    <result name="success">/welcome.jsp</result>
3.    <result name="error">/login5.jsp</result>
4.  </action>
5.  <action name="regist" class="actions.Login4Action" method="regist">
6.    <result name="input">/login5.jsp</result>
7.  </action>
```

程序说明：

- 第 1 行：Action 逻辑名称为 login5，实现类为 Login4Action，使用默认方法处理请求。
- 第 5 行：Action 逻辑名称为 regist，实现类为 Login4Action，使用 regist()方法处理请求。

请读者运行程序，会发现得到的结果与案例 3.1.4 完全相同。在该例中，两个 Action 逻辑名称对应一个实现类，这在 Struts2 中是允许的。

（4）配置默认 Action。在 struts.xml 中，可以通过 default-action-ref 元素来配置默认的 Action，当用户请求找不到对应的 Action 时，系统默认的 Action 将会处理用户请求。如：

```
<package name="default" extends="struts-default">
  … …
  <default-action-ref name="defaultaction"/>
  <action name="defaultaction" class="… …">
    … …
  </action>
  …
</package>
```

3. result 元素

Action 只是一个逻辑控制器，负责处理请求，为 JSP 页面提供显示的数据，但它不能直接生成对浏览器的响应，因此，Action 处理完用户请求之后，还需要将指定的视图资源呈现给用户。因此，配置 Action 时，应该配置逻辑视图和物理视图资源之间的映射。

Action 处理完用户请求后，将返回一个字符串，这个字符串就是一个逻辑视图名，一旦系统收到 Action 返回的某个逻辑视图名，就会把对应的物理视图呈现给用户。

在 struts.xml 中，使用 result 元素配置逻辑视图和物理视图之间的映射关系。

result 元素可以出现在如下两个位置。

- 作为全局结果，将 result 作为 global-results 元素的子元素配置。
- 作为局部结果，将 result 作为 action 元素的子元素配置。

这里我们先介绍局部结果，一个 action 元素可以有多个 result 子元素，这表示一个 Action 可以对应多个结果。

（1）result 的基本配置。配置 result 元素时，通常需要指定如下两个属性。

- name：可选属性。该属性指定所配置的逻辑视图名。默认值为 success。
- type：可选属性。该属性指定结果类型。默认值为 dispatcher。

典型的 result 配置如下：

```xml
<action name="login1" class="actions.Login1Action">
    <result name="success" type="dispatcher">
        <param name="location">/welcome.jsp</param>
    </result>
</action>
```

这是 result 元素最繁琐的形式，其中指定了逻辑视图名、结果类型，还使用子元素 param 指定物理视图资源。

其中，param 元素只有一个属性 name，可以取如下两个值。
- location：指定该逻辑视图对应的物理视图资源。
- parse：指定是否允许在物理视图资源名字中使用 OGNL 表达式，该参数默认为 true，通常无需修改该参数的值。

前面的 result 配置可简化如下：
```xml
<action name="login1" class="actions.Login1Action">
    <result name="success" type="dispatcher">/welcome.jsp</result>
</action>
```

如前所述，result 元素的两个属性 name 和 type 也都有默认值，所以我们可以省略这两个属性，使 result 的配置更加简洁。
```xml
<action name="login1" class="actions.Login1Action">
    <result>/welcome.jsp</result>
</action>
```

说明：
- 如果配置 result 元素时没有指定 location 参数，系统会把<result…>和</result>中间的字符串作为物理视图资源。
- 如果配置 result 元素时没有指定 name 属性，则 name 属性采用默认值 success。
- 如果配置 result 元素时没有指定 type 属性，则 type 属性采用默认值 dispatcher（用于与 JSP 整合的结果类型）。

（2）result 结果类型。结果类型决定了 Action 处理结果后，下一步将调用哪种视图资源来呈现处理结果。

Struts2 内建的支持结果类型如下。
- chain：Action 链式处理的结果类型。
- dispatcher：用于指定使用 JSP 作为视图的结果类型。
- freemarker：用于指定使用 FreeMarker 模板作为视图的结果类型。
- httpheader：用于控制特殊的 HTTP 行为的结果类型。
- redirect：用于直接跳转到其他 URL 的结果类型。
- redirectAction：用于直接跳转到其他 Action 的结果类型。
- stream：用于向浏览器返回一个 InputStream（一般用于文件下载）。
- velocity：用于指定使用 Velocity 模板作为视图的结果类型。
- xslt：用于与 XML/XSLT 整合的结果类型。
- plainText：用于显示某个页面的源代码的结果类型。

其中 dispatcher 是默认的结果类型，主要用于与 JSP 页面整合。下面主要介绍 dispatcher、redirect、chain 3 种结果类型。

① dispatcher 结果类型。dispatcher 是 result 默认的结果类型，它的作用是将请求转发到指定的 JSP 资源，请求转发后，浏览器地址栏不发生变化，request 不被清空。

请读者重新运行一下前面的 5 个案例，当表单提交给 Action 后，浏览器地址栏变成 Actoin 名字，而 Action 结束，将请求转发到相应的 JSP 资源，浏览器地址栏没有再发生变化，另外，在案例 3.1.2 至 3.1.5 中的处理结果 logintip，无论是通过 Action 属性返回，还是通过访问 Servlet API，都是存放在 request 范围内的，在 Action 转发到指定的 JSP 页面中，可以直接访问 logintip。

② redirect 结果类型。与 dispatcher 结果类型正好相反，dispatcher 结果类型是将请求转发到指定的 JSP 资源，而 redirect 结果类型是将请求重定向到指定的视图资源。也就是说既可以转向 JSP，也可以转向 Action，而且浏览器地址栏会发生改变，同时 request 也会被清空。

修改 struts.xml 中关于 Action login5 的配置，将两个逻辑视图的结果类型均改为 redirect，代码如下：

```xml
<action name="login5" class="actions.Login4Action">
    <result name="success" type="redirect">/welcome.jsp</result>
    <result name="error" type="redirect">/login5.jsp</result>
</action>
```

运行程序，在浏览器地址栏中输入 http://localhost: 8080/jsplx3/login5.jsp，在表单中输入用户名 "lgl" 和密码 "456" 后，单击 "登录" 按钮，返回到登录页面，如图 3.1.12 所示。

由于 result 结果类型为 redirect，将请求重定向到 login5.jsp，浏览器地址栏发生了改变。另外，在登录失败时 Action 返回的处理结果 logintip 是存放在 request 范围内的，但由于 result 结果类型为 redirect 时，重定向会丢失所有的请求参数和请求属性，Action 的处理结果也会丢失，所以，在登录失败页面中没有显示 "用户名或密码错误，请重新登录" 的提示信息。

重新运行程序，在表单中输入用户名 "lgl" 和密码 "123" 后，单击 "登录" 按钮，出现登录成功页面，如图 3.1.13 所示。

图 3.1.12 登录失败

图 3.1.13 登录成功

由于 result 结果类型仍然是 redirect，浏览器地址发生了变化。读者可能会问，登录的用户名为什么能够显示呢？因为登录成功时，登录用户名是存放到 session 范围内的，只要用户没有关闭浏览器，也没有注销 session 范围内的变量，session 范围内的变量是不会被清除的。

③ chain 结果类型。与 redirect 相似，chain 结果类型是将请求重定向到另一个 Action，但不能重定向到 JSP，浏览器地址栏不发生变化，request 不被清空。对于 chain 结果类型后面将会有相关实例。

3.1.6 Struts2 的标签库

Struts2 将所有标签都定义在一个 URI 为 "/struts-tags" 的空间下，大致可以分成以下 3 类。
- UI 标签：主要用于生成 HTML 元素的标签。
- 非 UI 标签：主要用于数据访问、逻辑控制等的标签。
- Ajax 标签：用于 Ajax 支持的标签。

其中 UI 标签又可分为 2 类：表单标签和非表单标签。表单标签主要用于生成 HTML 页面的 form 元素及普通表单元素的标签；非表单标签主要用于生成页面上的树、Tab 页等的标签。

非 UI 标签也可分为 2 类：流程控制标签和数据访问标签。流程控制标签主要包含用于实现分支、循环等流程控制的标签；数据访问标签主要包含用于输出 ValueStack 中的值，完成国际化等功能的标签。

▶1. 常用的 Struts2 标签

在项目 2 中我们介绍了自定义标签的开发步骤，Struts2 框架已经完成了 Struts2 标签的开发步骤，想要在 JSP 页面中使用 Struts2 标签，只需使用如下代码导入 Struts2 标签库即可：

```
<%@ taglib uri="/struts-tags" prefix="s"%>
```

其中 URI 就是 Struts2 标签库中的 URI，prefix 属性值是该标签库的前缀。

下面介绍几个常用的 Struts2 标签，其他未做介绍的标签请读者自行查阅相关文档，尤其是表单标签，和 HTML 标签功能基本相同，因此在本书案例中使用的都是 HTML 标签，读者可查阅相关文档修改为 Struts2 标签。

（1）set 标签。set 标签用于将某个值放入指定范围内，如 application 范围、session 范围等。

set 标签的几个属性如下。
- var：可选属性。如果指定了该属性，则会将值放入 ValueStack 中。
- value：可选属性。指定将赋给变量的值，如果没有指定该属性，则将 ValueStack 栈顶的值赋给变量。
- scope：可选属性。指定变量被存放的范围，可以是 application、session、request、page 或 action，默认值是 action。action 表示将值放入 request 范围中，并被放入 Struts2 的 Stack Context 中。

（2）if/elseif/else 标签。这 3 个标签是用于分支控制的，相当于 if...else if... else 语句。它们用于根据一个 boolean 表达式的值，来决定是否计算、输出标签体的内容。

这 3 个标签可以组合使用，其中<s:if>标签可以单独使用，<s:elseif>和<s:else>不可以单独使用，必须与<s:if>结合使用；一个<s:if>标签可以与多个<s:elseif>结合使用，并可以结合一个<s:else>使用。

这 3 个标签结合的语法格式如下：

```
<s:if test="表达式">
    标签体
</s:if>
```

```
<s:elseif test="表达式">
    标签体
</s:elseif>
… …
<s:else>
    标签体
</s:else>
```

☞ **案例3.1.6** set标签和if/elseif/else标签的应用。

```
1.  <%@ page language="java" pageEncoding="UTF-8"%>
2.  <%@ taglib uri="/struts-tags" prefix="s"%>
3.  <%
4.      String path = request.getContextPath();
5.      String basePath = request.getScheme() + "://"
6.              + request.getServerName() + ":" + request.getServerPort()
7.              + path + "/";
8.  %>
9.  <html>
10.     <head>
11.         <base href="<%=basePath%>">
12.         <title>Struts 标签-set 和 if</title>
13.     </head>
14.     <body>
15.         <s:set var="i" value="5"/>
16.         i=${i}<br>
17.         i+6=${i+6}<br>
18.         <s:set name="score" value="78"/>
19.         <s:if test="#score>=90">优秀</s:if>
20.         <s:elseif test="#score>=70">中等</s:elseif>
21.         <s:elseif test="#score>=60">及格</s:elseif>
22.         <s:else>不及格</s:else>
23.     </body>
24. </html>
```

程序说明：
- 第2行：导入Struts2标签库。
- 第15行：set标签，给变量i赋值为5。
- 第16行：输出i的值。
- 第17行：输出i+6的值。
- 第18行：set标签，给变量score赋值为78。
- 第19～22行：根据score值的范围来控制输出，读者可修改第18行的值，观察结果有什么不同。

程序运行结果如图3.1.14所示。

图3.1.14 Struts if 标签的应用

（3）iterator标签。iterator标签主要用于对集合进行迭代，这里的集合包括List、Set、Map和数组。

iterator标签的几个属性如下。

- value：可选属性。指定被迭代的集合，被迭代的集合通常都使用 OGNL 表达式指定，如果没有指定该属性，则使用 ValueStack 栈顶的集合。
- id：可选属性。指定集合元素的 ID。
- status：可选属性。指定迭代时的 iteratorStatus 实例，通过该实例可判断当前迭代元素的属性。如是否是最后一个，是否是奇数，当前迭代元素的索引值等。

☞ 案例 3.1.7　iterator 元素的应用。

```jsp
1.  <%@ page language="java" pageEncoding="UTF-8"%>
2.  <%@ taglib uri="/struts-tags" prefix="s"%>
3.  <%
4.      String path = request.getContextPath();
5.      String basePath = request.getScheme() + "://"
6.              + request.getServerName() + ":" + request.getServerPort()
7.              + path + "/";
8.  %>
9.  <html>
10.     <head>
11.         <base href="<%=basePath%>">
12.         <title>Struts 标签-iterator</title>
13.     </head>
14.     <body>
15.         <s:set name="list"
                value="{'java','jsp','struts','hibernate','spring'}">
            </s:set>
16.         <s:iterator value="#list" id="l">
17.             ${l}<br>
18.         </s:iterator>
19.         <s:set name="map"
                value="#{'1':'一年级','2':'二年级','3':'三年级','4':'四年级'}">
            </s:set>
20.         <s:iterator value="map" var="o" status="st">
21.             <s:if test="#st.odd">
22.                 <font color="red">${o.key }--》${o.value }</font>
23.             </s:if>
24.             <s:else>
25.                 <font color="blue">${o.key }--》${o.value }</font>
26.             </s:else>
27.             <br>
28.         </s:iterator>
29.     </body>
30. </html>
```

程序说明：
- 第 2 行：导入 Struts2 标签库。
- 第 15 行：set 标签，定义一个 List 集合。
- 第 16～18 行：迭代输出 List 集合。
- 第 19 行：set 标签，定义一个 Map 集合。
- 第 20～28 行：迭代输出 Map 集合，指定 status 属性，并判断当前被迭代元素的索引是奇数还是偶数来决定字体的颜色。

程序运行结果如图 3.1.15 所示。

（4）bean 标签和 param 标签。bean 标签用于创建一个 JavaBean 实例。创建 JavaBean 实例时，可以在该标签体内使用 param 标签为该 JavaBean 实例传入属性，如果我们需要使用 param 标签为该 JavaBean 实例传入属性值，则应该为该属性提供对应的 set 方法，如果希望访问该 JavaBean 的某个属性，则应该为该属性提供对应的 get 方法。

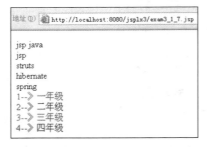

图 3.1.15　Struts iterator 的应用

bean 标签的几个属性如下。
- name：必选属性。指定要实例化的 JavaBean 的实现类。
- var：可选属性。如果指定该属性，则该 JavaBean 实例会被放入 StackContext 中，从而允许直接通过该 var 属性访问该 JavaBean 实例。该属性可用 id 属性代替，推荐使用 var 属性。

param 标签用于为其他标签提供参数，param 标签有以下两个属性。
- name：可选属性。指定需要设置参数的参数名。
- value：可选属性。指定需要设置参数的参数值。

param 标签有以下两种用法：

```
<param name="username">lgl</param>
```

或

```
<param name="username" value="'lgl'"/>
```

注意在第二种用法中，若想传递字符串值，则需要将字符串常量放入引号中。

☞ **案例 3.1.8　bean 标签的应用。**

```
1.  <%@ page language="java" pageEncoding="UTF-8"%>
2.  <%@ taglib uri="/struts-tags" prefix="s"%>
3.  <%
4.      String path = request.getContextPath();
5.      String basePath = request.getScheme() + "://"
6.              + request.getServerName() + ":" + request.getServerPort()
7.              + path + "/";
8.  %>
9.  <html>
10.     <head>
11.         <base href="<%=basePath%>">
12.         <title>Struts 标签-bean</title>
13.     </head>
14.     <body>
15.         <s:bean name="test.UserBean" var="user">
16.             <s:param name="username" value="'lgl'"/>
17.             <s:param name="password" value="123"/>
18.         </s:bean>
19.         用户名：${user.username}<br>
20.         密码：${user.password}<br>
21.         <s:bean name="org.apache.struts2.util.Counter" id="counter">
22.             <s:param name="first" value="1"/>
23.             <s:param name="last" value="5"/>
24.             <s:iterator id="o" status="count">
25.                 ${o }<br>
26.             </s:iterator>
```

```
27.            </s:bean>
28.        </body>
29. </html>
30.
```

程序说明：
- 第 2 行：导入 Struts2 标签库。
- 第 15 行：bean 标签，创建一个 UserBean 类的实例。（UserBean 类的定义见项目 1，该类有两个属性 username 和 password。）
- 第 16~17 行：param 标签，为 UserBean 实例传入属性值。
- 第 19~20 行：输出 UserBean 实例的两个属性值。
- 第 21 行：bean 标签，创建一个计数器对象，用于控制循环。
- 第 22 行：计数器初值为 1。
- 第 23 行：计数器终值为 5。
- 第 24~26 行：迭代输出计数器的值。

程序运行结果如图 3.1.16 所示。

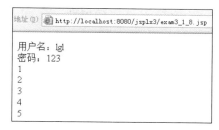

图 3.1.16　Struts bean 标签的应用

（5）property 标签。property 标签的作用是输出指定值。

property 标签的属性如下。
- default：可选属性。如果要输出的属性值为 null，则输出 default 属性指定的值。
- escape：可选属性。指定是否是 escape HTML 代码。默认值为 true。
- value：可选属性。指定要输出的属性值。如果没有指定该属性，则默认输出 ValueStack 栈顶的值。

前面几个关于 Struts 标签应用的案例，也可以使用 property 标签输出相应的值。

如案例 3.1.8 中输出 UserBean 属性值的代码可以改写为如下格式。

```
用户名：<s:property value="#user.username"/><br>
密码：<s:property value="#user.password"/><br>
```

2. OGNL 表达式语言

我们通过一个例子来说明 OGNL 表达式在 Struts2 中的应用。

☞ 案例 3.1.9　在登录功能中使用 OGNL 表达式。

（1）Login6.jsp，登录页面。

```
1.  <%@ page language="java" pageEncoding="UTF-8"%>
2.  <%
3.      String path = request.getContextPath();
4.      String basePath = request.getScheme() + "://"
5.          + request.getServerName() + ":" + request.getServerPort()
6.          + path + "/";
7.  %>
8.  <html>
```

```
9.      <head>
10.         <base href="<%=basePath%>">
11.         <title>用户登录</title>
12.     </head>
13.     <body>
14.         <font color="red">${logintip}</font>
15.         <br>
16.         <form action="login6" method="post" name="form">
17.             用户名:
18.             <input type="text" name="yh.yhm"><br>
19.             密 码:
20.             <input type="password" name="yh.yhmm"><br>
21.             <input type="submit" value="登录">
22.         </form>
23.     </body>
24. </html>
```

程序说明：

- 第 18 行：用户名输入框，注意 name 属性值，其中的 yh 与处理表单的 Action 类中的 Action 属性名必须一致，该 Action 属性是一个 JavaBean 对象，同时该 JavaBean 类中必须有一个名字为 yhm 的属性。
- 第 20 行：密码输入框。要求同第 18 行。

（2）Yhb.java，论坛数据库中的用户表对应的 JavaBean 类。

```
1.  package db;
2.  public class Yhb {
3.      // JavaBean 属性，与表 Yhb 中的字段一致
4.      private Integer yhid;
5.      private String yhm;
6.      private String yhxm;
7.      private String yhmm;
8.      private String head;
9.      private String yhxb;
10.     private Integer yhnl;
11.     private String yhdz;
12.     private String yhyx;
13.     // … … 省略的 Javabean 属性的 get/set 方法
14. }
```

（3）Login6Action.java，登录处理的 Action。

```
1.  package actions;
2.  import java.sql.Connection;
3.  import java.sql.DriverManager;
4.  import java.sql.ResultSet;
5.  import java.sql.Statement;
6.  import com.opensymphony.xwork2.Action;
7.  import com.opensymphony.xwork2.ActionContext;
8.  import db.Yhb;
9.  public class Login6Action implements Action{
10.     private Yhb yh;
11.     private String logintip;
12.     // … … 省略的 Action 属性的 get/set 方法
13.     public String execute() throws Exception {
14.     String yhm=yh.getYhm();
15.     String yhmm=yh.getYhmm();
16.         if (yhm.equals("") || yhmm.equals("")) {
17.             logintip = "用户名或密码不能为空";
18.             return this.ERROR;
19.         }
```

```
20.            Class.forName("com.mysql.jdbc.Driver");
21.            String strUrl = "jdbc:mysql://localhost:3306/luntan";
22.            String strUser = "root";
23.            String strPass = "sql";
24.            Connection con = DriverManager.getConnection
                                (strUrl, strUser, strPass);
25.            Statement st = con.createStatement();
26.            String sqlString = "select * from yhb where yhm='" + yhm
27.                    + "' and yhmm='" + yhmm + "'";
28.            ResultSet rs = st.executeQuery(sqlString);
29.            if (rs.next()) {
30.                ActionContext.getContext().getSession().put("login", yh);
31.                return this.SUCCESS;
32.            } else {
33.                logintip = "用户名或密码错误,请重新登录";
34.                return this.ERROR;
35.            }
36.        }
37. }
```

程序说明:

- 第 10 行:Action 属性,为 JavaBean 类的对象,用来接收表单数据。
- 第 30 行:当用户登录成功时,将登录用户 JavaBean 对象存入 session 中。

(4) main.jsp,登录成功转向的页面。

```
1.  <%@ page language="java" pageEncoding="UTF-8"%>
2.  <%
3.      String path = request.getContextPath();
4.      String basePath = request.getScheme() + "://"
5.              + request.getServerName() + ":" + request.getServerPort()
6.              + path + "/";
7.  %>
8.  <html>
9.      <head>
10.         <base href="<%=basePath%>">
11.         <title>登录成功</title>
12.     </head>
13.     <body>
14.         欢迎您, ${login.yhm }
15.         <br>
16.     </body>
17. </html>
```

程序说明:

- 第 14 行:输出 session 中存放的对象 login 的 yhm 属性值。

(5) 在 struts.xml 中添加如下配置。

```
1.  <action name="login6" class="actions.Login6Action">
2.      <result>/exam3/main.jsp</result>
3.      <result name="error">/login6.jsp</result>
4.  </action>
```

程序运行结果如图 3.1.17 和图 3.1.18 所示。

图 3.1.17　登录页面

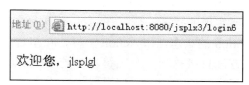

图 3.1.18　登录成功页面

Struts2 的一个关键特性是它可以对 Action 携带的数据进行读写访问，例如案例 3.1.9 的登录表单中使用 yh.yhm 和 yh.yhmm 指定数据传递给 Action 的 yh 对象的 yhm 和 yhmm 属性，登录成功后的 main.jsp 页面中使用${login.yhm}来获取登录用户的名字，这是通过表达式语言（Expression Language，EL）来实现的，这种表达式语言就是 OGNL。

OGNL 的全称是 Object Graph Navigation Language（对象图导航语言），它是一种强大的表达式语言，它提供了很多高级而必须的特性，例如强大的类型转换功能，静态或实例方法的执行，跨集合投影（projection），以及动态 lambda 表达式定义等。

由于篇幅有限，更多关于 OGNL 表达式的用法请读者阅读相关资料自学。

3.1.7 Struts2 的拦截器机制

1. 拦截器的概念

拦截器（Interceptor）是动态拦截 Action 调用的对象，类似于 Servlet 中的过滤器，在执行 Action 的业务逻辑处理方法（execute()）之前，Struts2 会首先执行 struts.xml 中引用的拦截器。

拦截器是 Struts2 的一个重要特性，Struts2 框架的大多数核心功能都是通过拦截器来实现的，像避免表单重复提交、类型转换、对象组装、验证、文件上传等，都是在拦截器的帮助上实现的，拦截器之所以称为"拦截器"，是因为它可以在 Action 执行之前和执行之后拦截调用。

Struts2 将它的核心功能放到拦截器中实现，而不是分散到 Action 中实现，有利于系统的解耦，拦截器功能的实现类似于个人电脑的组装，变成了可插拔的，需要某个功能就"插入"一个拦截器，不需要某个功能就"拔出"一个拦截器，我们可以任意组合拦截器来为 Action 提供附加的功能，而不需要修改 Action 的代码。

2. Struts2 内建拦截器

Struts2 内建了大量的拦截器，这些拦截器以 name-class 对的形式配置在 struts-default.xml 文件中，其中 name 是拦截器的名字，它是以后使用该拦截器的唯一标志，class 则指定了该拦截器的实现类。如果我们定义的 package 继承了 Struts2 的 struts-default 包，则可以自由使用 Struts2 的内建拦截器，否则必须自己定义这些拦截器。

3. 自定义拦截器

（1）编写拦截器类。在 Struts2 中要编写拦截器类，必须实现 com.opensymphony.xword2.interceptor. Interceptor 接口，该接口中定义了如下 3 个方法。

① public void init()：该方法在拦截器实例创建后、intercept()方法被调用之前执行，该方法只执行一次。用于初始化拦截器所需要的资源，例如数据库连接的初始化等。

② public void destroy()：该方法在拦截器实例被销毁之前调用，用于释放在 init()方法中分配的资源，该方法只执行一次。

③ public String intercept(ActionInvocation invocation) throws Exception：该方法是用户需要实现的拦截动作，在 Action 执行之前被调用。通过 ActionInvocation 参数可以获取 Action 的状态，和 Action 一样，intercept()方法可以返回一个字符串作为逻辑视图，如果该方法直接返回一个字符串，则系统会跳转到该逻辑视图对应的实际视图资源，不会调用被拦截的 Action；如果要执行后续部分，则可以调用 invocation.invoke()方法，将控

制权转给下一个拦截器，或者转给 Action 的 execute()方法。

例如，下面的拦截器类可以用来测试 Action 的执行时间。

TimerInterceptor.java

```java
1.  package actions;
2.  import com.opensymphony.xwork2.ActionInvocation;
3.  import com.opensymphony.xwork2.interceptor.Interceptor;
4.  public class TimerInterceptor implements Interceptor{
5.      public void destroy() {
6.      }
7.      public void init() {
8.      }
9.      public String intercept(ActionInvocation invocation) throws Exception {
10.         long startTime=System.currentTimeMillis();
11.         String result=invocation.invoke();
12.         long endTime=System.currentTimeMillis();
13.         long totalTime=endTime-startTime;
14.         System.out.println("Action 执行时间为："+totalTime+"毫秒");
15.         return result;
16.     }
17. }
```

（2）配置拦截器。在 struts.xml 文件中只需为拦截器类定义一个拦截器名，就完成了拦截器的配置。配置拦截器使用<interceptor>元素，格式如下：

```
<interceptor name="拦截器名" class="拦截器类名"/>
```

例如，在 struts.xml 文件中对上面的拦截器类进行配置如下：

```
1.  … …
2.  <package name="default" extends="struts-default">
3.      <interceptors>
4.          <interceptor name="timer" class="actions.TimerInterceptor">
5.          </interceptor>
6.      </interceptors>
7.  … …
8.  </package>
```

大多数情况下，只需要通过上面的格式就完成了拦截器的配置，如果还需要在配置拦截器时传入拦截器参数，则需要在<interceptor>元素中使用子元素<param>。格式如下：

```
<interceptor name="拦截器名" class="拦截器类名">
    <param name="参数名">参数值</param>
</interceptor>
```

在很多时候，一些指定的拦截器需要被多个 Action 调用，如果我们为每个 Action 都配置拦截器的话，不仅麻烦，也不利于后期的维护，这时就用到拦截器栈。所谓拦截器栈就是将一些拦截器组合起来进行统一管理。

定义拦截器栈使用<interceptor-stack>元素，由于拦截器栈是由多个拦截器组成的，因此需要在<interceptor-stack>元素中使用子元素<interceptor-ref>来定义多个拦截器引用。格式如下：

```
<interceptor-stack name="拦截器栈名">
    <interceptor-ref name="拦截器1"/>
    <interceptor-ref name="拦截器2"/>
    … …
</interceptor-stack>
```

拦截器栈和拦截器是统一的，它们包含的方法都会在 Action 的 execute()方法执行之前自动执行，因此可以把拦截器栈当成一个更大的拦截器，那么拦截器栈里也可以包含拦截器栈。如：

```
<interceptor-stack name="拦截器栈1">
    <interceptor-ref name="拦截器1"/>
    <interceptor-ref name="拦截器1"/>
    … …
</interceptor-stack>
<interceptor-stack name="拦截器栈2">
    <interceptor-ref name="拦截器3"/>
    <interceptor-ref name="拦截器栈1"/>
    … …
</interceptor-stack>
```

(3) 使用拦截器。一旦定义拦截器和拦截器栈后,就可以使用它们来拦截 Action 了,拦截器或拦截器栈的拦截行为会在 Action 的 execute()方法执行之前被执行。

在<action>元素中通过<interceptor-ref>元素指定 Action 使用拦截器。

例如,要使用上面的拦截器类,首先定义 Action 类如下:

```
1.  package actions;
2.  import com.opensymphony.xwork2.Action;
3.  import com.opensymphony.xwork2.ActionContext;
4.  public class SumAction implements Action {
5.      public String execute() throws Exception {
6.          long sum = 0;
7.          for (int i = 1; i <= 1000000000; i++) {
8.              sum = sum + i;
9.          }
10.         ActionContext.getContext().put("sum", new Long(sum));
11.         return this.SUCCESS;
12.     }
13. }
```

然后在 struts.xml 中配置拦截器的使用:

```
1.  … …
2.  <package name="default" extends="struts-default">
3.      … …
4.      <action name="sum" class="actions.SumAction">
5.              <interceptor-ref name="timer"></interceptor-ref>
6.              <result>/sum.jsp</result>
7.      </action>
8.      … …
9.  </package>
```

在浏览器地址栏中输入 http://localhost:8080/jsplx3/sum,观察控制台上的输出结果,如图 3.1.19 所示。

```
Action执行时间为: 3797毫秒
```

图 3.1.19　拦截器的应用

4. 使用拦截器完成权限控制

在实际应用中,当浏览者需要请求执行某个操作时,应用需要先检查浏览者是否登录,以及是否有足够的权限来执行该操作。

例如,对学习论坛的后台管理页面,只有登录用户才能进行查看和操作,未登录用户无权进行操作,我们可以在每个 Action 的执行实际处理逻辑之前,先执行权限检查逻辑,但这种做法不利于代码复用,因为大部分 Action 里的权限检查代码都大同小异,故将这些权限检查的逻辑放在拦截器中进行将更加合理。

检查用户是否登录,通常都是跟踪用户的 Session 来完成的,通过 ActionContext 即可访问到 Session 中的属性,拦截器的 intercept(ActionInvocation invocation)方法的参数可以很轻易地访问到请求相关的 ActionContext 实例。

☞ **案例 3.1.10** 学习论坛后台管理系统的权限控制拦截器。

（1）后台登录页面。

adminlogin.jsp

```jsp
1.  <%@ page language="java" pageEncoding="UTF-8"%>
2.  <%
3.      String path = request.getContextPath();
4.      String basePath = request.getScheme() + "://"
5.              + request.getServerName() + ":" + request.getServerPort()
6.              + path + "/";
7.  %>
8.  <html>
9.      <head>
10.         <base href="<%=basePath%>">
11.         <title>管理员登录</title>
12.     </head>
13.     <body>
14.         <font color="red">${admintip}</font>
15.         <br>
16.         <form action="adminlogin" method="post" name="form">
17.             用户名：
18.             <input type="text" name="username">
19.             <br>
20.             密   码：
21.             <input type="password" name="password">
22.             <br>
23.             <input type="submit" value="登录">
24.         </form>
25.     </body>
26. </html>
```

（2）后台登录成功页面。

adminmain.jsp

```jsp
1.  <%@ page language="java" pageEncoding="UTF-8"%>
2.  <%
3.  String path = request.getContextPath();
4.  String basePath = request.getScheme()+"://"+request.getServerName()
                +": " +request.getServerPort()+path+"/";
5.  %>
6.  <html>
7.    <head>
8.      <base href="<%=basePath%>">
9.      <title>后台登录成功</title>
10.   </head>
11.   <body>
12.   ${admin},欢迎进入论坛后台管理系统。
13.   </body>
14. </html>
```

（3）登录验证 Action 类。

LoginAction.java

```java
1.  package actions;
2.  import com.opensymphony.xwork2.Action;
3.  import com.opensymphony.xwork2.ActionContext;
4.  public class AdminLoginAction implements Action {
5.      private String username;
6.      private String password;
7.      private String admintip;
```

```
8.      … …  //省略的get/set方法
9.      public String execute() throws Exception {
10.         if (username.equals("") || password.equals("")) {
11.             admintip = "用户名或密码不能为空";
12.             return this.ERROR;
13.         }
14.         if (username.equals("admin") && password.equals("admin")) {
15.             ActionContext.getContext().getSession()
                        .put("admin", username);
16.             return this.SUCCESS;
17.         } else {
18.             admintip = "用户名或密码错误，请重新登录";
19.             return this.ERROR;
20.         }
21.     }
22. }
```

（4）拦截器类。该拦截器负责判断用户是否已经登录，如果用户已经登录，则继续执行余下的拦截器、Action 或 Result 的调用；否则，返回"admin"结果代码，将请求重定向到登录页面。

MyAdminInterceptor.java

```
1.  package actions;
2.  import javax.servlet.http.HttpServletRequest;
3.  import javax.servlet.http.HttpSession;
4.  import org.apache.struts2.ServletActionContext;
5.  import com.opensymphony.xwork2.ActionContext;
6.  import com.opensymphony.xwork2.ActionInvocation;
7.  import com.opensymphony.xwork2.interceptor.Interceptor;
8.  public class MyAdminInterceptor implements Interceptor {
9.      public void destroy() {
10.     }
11.     public void init() {
12.     }
13.     public String intercept(ActionInvocation invocation) throws Exception {
14.         ActionContext context = invocation.getInvocationContext();
15.         HttpServletRequest request = (HttpServletRequest) context
16.                 .get(ServletActionContext.HTTP_REQUEST);
17.         HttpSession session = request.getSession();
18.         if (session.getAttribute("admin") == null) {
19.             request.setAttribute("admintip", "您还没有登录，请登录后重新操作");
20.             return "admin";
21.         }
22.         return invocation.invoke();
23.     }
24. }
```

（5）在 struts.xml 中配置 Action 和拦截器。

```
1.  … …
2.  <interceptors>
3.      <!-- 后台登录的拦截器 -->
4.      <interceptor name="adminInterceptor"
                    class="actions.MyAdminInterceptor">
5.      </interceptor>
6.      <!-- 自己定义的拦截器栈，在Action配置中可直接引用 -->
7.      <interceptor-stack name="adminstack">
8.          <interceptor-ref name="adminInterceptor"></interceptor-ref>
9.          <interceptor-ref name="defaultStack"></interceptor-ref>
10.     </interceptor-stack>
11. </interceptors>
```

```
12.     <!-- 将admin定义为全局结果,这样它对所有的Action都是可用的 -->
13.     <global-results>
14.         <result name="admin">/adminlogin.jsp</result>
15.     </global-results>
16.     <action name="adminlogin" class="actions.AdminLoginAction">
17.         <result>/adminmain.jsp</result>
18.         <result name="error">/adminlogin.jsp</result>
19.     </action>
20.     <!-- 下面的Action没有指定类名,默认使用ActionSupport类 -->
21.     <action name="admintest">
22.         <result>/test.jsp</result>
23.         <interceptor-ref name="adminstack"></interceptor-ref>
24.     </action>
```

（6）test.jsp。若用户已经登录,则请求 http://localhost:8080/jsplx3/admintest 时,将会跳转到 test.jsp 执行;若用户未登录,则会返回到 adminlogin.jsp 执行。

test.jsp
```
1.  <%@ page language="java" pageEncoding="UTF-8"%>
2.  <%
3.      String path = request.getContextPath();
4.      String basePath = request.getScheme() + "://"
5.              + request.getServerName() + ":" + request.getServerPort()
6.              + path + "/";
7.  %>
8.  <html>
9.      <head>
10.         <base href="<%=basePath%>">
11.         <title>拦截器应用</title>
12.     </head>
13.     <body>
14.         如果有用户登录,将会进入本页面
15.     </body>
16. </html>
```

说明：在 Action 中使用拦截器时,如果直接使用自己定义的拦截器而不是拦截器栈,则应使用如下形式：

```
<interceptor-ref name="adminInterceptor"></interceptor-ref>
<interceptor-ref name=" defaultStack"></interceptor-ref>
```

即在调用自己的拦截器后再调用 Struts2 的默认拦截器栈,否则可能会出错。更好的方法是像本案例一样,定义自己的拦截器栈,其中包含要使用的拦截器和默认拦截器栈。

3.1.8 使用 Struts2 控制文件上传

为了上传文件,我们必须将表单的 method 属性设置为 POST,将 enctype 设置为 multipart/form-data,只有在这种情况下,浏览器才会把用户选择文件的二进制数据发送给服务器。

Servlet3.0 规范的 HttpServletRequest 已经提供了方法来处理文件上传,但这种上传需要在 Servlet 中完成,而 Struts2 则提供了更简单的封装。

Struts2 默认使用 Jakarta 的 Common-FileUpload 的文件上传框架,如果需要使用 Struts2 的文件上传功能,则需要在 Web 应用中增加两个 JAR 文件,即 commons-io-1.3.2.jar 和 commons-fileupload-1.2.1.jar,即将 Struts2 项目 lib 下的这两个文件复制到 Web 应用的 WEB-INF/lib 路径下即可。

☞ 案例 3.1.11　使用 Struts2 实现文件上传。

（1）　　　　　　　　　　　　　input.jsp

```jsp
1.  <%@ page language="java" pageEncoding="UTF-8"%>
2.  <%
3.      String path = request.getContextPath();
4.      String basePath = request.getScheme() + "://"
5.              + request.getServerName() + ":" + request.getServerPort()
6.              + path + "/";
7.  %>
8.  <html>
9.      <head>
10.         <base href="<%=basePath%>">
11.         <title>Struts 文件上传</title>
12.     </head>
13.     <body>
14.     <form action="fileupload" method="post"
               enctype="multipart/form- data">
15.         请选择要上传的文件:
16.       <input type="file" name="upload">
17.       <input type="submit" value="上传">
18.     </form>
19.     </body>
20. </html>
```

（2）　　　　　　　　　　　　UploadAction.java

```java
1.  package actions;
2.  import java.io.File;
3.  import java.io.FileInputStream;
4.  import java.io.FileOutputStream;
5.  import org.apache.struts2.ServletActionContext;
6.  import com.opensymphony.xwork2.Action;
7.  public class UploadAction implements Action {
8.      private File upload;
9.      private String uploadContentType;
10.     private String uploadFileName;
11.     private String savePath;
12.     public File getUpload() {
13.         return upload;
14.     }
15.     public void setUpload(File upload) {
16.         this.upload = upload;
17.     }
18.     public String getUploadContentType() {
19.         return uploadContentType;
20.     }
21.     public void setUploadContentType(String uploadContentType) {
22.         this.uploadContentType = uploadContentType;
23.     }
24.     public String getUploadFileName() {
25.         return uploadFileName;
26.     }
27.     public void setUploadFileName(String uploadFileName) {
28.         this.uploadFileName = uploadFileName;
29.     }
30.     public String getSavePath() {
31.         return savePath;
32.     }
33.     public void setSavePath(String savePath) {
34.         this.savePath =
35.     ServletActionContext.getServletContext().getRealPath(savePath);
```

```
36.        }
37.        public String execute() throws Exception {
38.            String filename = "" + System.currentTimeMillis();
39.            String type =
40.                uploadFileName.substring(uploadFileName.lastIndexOf("."));
41.            filename = filename + type;
42.            FileOutputStream fos =
                    new FileOutputStream(savePath + "\\" + filename);
43.            FileInputStream fis = new FileInputStream(upload);
44.            byte[] buffer = new byte[1024];
45.            int len = 0;
46.            while ((len = fis.read(buffer)) > 0) {
47.                fos.write(buffer, 0, len);
48.            }
49.            fos.close();
50.            return this.SUCCESS;
51.        }
52. }
```

程序说明：

- 第 8 行：属性 upload，封装了上传文件的文件内容。
- 第 9 行：属性 uploadContentType，封装了上传文件的文件类型。
- 第 10 行：属性 uploadFileName，封装了上传文件的文件名。
- 第 11 行：属性 savePath，在 struts.xml 文件中配置的属性，并允许动态设置该属性的值。
- 第 38 行：上传文件在服务器存储的文件名，此处用当前系统时间作为文件名。因为在多个用户并发上传时可能发生文件名相同的情形，建议使用 java.util.UUID 工具类来生成唯一的文件名。

（3）在 struts.xml 中添加如下配置。

```
1.  <action name="fileupload" class="actions.UploadAction">
2.      <!-- 上传路径 -->
3.      <param name="savePath">/upload</param>
4.          <!-- 文件上传拦截器 -->
5.      <interceptor-ref name="fileUpload">
6.          <param name="allowedTypes">
7.              image/bmp,image/png,image/gif,image/jpeg
8.          </param>
9.          <param name="maximumSize">104857600</param>
10.     </interceptor-ref>
11.         <!-- 使用 Struts2 自带的拦截器默认堆栈，必须加，否则出错 -->
12.     <interceptor-ref name="defaultStack"></interceptor-ref>
13.     <result>/succ.jsp</result>
14.     <result name="input">/upload.jsp</result>
15. </action>
```

（4） succ.jsp

```
1.  <%@ page language="java" pageEncoding="UTF-8"%>
2.  <%
3.      String path = request.getContextPath();
4.      String basePath = request.getScheme() + "://"
5.              + request.getServerName() + ":" + request.getServerPort()
6.              + path + "/";
7.  %>
8.  <html>
9.      <head>
10.         <base href="<%=basePath%>">
```

```
11.         <title>Struts2 文件上传</title>
12.     </head>
13.     <body>
14.         文件上传成功
15.     </body>
16. </html>
```

任务实现

1. 在 MyEclipse 中创建项目 luntan1，将 Struts 核心类库及 MySQL 数据库驱动程序包复制到 WebRoot/WEB-INF/lib 文件夹下。

2. 在本任务中只给出学习论坛的前台首页和查看帖子及其回复的页面，其他页面在下一个任务中完成。其他相关文件如数据库连接类、自定义标签库等请参考本书网络资源。

3. Struts 配置文件。

```
1.  <?xml version="1.0" encoding="UTF-8"?>
2.  <!DOCTYPE struts PUBLIC
3.      "-//Apache Software Foundation//DTD Struts Configuration 2.0//EN"
4.      "http://struts.apache.org/dtds/struts-2.0.dtd">
5.  <struts>
6.      <constant name="struts.custom.i18n.resources"
7.          value="messageResoure"/>
8.      <constant name="struts.multipart.maxSize" value="104857600"/>
9.      <package name="public" namespace="/" extends="struts-default">
10.         <!-- 版块列表 -->
11.         <action name="menu" class="actions.BkbListAction">
12.             <result>menu.jsp</result>
13.         </action>
14.         <!-- 主页显示最新发表的20篇帖子 -->
15.         <action name="ftblist" class="actions.FtbListAction">
16.             <result>ftb/ftblist.jsp</result>
17.         </action>
18.         <!-- 查看帖子 -->
19.         <action name="ftbshow" class="actions.FtbShowAction">
20.             <result>ftb/ftbshow.jsp</result>
21.         </action>
22.     </package>
23. </struts>
```

4. 前台首页面。

前台首页面由以下 3 部分组成。

- 页面上方的 top.jsp，用来显示登录和注册的超链接。在下一个任务中进一步增加登录用户的基本信息等。
- 页面左侧的 menu.jsp，用来显示板块列表。
- 页面右侧的 ftblist.jsp，用来显示最新发表的帖子列表。

（1）   index.jsp

```
1.  <%@ page language="java" pageEncoding="UTF-8"%>
2.  <%
3.      String path = request.getContextPath();
4.      String basePath = request.getScheme() + "://"
5.              + request.getServerName() + ":" + request.getServerPort()
6.              + path + "/";
7.  %>
8.  <html>
```

```
9.   <head>
10.      <base href="<%=basePath%>">
11.      <title>学习论坛</title>
12.   </head>
13.   <body bgcolor="#99ccff">
14.      <jsp:include page="top.jsp"/>
15.      <table width="1004" cellspacing="1" cellpadding="1" border="0"
16.          align="center">
17.        <tr>
18.          <td width="150" height="500" align="center" valign="top">
19.             <iframe src="menu.action" frameborder="0" width="100%"
20.                 height="100%" name="f1" id="f1" marginwidth="0"
21.                 marginheight="0"border="0" scrolling="no">
22.             </iframe>
23.          </td>
24.          <td height="500"valign="top" align="right">
25.             <iframe src="ftblist.action" frameborder="0" width="100%"
26.                 height="100%" name="f2" id="f2"
27.                 onload="Javascript:SetWinHeight(this)" marginwidth="0"
28.                 marginheight="0" border="0" scrolling="no">
29.             </iframe>
30.          </td>
31.        </tr>
32.      </table>
33.   </body>
34.   </html>
```

(2) top.jsp

```
1.   <%@ page language="java" pageEncoding="UTF-8"%>
2.   <%@ taglib uri="/struts-tags" prefix="s"%>
3.   <%
4.       String path = request.getContextPath();
5.       String basePath = request.getScheme() + "://"
6.              + request.getServerName() + ":" + request.getServerPort()
7.              + path + "/";
8.   %>
9.   <html>
10.  <head>
11.      <base href="<%=basePath%>">
12.      <title>My JSP 'top.jsp' starting page</title>
13.      <link rel="stylesheet" type="text/css" href="css/table2.css">
14.      <link rel="stylesheet" type="text/css" href="css/top.css">
15.      <link rel="stylesheet" type="text/css" href="css/href.css">
16.      <link rel="stylesheet" type="text/css" href="css/href1.css">
17.  </head>
18.  <body>
19.     <table background="images/bg.jpg" width="1000" height="40"
20.         border="0"align="center">
21.       <tr>
22.         <td align="right">
23.             <a class="top" href="login0.action?bkb.bkid=${bkb.bkid}">登录</a>
24.             <a class="top" href="reg.jsp">注册</a>
25.         </td>
26.       </tr>
27.     </table>
28.     <table background="images/navbg.jpg" width="1000" height="32"
29.            class="datalist2" align="center">
30.       <tr>
31.         <td>
32.             <a class="l1" href="index.jsp">学习论坛</a>
33.         </td>
```

```
34.      </tr>
35.    </table>
36.  </body>
37. </html>
```

（3）BkbListAction.java，用来获取板块列表的 Action。

BkbListAction.java

```
1.  package actions;
2.  … …   //导入相关的类
3.  public class BkbListAction implements Action {
4.      private Bkb bkb;
5.      private List bkblist;
6.      public Bkb getBkb() {
7.          return bkb;
8.      }
9.      public void setBkb(Bkb bkb) {
10.         this.bkb = bkb;
11.     }
12.     public List getBkblist() {
13.         return bkblist;
14.     }
15.     public void setBkblist(List bkblist) {
16.         this.bkblist = bkblist;
17.     }
18.     public String execute() throws Exception {
19.         DBConn db = new DBConn();
20.         ResultSet rs;
21.         String sqlString;
22.         if (bkb != null) {
23.             sqlString = "select * form bkb where bkid=" + bkb.getBkid();
24.             rs = db.doQuery(sqlString);
25.             rs.next();
26.             bkb.setBkmc(rs.getString("bkmc"));
27.             bkb.setBksm(rs.getString("bksm"));
28.         }
29.         bkblist = new ArrayList();
30.         sqlString = "select * from bkb";
31.         rs = db.doQuery(sqlString);
32.         while (rs.next()) {
33.             Bkb bb = new Bkb();
34.             bb.setBkid(rs.getInt("bkid"));
35.             bb.setBkmc(rs.getString("bkmc"));
36.             bb.setBksm(rs.getString("bksm"));
37.             bkblist.add(bb);
38.         }
39.         return this.SUCCESS;
40.     }
41. }
```

（4）menu.jsp，用来显示板块列表。

menu.jsp

```
1.  <%@ page language="java" pageEncoding="UTF-8"%>
2.  <%@ taglib uri="/struts-tags" prefix="s"%>
3.  <%
4.      String path = request.getContextPath();
5.      String basePath = request.getScheme() + "://"
6.              + request.getServerName() + ":" + request.getServerPort()
7.              + path + "/";
8.  %>
9.  <html>
10. <head>
```

```
11.      <base href="<%=basePath%>">
12.      <title>My JSP 'menu.jsp' starting page</title>
13.      <link rel="stylesheet" type="text/css" href="css/table2.css">
14.      <link rel="stylesheet" type="text/css" href="css/href.css">
15. </head>
16. <body>
17.   <table class="datalist2" width="100%" border="1"
18.        bordercolor= "#dddddd" style="border-collapse: collapse;">
19.    <tr>
20.     <td background="images/titlebg.png">学习论坛</td>
21.    </tr>
22.    <tr>
23.     <td>
24.       <table class="datalist2" width="100%">
25.          <s:iterator value="bkblist" id="bk" status="bb">
26.           <tr>
27.             <td>
28.              <s:if test="#request.bkb.bkid==#bk.bkid">
29.                bgcolor="#e0ecfe"</s:if>>
30.              <font color="#ffffff"> 
31.                <a class="l"
                      href="ftbbybkblist.action?bk.bkid=${bk.bkid }"
                      target=_parent>${bk.bkmc }</a>
32.             </font>
33.            </td>
34.           </tr>
35.         </s:iterator>
36.       </table>
37.     </td>
38.    </tr>
39.   </table>
40. </body>
41. </html>
```

（5）FtbListAction.java，用来获取最新发表的帖子列表的 Action。

FtbListAction.java

```
1.  package actions;
2.  … …  //导入相关的类
3.  public class FtbListAction implements Action {
4.      private List ftblist;
5.      public List getFtblist() {
6.          return ftblist;
7.      }
8.      public void setFtblist(List ftblist) {
9.          this.ftblist = ftblist;
10.     }
11.     public String execute() throws Exception {
12.         DBConn db = new DBConn();
13.         String sqlString = "select * from ftb,yhb,bkb
                  where ftb.yhid=yhb.yhid and ftb.bkid=bkb.bkid
                  order by gxsj desc";
14.         ResultSet rs = db.doQuery(sqlString);
15.         ftblist = new ArrayList();
16.         int i = 0;
17.         while (rs.next() && i < 20) {
18.             Ftb ff = new Ftb();
19.             ff.setYhm(rs.getString("yhm"));
20.             ff.setBkmc(rs.getString("bkmc"));
21.             ff.setFtid(rs.getInt("ftid"));
22.             ff.setFtbt(rs.getString("ftbt"));
```

```
23.                ff.setFtsj(rs.getDate("ftsj"));
24.                ff.setGxsj(rs.getDate("gxsj"));
25.                ff.setFws(rs.getInt("fws"));
26.                ff.setHfs(rs.getInt("hfs"));
27.                ftblist.add(ff);
28.                i++;
29.            }
30.            ftblist = MyOperator.getList(ftblist, 0, 20);
31.            return this.SUCCESS;
32.       }
33. }
```

（6）ftblist.jsp，用来显示最新发表的帖子列表。

ftblist.jsp

```
1.  <%@ page language="java" pageEncoding="UTF-8"%>
2.  <%@ taglib uri="/struts-tags" prefix="s"%>
3.  <%
4.      String path = request.getContextPath();
5.      String basePath = request.getScheme() + "://"
6.              + request.getServerName() + ":" + request.getServerPort()
7.              + path + "/";
8.  %>
9.  <html>
10. <head>
11.     <base href="<%=basePath%>">
12.     <title>学习论坛</title>
13.     <link rel="stylesheet" type="text/css" href="css/table2.css">
14.     <link rel="stylesheet" type="text/css" href="css/href.css">
15. </head>
16. <body>
17.   <table class="datalist2" width="100%" border="1" bordercolor="#dddddd"
18.           style="border-collapse: collapse;">
19.     <tr><td>
20.         <table>
21.             <tr><td valign="top">
22.                 <img border="0" src="images/logo1.jpg"
                          width="835" height="143">
23.             </td></tr>
24.         </table>
25.     </td></tr>
26.   </table>
27.   <table class="datalist2" width="100%" border="1" bordercolor="#dddddd"
28.           style="border-collapse: collapse;">
29.     <tr><td>
30.         <table class="datalist2" background="images/titlebg.png"
31.                 border="0" width="100%" cellspacing="0" cellpadding="0">
32.             <tr>
33.                 <td width="350">  标题    </td>
34.                 <td width="100">  作者    </td>
35.                 <td width="50">   访问   </td>
36.                 <td width="50">   回复   </td>
37.                 <td width="150">  更新时间 </td>
38.             </tr>
39.         </table>
40.     </td></tr>
41.     <tr><td>
42.         <table class="datalist2" width="100%">
43.             <s:iterator value="ftblist" id="ft" status="ff">
44.                 <tr <s:if test="#ff.index%2==0">bgcolor="#ffffff" </s:if>
45.                     <s:else>bgcolor="#e0ecfe"</s:else>>
```

```
46.                    <td width="350">
47.                         【${ft.bkmc}】
48.                         <a class="l" href="ftbshow.action?ftb.ftid=${ft.ftid}"
49.                           target="_blank">${ft.ftbt}</a>
50.                    </td>
51.                    <td width="100">
52.                         ${ft.yhm}
53.                    </td>
54.                    <td width="50">
55.                         ${ft.fws}
56.                    </td>
57.                    <td width="50">
58.                         ${ft.hfs}
59.                    </td>
60.                    <td width="150">
61.                         ${ft.gxsj}
62.                    </td>
63.               </tr>
64.          </s:iterator>
65.          </table>
66.      </td></tr>
67. </table>
68. </body>
69. </html>
```

5．查看帖子及其回复。

本功能由以下 2 部分组成。

- 页面上方的 top.jsp。
- 页面主体 ftbshow.jsp，用来显示帖子及其回复的相关信息，并且登录用户在页面底端可以发表回复。（具体实现在下一个任务中完成）

（1）FtbShowAction.java，用来获取帖子及其回复信息的 Action 类。

FtbShowAction.java

```
1.  package actions;
2.  … …   //导入相关的类
3.  public class FtbShowAction implements Action {
4.      private Ftb ftb;
5.      private List hfblist;
6.      public Ftb getFtb() {
7.          return ftb;
8.      }
9.      public void setFtb(Ftb ftb) {
10.         this.ftb = ftb;
11.     }
12.     public String execute() throws Exception {
13.         DBConn db = new DBConn();
14.         String sqlString = "select * from ftb,yhb,bkb
                    where ftb.yhid=yhb.yhid and ftb.bkid=bkb.bkid
                    order by gxsj desc";
15.         ResultSet rs = db.doQuery(sqlString);
16.         ftb = new Ftb();
17.         if (rs.next()) {
18.             ftb.setYhm(rs.getString("yhm"));
19.             ftb.setHead(rs.getString("head"));
20.             ftb.setBkmc(rs.getString("bkmc"));
21.             ftb.setFtid(rs.getInt("ftid"));
22.             ftb.setFtbt(rs.getString("ftbt"));
23.             ftb.setFtnr(rs.getString("ftnr"));
24.             ftb.setFtsj(rs.getDate("ftsj"));
```

```
25.              ftb.setGxsj(rs.getDate("gxsj"));
26.              ftb.setFws(rs.getInt("fws"));
27.              ftb.setHfs(rs.getInt("hfs"));
28.          }
29.          sqlString = "select * from hfb,yhb where hfb.yhid=yhb.yhid
                         order by gxsj asc";
30.          rs = db.doQuery(sqlString);
31.          hfblist = new ArrayList();
32.          while (rs.next()) {
33.              Hfb hh = new Hfb();
34.              hh.setYhm(rs.getString("yhm"));
35.              hh.setHfid(rs.getInt("hfid"));
36.              hh.setHfnr(rs.getString("hfnr"));
37.              hh.setHfsj(rs.getDate("hfsj"));
38.              hh.setGxsj(rs.getDate("gxsj"));
39.              hfblist.add(hh);
40.          }
41.          return this.SUCCESS;
42.      }
43.      public List getHfblist() {
44.          return hfblist;
45.      }
46.      public void setHfblist(List hfblist) {
47.          this.hfblist = hfblist;
48.      }
49. }
```

（2）ftbshow.jsp，用来显示帖子及其回复的相关信息。

ftbshow.jsp

```
1.  <%@ page language="java" pageEncoding="UTF-8"%>
2.  <%@ taglib uri="/struts-tags" prefix="s"%>
3.  <%@ taglib uri="/WEB-INF/mytag.tld" prefix="my"%>
4.  <%
5.      String path = request.getContextPath();
6.      String basePath = request.getScheme() + "://"
7.              + request.getServerName() + ":" + request.getServerPort()
8.              + path + "/";
9.  %>
10. <html>
11. <head>
12.     <base href="<%=basePath%>">
13.     <title>${ftb.ftbt } - ${bkb.bkmc }</title>
14.     <link rel="stylesheet" type="text/css" href="css/table2.css">
15.     <link rel="stylesheet" type="text/css" href="css/href.css">
16.     <link rel="stylesheet" type="text/css" href="css/href1.css">
17. <style type="text/css">
18. .ftbt {
19.     font-size: 16px;
20. }
21. p.ftnr {
22.     font-size: 14px;
23.     line-height: 17pt;
24. }
25. p.hfnr {
26.     font-size: 14px;
27.     line-height: 17pt;
28. }
29. </style>
30. </head>
31. <body bgcolor="#99ccff">
32.     <jsp:include page="/top.jsp"/>
```

```
33.        <table width="1000" class="datalist2" align="center" border="1"
34.            bordercolor="#dddddd" style="border-collapse: collapse;"
35.            cellspacing="0" cellpadding="0">
36.     <tr>
37.     <td colspan="2">
38.         <table width="100%" class="datalist2" bgcolor="#f0f7ff">
39.         <tr>
40.         <td bgcolor="#f0f7ff">
41.                       
42.             <span class="ftbt">${ftb.ftbt}</span>   
43.                 访问数：${ftb.fws}   回复数：${ftb.hfs}
44.         </td>
45.         <td class="td2" bgcolor="#f0f7ff" valign="bottom">
46.             <s:if test="hfbcount>20">
47.                 <my:page name="currentpage"
                        path="ftbbyftid.action?ftb.ftid=${ftb.ftid}"/>
48.             </s:if>
49.         </td>
50.         </tr>
51.         </table>
52.     </td>
53.     </tr>
54.     <tr>
55.     <td colspan="2" bgcolor="#f0f7ff">
56.         <table bgcolor="#f0f7ff" width="100%" class="datalist2"
57.             align="center">
58.         <tr>
59.         <td bgcolor="#f0f7ff" height="50">
60.                   
61.             <strong><font color="#ff8000">楼主</font> </strong>
                      
62.             ${ftb.yhm}    发表时间：${ftb.gxsj}
63.             <s:if test="ftb.yhb.yhid==#session.login.yhid">
64.                 <font color="#ff0000">  [自己]</font>
65.             </s:if>
66.         </td>
67.         <td bgcolor="#f0f7ff" width="180" class="td2">
68.             <a class="l" href="javascript:;"
                    onclick="document.form.button1.focus()">回复</a> 
69.             <s:if test="ftb.yhb.yhid==#session.login.yhid"> 
70.             <a class="l" href="ftbedit.action?ftb.ftid=${ftb.ftid}"
71.                 target="_parent">编辑</a>  
72.             <a class="l" href="ftbdelete.action?ftb.ftid=${ftb.ftid}"
73.                     target="_parent">删除</a> 
74.             </s:if>
75.         </td>
76.         </tr>
77.         </table>
78.     </td>
79.     </tr>
80.     <tr>
81.     <td bgcolor="#e0ecfe" class="td3" valign="top" width="150"><br>
82.         <img src="${ftb.head}" width="100" height="100"
83.             style="border: 2px solid #dddddd" /><br>
84.     </td>
85.     <td width="850" valign="top">
86.         <table align="center" width="95%">
87.         <tr>
88.         <td>
89.             <p class="ftnr">
```

```
90.                    <my:myconvert>${ftb.ftnr }</my:myconvert>
91.                </p>
92.            </td>
93.        </tr>
94.        </table>
95.    </td>
96.    </tr>
97.        <s:iterator value="hfblist" id="hf" status="hh">
98.    <tr>
99.    <td bgcolor="#f0f7ff" colspan="2">
100.        <table bgcolor="#f0f7ff" width="100%" class="datalist2"
101.                align="center">
102.        <tr>
103.        <td bgcolor="#f0f7ff" height="50">
104.                             
105.            <strong><font color="#ff8000">
${(currentpage.pageno-1)*currentpage.pageSize+hh.index+1}楼</font></strong>  
106.        ${hf.yhb.yhm }    发表于 ${hf.hfsj}
107.        <s:if test="#hf.yhb.yhid==#session.login.yhid">
108.            <font color="#ff0000">  [自己]</font>
109.        </s:if>
110.        </td>
111.        <td bgcolor="#f0f7ff" width="180" class="td2">
112.            <s:if test="#hf.yhb.yhid==#session.login.yhid"> 
113.          <a class="l"
href="hfbedit.action?hfb.hfid=${hf.hfid }&ftb.ftid=${ftb.ftid }"
114.                target="_parent">编辑</a>  
115.          <a class="l"
href="hfbdelete.action?hfb.hfid=${hf.hfid }&ftb.ftid=${ftb.ftid }"
116.                target="_parent">删除</a> 
117.            </s:if>
118.        </td>
119.        </tr>
120.        </table>
121.    </tr>
122.    <tr>
123.    <td valign="top" bgcolor="#e0ecfe" class="td3" width="150">
124.        <br>
125.        <img src="${hf.yhb.head}" width="100" height="100"
126.            style="border: 2px solid #dddddd"><br> 
127.    </td>
128.    <td valign="top">
129.        <table align="center" width="95%">
130.        <tr>
131.        <td>
132.        <p class="hfnr"><my:myconvert>${hf.hfnr }</my:myconvert> </p>
133.        </td>
134.        </tr>
135.        </table>
136.    </td>
137.    </tr>
138.    </s:iterator>
139.    </table>
140.    <br>
141.    <s:if test="#session.f.flag==1">
142.    <table width="1000" class="datalist2" align="center" border="1"
143.        bordercolor="#dddddd" style="border-collapse: collapse;"
144.        cellspacing="0" cellpadding="0">
145.        <tr>
```

```
146.            <td bgcolor="#e0ecfe" class="td3" valign="top" width="150">
147.                <br>
148.                <img src="${login.head}" width="100" height="100"
149.                        style="border: 2px solid #dddddd">
150.            </td>
151.            <td>
152.                <form method="post" action="hfbadd.action" name="form">
153.                    <table align="center" width="95%" class="datalist2">
154.                        <tr>
155.                            <td>
156.                                <br>
157.                                <input type="hidden" name="ftb.ftid" value="${ftb.ftid}">
158.                                <input type="hidden" name="hfb.ftb.ftid"
                                            value="${ftb.ftid}">
159.                                 
160.                                <textarea cols="80" rows="8" name="hfb.hfnr">
                                    </textarea>
161.                            </td>
162.                        </tr>
163.                        <tr>
164.                            <td class="td3">
165.                                 
166.                                <input type="submit" value="发表回复" name="button1">
167.                            </td>
168.                        </tr>
169.                    </table>
170.                </form>
171.            </td>
172.        </tr>
173.    </table>
174.    </s:if>
175.    <s:else>
176.    <form action="ksdl.action" method="post" name="form">
177.    <table width="1000" class="datalist2" align="center" border="1"
178.        bordercolor="#dddddd" style="border-collapse: collapse;"
179.        cellspacing="0" cellpadding="0">
180.        <tr>
181.            <td>
182.                <table width="95%" class="datalist2" align="center">
183.                    <tr>
184.                        <td valign="middle">
185.                            您还没有登录，请登录后回帖。
186.                            <font color="#ff0000">还没有帐号？我要
                                <a href="reg.jsp">注册</a>
187.                            </font>
188.                        </td>
189.                    </tr>
190.                    <tr>
191.                        <td valign="middle">
192.                             用户名：
193.                            <input type="text" name="yhb.yhm" size="20">
194.                              密码：
195.                            <input type="password" name="yhb.yhmm">
196.                             
197.                            <input type="hidden" name="ftb.ftid"
                                    value="${ftb.ftid }">
198.                            <input type="submit" value="快速登录" name="button1">
199.                            <font color="#ff0000">${logintip } </font>
200.                        </td>
201.                    </tr>
```

```
202.                    <tr>
203.                        <td></td>
204.                    </tr>
205.                </table>
206.            </td>
207.        </tr>
208.    </table>
209. </form>
210. </s:else>
211. </body>
212.</html>
```

任务小结

通过本任务的实现，主要带领读者学习了以下内容。
1．MVC 设计模式的基本概念。
2．Struts2 的下载和安装方法。
3．Struts2 的配置文件。
4．Struts2 标签库的使用。

3.1.9　上机实训　"学林书城"前台信息显示（Struts 应用）

【实训目的】
1．了解 MVC 设计模式的基本概念。
2．熟悉 Struts2 的处理流程。
3．能应用 Struts2 框架处理实际问题。

【实训内容】
1．使用 Struts2 实现"学林书城"网站的用户登录和注销功能。
2．使用 Struts2 实现"学林书城"首页显示最新上架图书和按图书类别显示图书的功能。
3．使用 Struts2 实现"学林书城"网站的用户注册功能。
4．使用 Struts2 实现"学林书城"网站的图书信息的浏览、添加、修改、删除操作（注意图书图片的上传）。
5．对"学林书城"后台管理页面添加拦截器。

3.1.10　习题

一、填空题

1．Action 的实现通常用两种方法：（　　　　）和（　　　　）。
2．能实现循环的 Struts2 标签是（　　　　）。
3．Action 的默认处理结果类型是（　　　　）。
4．在 request 中存在名字为 uid 的属性，通过 OGNL 访问该属性的正确方式是（　　　　）。

二、选择题

1．Struts2 提供的 Action 接口定义了 5 个标准字符串常量，不包括的有（　　）。
　　A．SUCCESS　　　　B．NONE　　　　C．REG　　　　D．LOGIN

2. 以下不属于 Action 动作的结果类型是（　　）。
   A．action B．redirect C．chain D．dispatcher
3. 在 Action 类中一般需要添加相应属性的（　　）方法和（　　）方法。
   A．setter() B．as() C．getter() D．is()
4. Action 需要在（　　）配置文件中进行配置。
   A．web.xml B．struts.xml C．struts2.xml D．struts.tld
5. 以下属性属于 Struts2 配置文件中的配置元素的是（　　）。（多选）
   A．<package> B．<action>
   C．<form-beans> D．<action-mappings>
6. 在 Struts2 配置文件中用（　　）元素来配置常量。
   A．<const> B．<constants>
   C．<constant> D．<constant-mapping>
7. Action 配置的默认处理结果类型是（　　）。
   A．dispatcher B．redirect C．chain D．forward
8. 假设在 Session 中存在名字为 username 的属性，通过 OGNL 访问该属性，正确的代码是（　　）。
   A．#username B．#session.username
   C．username D．${session.username}

任务 3.2　学习论坛的后台管理系统

在本任务中，我们通过 Hibernate 数据库操作技术完成学习论坛的后台管理系统功能，通过本任务的实现，主要了解 Hibernate 的基本概念，掌握 Hibernate 的下载和安装方法，了解数据表和持久化类之间的映射关系，掌握 Hibernate 的配置及操作数据库的基本方法。

3.2.1　Hibernate 入门

▶1．对象-关系映射

对象-关系映射（Object/Relation Mapping，简称 ORM），是随着面向对象的软件开发方法发展而产生的，主要实现程序对象到关系数据库数据的映射。

ORM 提供了持久化类和数据表之间的映射关系，通过这种映射关系的过渡，我们可以很方便地通过持久化类实现对数据表的操作。

ORM 基本映射有如下几条映射关系。

（1）数据表映射类：持久化类被映射到一个数据表。当我们使用这个持久化类（就是一个普通的 Java 类）来创建实例、修改属性、删除实例时，系统会自动转换为对这个表进行 CRUD（C-Create，R-Retrieve，U-Update，D-Delete）操作，如图 3.2.1 所示。

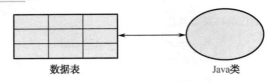

图 3.2.1　数据表映射类

（2）数据表的记录映射对象（实例）：持久化类会生成很多实例，每个实例就对应数据表中的一个记录。当我们在应用中修改持久化类的某个实例时，ORM 会转换成对相应的数据表中特定记录的操作，如图 3.2.2 所示。

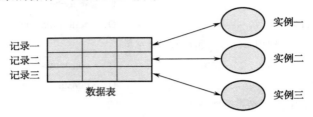

图 3.2.2　数据表中的记录映射对象

（3）数据表的列映射对象的属性：当我们在应用中修改某个持久化对象的指定属性时，ORM 会转换成对相应的数据表中指定记录的指定字段进行操作，如图 3.2.3 所示。

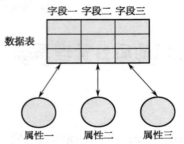

图 3.2.3　数据表中的列映射对象的属性

2．Hibernate 的下载和安装

Hibernate 是目前最流行的开源 ORM 框架，Hibernate 对 JDBC 进行了非常轻量级的对象封装，使得 Java 程序员可以随心所欲地使用对象编程思维来操纵数据库。Hibernate 可以应用在任何使用 JDBC 的场合，既可以在 Java 的客户端程序使用，也可以在 Servlet/JSP 的 Web 应用中使用，最具革命意义的是，Hibernate 可以在应用 EJB 的 J2EE 架构中取代 CMP，完成数据持久化的重任。

（1）打开 http://www.hibernate.org，选择需要的 Hibernate 版本进行下载，解压缩下载的 Hibernate 压缩包，以 Hibernate3.2 为例，将会得到一个名为 hibernate-3.2 的文件夹，该文件夹下包含如下文件结构。

- doc：存放了 Hibernate 的相关文档，包括 Hibernate 的参考文档和 API 文档等。
- eg：存放了一个示例应用的持久化类和映射文件。
- etc：存放了 Hibernate 各种配置文件的范例。
- lib：存放了 Hibernate 编译和运行所依赖的第三方类库。
- src：存放了 Hibernate 的所有源文件。
- test：存放了 Hibernate 各种功能的测试程序。

- hibernate3.jar：Hibernate 的核心类库。
- 其他 Hibernate 相关的杂项文件。

（2）将 hibernate3.jar 文件复制到 Hibernate 的应用中，如果该应用需要第三方类库，则还需要复制第三方类库。对于 Web 应用，将上述文件复制到 WEB-INF/lib 文件夹下。

（3）若在控制台上编译使用 Hibernate API 的类，则需要将 hibernate3.jar 文件位置添加到环境变量 classpath 中，如果使用集成开发工具如 MyEclipse 等，则无须更改环境变量。

3. Hibernate 的数据库操作

我们通过一个案例来了解 Hibernate 是如何通过 Java 持久化对象对数据表进行操作的。

☞ **案例 3.2.1** Hibernate 的数据库操作。对学习论坛数据库中的管理员表 Glyb 增加一条记录。

（1）将运行 Hibernate 应用所需要的核心 JAR 库及第三方 JAR 库复制到 WEB-INF/lib 文件夹下面，本程序所用到的 JAR 文件如图 3.2.4 所示（由于在前面的案例中连接 MySQL 数据库的驱动已经复制进来，所以不必再进行复制）。

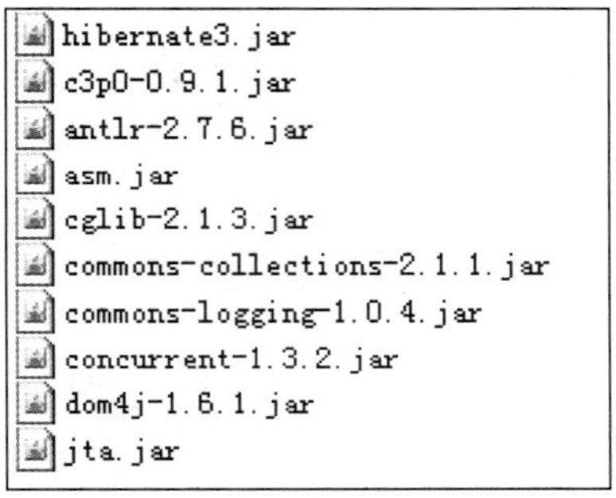

```
hibernate3.jar
c3p0-0.9.1.jar
antlr-2.7.6.jar
asm.jar
cglib-2.1.3.jar
commons-collections-2.1.1.jar
commons-logging-1.0.4.jar
concurrent-1.3.2.jar
dom4j-1.6.1.jar
jta.jar
```

图 3.2.4 数据表中的列映射对象的属性

（2）Glyb.java：持久化对象（PO）类。

```
1.  package com;
2.  public class Glyb {
3.      private Integer glid;
4.      private String username;
5.      private String password;
6.      private String name;
7.      public Glyb() {
8.      }
9.      … …    //省略属性的 get/set 方法
10. }
```

程序说明：

- 第 2 行：类名与管理员表名相同，但这不是必须的。持久化类与普通的 JavaBean 没有任何区别，在 Hibernate 中就是使用 POJO（普通、传统 Java 对象）作为 PO。
- 第 3～6 行：类的属性，与管理员表的字段一致。
- 第 9 行：各个属性的 get/set 方法，此处省略。

（3）Glyb.hbm.xml：Hibernate 映射文件，指定 Java 持久化类和数据表之间的对应关系。存放在 src 文件夹下。

```
1.  <?xml version="1.0" encoding="utf-8"?>
2.  <!DOCTYPE hibernate-mapping PUBLIC "-//Hibernate/Hibernate
        Mapping DTD 3.0//EN"
```

```xml
3.     "http://hibernate.sourceforge.net/hibernate-mapping-3.0.dtd">
4.     <hibernate-mapping>
5.         <class name="com.Glyb" table="glyb" catalog="luntan">
6.             <id name="glid" type="java.lang.Integer">
7.                 <column name="glid"/>
8.                 <generator class="identity"/>
9.             </id>
10.            <property name="username" type="java.lang.String">
11.                <column name="username" length="20"/>
12.            </property>
13.            <property name="password" type="java.lang.String">
14.                <column name="password" length="20"/>
15.            </property>
16.            <property name="name" type="java.lang.String">
17.                <column name="name" length="20"/>
18.            </property>
19.        </class>
20.    </hibernate-mapping>
```

程序说明：

- 第1～3行：所有的Hibernate映射文件中这3行都是相同的。
- 第4行：Hibernate映射文件的根元素。
- 第5行：class元素，指定Java持久化类和数据表的对应关系。
- 第6～9行：id元素，指定Java持久化类的标志属性。该属性对应表中的一个主关键字段。
- 第10～18行：若干property元素，每个property元素指定Java持久化类的属性和数据表的字段的对应关系。

（4）hibernate.cfg.xml：Hibernate配置文件，指定要连接操作的数据库，以及连接数据库里所用的连接池、用户名和密码等详细信息。存放在src文件夹下。

```xml
1.  <?xml version='1.0' encoding='UTF-8'?>
2.  <!DOCTYPE hibernate-configuration PUBLIC
3.      "-//Hibernate/Hibernate Configuration DTD 3.0//EN"
4.      "http://hibernate.sourceforge.net/hibernate-configuration-3.0.dtd">
5.  <hibernate-configuration>
6.      <session-factory>
7.          <property name="connection.driver_class">
8.              com.mysql.jdbc.Driver
9.          </property>
10.         <property name="connection.url">
11.             jdbc:mysql://localhost:3306/luntan
12.         </property>
13.         <property name="connection.username">root</property>
14.         <property name="connection.password">sql</property>
15.         <property name="hibernate.c3p0.max_size">20</property>
16.         <property name="hibernate.c3p0.min_size">1</property>
17.         <property name="hibernate.c3p0.timeout">5000</property>
18.         <property name="hibernate.c3p0.max_sstatements">100</property>
19.         <property name="hibernate.c3p0.idle_test_period">3000</property>
20.         <property name="hibernate.c3p0.acquire_increment">2</property>
21.         <property name="hibernate.c3p0.validate">true</property>
22.         <property name="dialect">
23.             org.hibernate.dialect.MySQLDialect
24.         </property>
25.         <property name="hbm2ddl.auto">create</property>
26.         <mapping resource="Glyb.hbm.xml" />
27.     </session-factory>
28. </hibernate-configuration>
```

程序说明：
- 第 5 行：配置文件的根元素。
- 第 7～9 行：指定连接数据库所用的驱动。
- 第 10～12 行：指定连接数据库的 URL。
- 第 13 行：指定连接数据库的用户名。
- 第 14 行：指定连接数据库的密码。
- 第 15～21 行：指定连接池的相关信息。
- 第 22～24 行：指定数据库方言。
- 第 25 行：指定根据需要自动创建数据表。
- 第 26 行：指定需要的映射文件。

（5）GlybAdd.java：完成添加管理员操作的测试类。

```
1.  package com;
2.  import org.hibernate.Session;
3.  import org.hibernate.SessionFactory;
4.  import org.hibernate.Transaction;
5.  import org.hibernate.cfg.Configuration;
6.  public class GlybAdd {
7.      public static void main(String args[]){
8.          Configuration conf=new Configuration().configure();
9.          SessionFactory sf=conf.buildSessionFactory();
10.         Session sess=sf.openSession();
11.         Transaction tx=sess.beginTransaction();
12.         Glyb gly=new Glyb();
13.         gly.setUsername("aaaa");
14.         gly.setPassword("bbbb");
15.         gly.setName("cccc");
16.         sess.save(gly);
17.         tx.commit();
18.         sess.close();
19.     }
20. }
```

程序说明：
- 第 8 行：实例化 Configuration，默认加载 hibernate.cfg.xml 文件。
- 第 9 行：创建 SessionFactory 对象。
- 第 10 行：实例化 Session。
- 第 11 行：开始事务。
- 第 12 行：创建一个持久化对象。
- 第 13～15 行：设置持久化对象的属性。
- 第 16 行：通过持久化对象在数据表中添加一个记录。
- 第 17 行：提交事务。
- 第 18 行：关闭 Session。

运行程序后，我们可以看到论坛数据库中的 glyb 中增加了一条记录，如图 3.2.5 所示。

glid	username	password	name
1	aaaa	bbbb	cccc

图 3.2.5　使用 Hibernate 添加记录

通过案例 3.2.1 可以看出，为了使用 Hibernate 对数据库进行操作，通常有如下步骤。

（1）添加必要的 JAR 库。可以一次性地将所有 Hibernate 相关的 JAR 文件都复制到应用程序中，但笔者建议只将需要的 JAR 库复制进来即可。

（2）建立持久化类和映射文件。

（3）在 Hibernate 配置文件中配置相关信息。如连接哪个数据库，所用的连接池，添加映射文件等。

（4）获取 Configuration 和获取 SessionFactory。

（5）获取 Session，打开事务。

（6）通过持久化对象对数据库进行增删改查等操作。

（7）关闭事务，关闭 Session。

3.2.2 在 MyEclipse Web 项目中使用 Hibernate

MyEclipse6.6 集成了 Hibernate 框架应用，下面将通过一个案例来说明如何在 MyEclipse Web 项目中使用 Hibernate。

▶1. 新建 MySQL 数据库连接

（1）选择"Window"→"Open Perspective"→"MyEclipse Database Explorer"菜单命令，打开"MyEclipse Database Explorer"透视图，在左侧的"DB Browser"视图中单击鼠标右键，在弹出的快捷菜单中选择"New..."命令，出现如图 3.2.6 所示的窗口。

图 3.2.6　创建数据库连接

（2）在如图 3.2.6 所示的对话框中输入相应信息后，单击"Finish"按钮，新建一个 MySQL 数据库连接，"DB Browser"视图如图 3.2.7 所示。

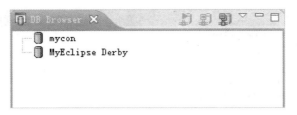

图 3.2.7 "DB Browser"视图

2. 在 Web 项目中添加 Hibernate 应用

(1)在本书的示例项目 jsplx3 上点击鼠标右键,在弹出的快捷菜单中选择"MyEclipse"→"Add Hibernate Capabilities…"命令,出现如图 3.2.8 所示的窗口。

图 3.2.8 添加 Hibernate JAR 包

(2)在如图 3.2.8 所示的"Add Hibernate Capabilities"窗口中选择"Copy checked Library Jars to project folder and add to build-path"单选项,然后单击"Next"按钮,出现如图 3.2.9 所示的窗口。

(3)在如图 3.2.9 所示的窗口中创建 Hibernate 的配置文件,由于在案例 3.2.1 中我们已经在 jsplx3 项目中使用了 Hibernate 包,创建了 Hibernate,所以在此处选择"Existing"单选项,并单击"Browse"按钮来选择我们之前创建的 Hibernate 配置文件,并单击"Next"按钮后,出现如图 3.2.10 所示的窗口。

在如图 3.2.10 所示的窗口中创建 Hibernate SessionFactory 类,注意选择或新建相应的包来存储该类后,单击"Finish"按钮即可。

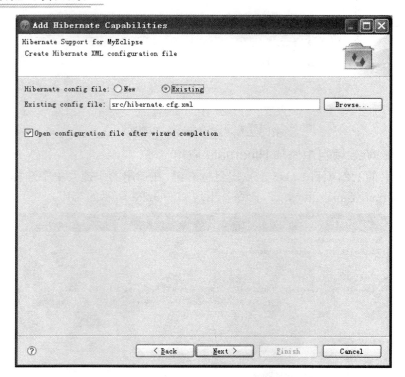

图 3.2.9 使用已存在的 Hibernate 配置文件

图 3.2.10 创建 Hibernate SessionFoctory 类

（4）如果之前我们没有在 jsplx3 项目中使用 Hibernate，则在图 3.2.9 中选择"New"单选项，出现如图 3.2.11 所示的窗口。

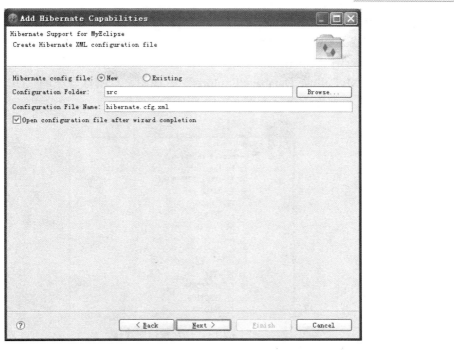

图 3.2.11　新建 Hibernate 配置文件

（5）在如图 3.2.11 所示窗口中新建 Hibernate 配置文件，单击"Next"按钮，出现如图 3.2.12 所示的窗口。

图 3.2.12　指定 Hibernate 数据库连接详细信息

（6）在如图 3.2.12 所示窗口中指定 Hibernate 数据库连接的详细信息后，单击"Next"按钮后，出现如图 3.2.10 所示的窗口，单击"Finish"按钮即可。

3. 开发 Hibernate 应用

☞ **案例 3.2.2** 在 MyEclipse 中使用 Hibernate 操作数据库。

（1）创建持久化类和相应的映射文件。

① 打开"MyEclipse Database Explorer"透视图，双击打开左侧"DB Browser"视图中的"mycon"数据库连接，如图 3.2.13 所示。

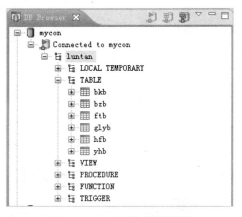

图 3.2.13 打开数据库连接

③ 在要创建持久化类的表名（如"yhb"）上单击鼠标右键，在弹出的快捷菜单中选择"Hibernate Reverse Engineering"命令，出现如图 3.2.14 所示的窗口。

图 3.2.14 创建持久化类和映射文件

② 在如图 3.2.14 所示窗口中创建持久化类及其映射文件，按图中设置进行输入和选择后，单击"Next"按钮，进入如图 3.2.15 所示的配置映射文件的窗口，按图所示配置 ID 的生成方式，然后单击"Finish"按钮即可。

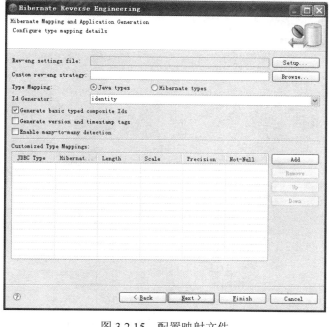

图 3.2.15 配置映射文件

④ 回到"MyEclipse Java Enterprise"透视图，打开 jsplx3 项目，创建了如图 3.2.16 所示的文件。

图 3.2.16 自动生成的文件

（2）打开文件 BaseHibernateDAO.java，在文件内添加如下代码。

```
1.  public void open(){
2.      getSession().beginTransaction();
3.  }
4.  public void close(){
5.      try {
6.          getSession().getTransaction().commit();
7.          getSession().close();
8.      } catch (Exception e) {
9.          e.printStackTrace();
10.     }
11. }
```

（3）创建类 YhbAdd.java，测试 Hibernate 应用。

```
1.  package com.yhb;
2.  import java.util.List;
3.  public class YhbAdd {
4.      public static void main(String args[]) {
5.          YhbDAO dao = new YhbDAO();
6.          dao.open();
7.          // 添加记录
8.          Yhb yhb = new Yhb();
9.          yhb.setYhm("zhangsan");
```

```
10.         yhb.setYhmm("123456");
11.         yhb.setYhxb("女");
12.         yhb.setYhxm("张三");
13.         yhb.setYhnl(30);
14.         yhb.setYhdz("吉林四平");
15.         yhb.setYhyx("zhangsan@163.com");
16.         yhb.setHead("images/face.jpg");
17.         dao.save(yhb);
18.      //显示所有记录
19.         List list = dao.findAll();
20.         for (int i = 0; i < list.size(); i++) {
21.             Yhb yy = (Yhb) list.get(i);
22.             System.out.println(yy.getYhm() + " " + yy.getYhmm());
23.         }
24.         dao.close();
25.     }
26. }
```

程序运行结果如 3.2.17 所示。

```
lgl    lgl
abc    abc
zhangsan    123456
```

图 3.2.17　Hibernate 操作数据库的结果

 任务实现

1. 在 MyEclipse 中创建项目 luntan，将 Struts 核心类库及 MySQL 数据库驱动程序包复制到 WebRoot/WEB-INF/lib 文件夹下，并添加 Hibernate 核心类库。

2. 打开"MyEclipse Database Explorer"透视图，创建论坛数据库 luntan 的连接，并对数据库中的所有数据表创建 POJO 类及其映射文件。

3. 由于篇幅有限，在本任务中只给出学习论坛的部分代码。更多相关代码请参考本书网络资源。

4. 几个配置文件。

（1）Web 项目部署描述文件：web.xml。

web.xml

```
1.  <?xml version="1.0" encoding="UTF-8"?>
2.  <web-app version="2.4" xmlns="http://java.sun.com/xml/ns/j2ee"
3.      xmlns:xsi="http://www.w3.org/2001/XMLSchema-instance"
4.      xsi:schemaLocation="http://java.sun.com/xml/ns/j2ee
5.      http://java.sun.com/xml/ns/j2ee/web-app_2_4.xsd">
6.      <!-- 定义Struts2的FilterDispatcher的Filter -->
7.      <filter>
8.          <filter-name>struts</filter-name>
9.          <filter-class>
10.             org.apache.struts2.dispatcher.FilterDispatcher
11.         </filter-class>
12.     </filter>
13.     <!-- FilterDispatcher用来初始化Struts2并且处理所有请求 -->
14.     <filter-mapping>
15.         <filter-name>struts</filter-name>
16.         <url-pattern>/*</url-pattern>
17.     </filter-mapping>
18.     <welcome-file-list>
```

```xml
19.            <welcome-file>index.jsp</welcome-file>
20.       </welcome-file-list>
21.       <!-- Servlet 过滤器，主要针对前台用户修改个人资料和后台页面 -->
22.       <filter>
23.            <filter-name>mylogin</filter-name>
24.            <filter-class>myservlet.MyLoginFilter</filter-class>
25.       </filter>
26.       <filter-mapping>
27.            <filter-name>mylogin</filter-name>
28.            <url-pattern>/*</url-pattern>
29.       </filter-mapping>
30. </web-app>
```

（2）Hibernate 配置文件：hibernate.cfg.xml。

hibernate.cfg.xml

```xml
1.  <?xml version='1.0' encoding='UTF-8'?>
2.  <!DOCTYPE hibernate-configuration PUBLIC
3.        "-//Hibernate/Hibernate Configuration DTD 3.0//EN"
4.  "http://hibernate.sourceforge.net/hibernate-configuration-3.0.dtd">
5.  <!-- Generated by MyEclipse Hibernate Tools. -->
6.  <hibernate-configuration>
7.       <session-factory>
8.            <property name="connection.username">root</property>
9.            <property name="connection.url">
10.                jdbc:mysql://localhost:3306/luntan
11.           </property>
12.           <property name="dialect">
13.                org.hibernate.dialect.MySQLDialect
14.           </property>
15.           <property name="myeclipse.connection.profile">mycon</property>
16.           <property name="connection.password">sql</property>
17.           <property name="connection.driver_class">
18.                com.mysql.jdbc.Driver
19.           </property>
20.           <mapping resource="com/bkb/Bkb.hbm.xml"/>
21.           <mapping resource="com/glyb/Glyb.hbm.xml"/>
22.           <mapping resource="com/hfb/Hfb.hbm.xml"/>
23.           <mapping resource="com/yhb/Yhb.hbm.xml"/>
24.           <mapping resource="com/ftb/Ftb.hbm.xml"/>
25.           <mapping resource="com/bzb/Bzb.hbm.xml"/>
26.      </session-factory>
27. </hibernate-configuration>
```

（3）Struts 配置文件：struts.xml。

struts.xml

```xml
1.  <?xml version="1.0" encoding="UTF-8"?>
2.  <!DOCTYPE struts PUBLIC
3.       "-//Apache Software Foundation//DTD Struts Configuration 2.0//EN"
4.       "http://struts.apache.org/dtds/struts-2.0.dtd">
5.  <struts>
6.       <constant name="struts.custom.i18n.resources"
7.            value="messageResoure"/>
8.       <constant name="struts.multipart.maxSize" value="104857600"/>
9.       <package name="public" namespace="/" extends="struts-default">
10.           <!-- 拦截器定义开始 -->
11.           <interceptors>
12.                <!-- 会员登录的拦截器 -->
13.                <interceptor name="loginInterceptor"
14.                     class="myservlet.MyLoginInterceptor">
15.                </interceptor>
```

```
16.             <interceptor-stack name="loginstack">
17.                 <interceptor-ref name="loginInterceptor"></interceptor-ref>
18.                 <!-- Struts2 的默认拦截器 -->
19.                 <interceptor-ref name="defaultStack"></interceptor-ref>
20.             </interceptor-stack>
21.             <!-- 后台登录的拦截器 -->
22.             <interceptor name="adminInterceptor"
23.                 class="myservlet.MyAdminInterceptor">
24.             </interceptor>
25.             <interceptor-stack name="adminstack">
26.                 <interceptor-ref name="adminInterceptor"></interceptor-ref>
27.                 <!-- Struts2 的默认拦截器 -->
28.                 <interceptor-ref name="defaultStack"></interceptor-ref>
29.             </interceptor-stack>
30.         </interceptors>
31.         <!-- 拦截器定义完毕 -->
32.         <!-- global-results 放的位置顺序不对会报错,全局变量error -->
33.         <global-results>
34.             <result name="login">/login.jsp</result>
35.             <result name="admin">/admin/login.jsp</result>
36.         </global-results>
37.         … …  //Action 配置
38.     </package>
39. </struts>
```

（4）自定义标签配置文件：mytag.tld。

mytag.tld

```
1.  <?xml version="1.0" encoding="UTF-8"?>
2.  <!DOCTYPE taglib PUBLIC "-//Sun Microsystems, Inc.//DTD JSP Tag Library
    1.1//EN" "http://java.sun.com/j2ee/dtds/web-jsptaglibrary_1_1.dtd">
3.  <taglib>
4.      <tlibversion>1.2</tlibversion>
5.      <jspversion>1.1</jspversion>
6.      <shortname>html</shortname>
7.      <uri>http://struts.apache.org/tags-html</uri>
8.      <!-- 控制文本输出,处理文本中的空格和回车符 -->
9.      <tag>
10.         <name>myconvert</name>
11.         <tagclass>mytaglib.MyConvertTaglib</tagclass>
12.         <bodycontent>JSP</bodycontent>
13.     </tag>
14.     <!-- 显示日期 -->
15.     <tag>
16.         <name>mydate</name>
17.         <tagclass>mytaglib.MyDateTaglib</tagclass>
18.         <bodycontent>JSP</bodycontent>
19.     </tag>
20.     <!-- 显示日期时间 -->
21.     <tag>
22.         <name>mydatetime</name>
23.         <tagclass>mytaglib.MyDatetimeTaglib</tagclass>
24.         <bodycontent>JSP</bodycontent>
25.     </tag>
26.     <!-- 分页标签 -->
27.     <tag>
28.         <name>page</name>
29.         <tagclass>mytaglib.PageTaglib</tagclass>
30.         <bodycontent>empty</bodycontent>
31.         <attribute>
```

```xml
32.            <name>path</name>
33.            <required>yes</required>
34.            <rtexprvalue>true</rtexprvalue>
35.        </attribute>
36.        <attribute>
37.            <name>name</name>
38.            <required>yes</required>
39.            <rtexprvalue>true</rtexprvalue>
40.        </attribute>
41.    </tag>
42.    <!-- 列表框标签 -->
43.    <tag>
44.        <name>options</name>
45.        <tagclass>mytaglib.OptionTaglib</tagclass>
46.        <bodycontent>empty</bodycontent>
47.        <attribute>
48.            <name>classname</name>
49.            <required>true</required>
50.            <rtexprvalue>true</rtexprvalue>
51.        </attribute>
52.        <attribute>
53.            <name>valuename</name>
54.            <required>true</required>
55.            <rtexprvalue>true</rtexprvalue>
56.        </attribute>
57.        <attribute>
58.            <name>textname</name>
59.            <required>true</required>
60.            <rtexprvalue>true</rtexprvalue>
61.        </attribute>
62.        <attribute>
63.            <name>defaultvalue</name>
64.            <required>false</required>
65.            <rtexprvalue>true</rtexprvalue>
66.        </attribute>
67.    </tag>
68. </taglib>
```

5. 前台。

（1）登录页面。

① login.jsp。

login.jsp

```jsp
1.  <%@ page language="java" pageEncoding="UTF-8"%>
2.  <%
3.      String path = request.getContextPath();
4.      String basePath = request.getScheme() + "://"
5.              + request.getServerName() + ":" + request.getServerPort()
6.              + path + "/";
7.  %>
8.  <html>
9.      <head>
10.         <base href="<%=basePath%>">
11.         <title>用户登录 - 学习论坛</title>
12.         <link rel="stylesheet" type="text/css" href="css/table2.css">
13.         <link rel="stylesheet" type="text/css" href="css/top.css">
14.         <link rel="stylesheet" type="text/css" href="css/href1.css">
15.     </head>
16.     <body bgcolor="#99ccff">
17.         <table bgcolor="#ffffff" width="1000" cellspacing="0" cellpadding= "0"
```

```
18.            align="center">
19.        <tr><td>
20.            <table background="images/bg.jpg" width="1000" height="32"
21.                border="0" align="center">
22.            <tr><td><jsp:include page="cc.jsp"/></td>
23.                <td align="right">
24.                    <a class="top" href="login.jsp">登录</a>
25.                    <a class="top" href="reg.jsp">注册</a>
26.                </td>
27.            </tr>
28.            </table>
29.        </td></tr>
30.        <tr><td>
31.            <table background="images/navbg.jpg" width="1000" height="32"
32.                class="datalist2" align="center">
33.            <tr><td>
34.              <a class="l1" href="index.jsp">学习论坛</a><font color= "#ffffff">
35.             <span class="l1"> &gt; 用户登录</span> </font> 
36.            </td></tr>
37.            </table>
38.            <br><br><br><br><br>
39.            <form action="login.action" method="post">
40.            <table width="350" bgcolor="#dddddd" border="1"
41.                bordercolor="#dddddd" align="center" cellspacing="3"
42.                cellpadding="3">
43.            <tr><td>
44.                <table width="100%" height="150" class="datalist2"
                        border="0"    align="center"
                        cellspacing="0" cellpadding="0">
45.                <tr><td>
46.                    <table width="92%" class="datalist2" border="0"
47.                        align="center" cellspacing="0" cellpadding="0">
48.                    <tr><td>
49.                        <font color="#ff0000">${logintip }</font>
50.                    </td></tr>
51.                    <tr><td>
52.                        用户名：  
53.                        <input size="20" type="text" name="yhb.yhm">
54.                          <a href="reg.jsp">注册新帐号</a>
55.                    </td></tr>
56.                    <tr><td>
57.                        密    码：  
58.                        <input size="22" type="password" name="yhb.yhmm">
59.                          <a href="yhb/initpass.jsp">忘记密码？ </a>
60.                    </td></tr>
61.                    <tr><td class="td3">
62.                        <input type="submit" value="登录" name="button2">
                             
63.                        <input type="reset" value="重置" name="button3">
64.                        <input type="hidden" name="bkb.bkid"
                                value="${bkb. bkid}">
65.                        <input type="hidden" name="returnUrl"
66.                                value= "${returnUrl}">
67.                    </td></tr>
68.                    </table>
69.                </td></tr>
70.                </table>
71.            </td></tr>
72.            </table>
```

```
73.            </form>
74.            <br><br><br><br><br>
75.         </td></tr>
76.      </table>
77.   </body>
78. </html>
```

② LoginAction.java,处理登录的 Action 类。

LoginAction.java

```
1.  package actions.yhb;
2.  … …    //导入相关的类
3.  public class LoginAction implements Action {
4.      private Bkb bkb;
5.      private String returnUrl;
6.      private Yhb yhb;
7.      … …   //省略属性的get/set方法
8.      public String execute() throws Exception {
9.          if (bkb.getBkid() != null) {
10.             bkb = new BkbDAO().findById(bkb.getBkid());
11.         }
12.         Flag flag = new Flag();
13.         YhbDAO yhbdao = new YhbDAO();
14.         List list = yhbdao.findByExample(yhb);
15.         if (list.size() != 0) {
16.             flag.setFlag(new Integer(1));
17.             ActionContext.getContext().getSession().put("f", flag);
18.             yhb = (Yhb) list.get(0);
19.             ActionContext.getContext().getSession().put("login", yhb);
20.             ActionContext.getContext().getSession().put("logintip", "");
21.             if (returnUrl.equals("/index.jsp") || returnUrl == null
22.                     || returnUrl.equals("")) {
23.                 returnUrl = "/index.jsp";
24.                 bkb = null;
25.             }
26.             return "ok";
27.         } else {
28.             flag.setFlag(new Integer(0));
29.             ActionContext.getContext().getSession().put("f", flag);
30.             ActionContext.getContext().getSession().put("login", null);
31.             ActionContext.getContext().getSession().put("logintip",
32.                     "您输入的帐号或密码不正确,请重新输入。");
33.             return "fail";
34.         }
35.     }
36. }
```

③ top.jsp。

top.jsp

```
1.  <%@ page language="java" import="java.util.*" pageEncoding="UTF-8"%>
2.  <%@ taglib uri="/struts-tags" prefix="s"%>
3.  <%
4.      String path = request.getContextPath();
5.      String basePath = request.getScheme() + "://"
6.              + request.getServerName() + ":" + request.getServerPort()
7.              + path + "/";
8.  %>
9.  <html>
10.     <head>
11.         <base href="<%=basePath%>">
12.         <title>My JSP 'top.jsp' starting page</title>
```

```
13.        <link rel="stylesheet" type="text/css" href="css/table2.css">
14.        <link rel="stylesheet" type="text/css" href="css/top.css">
15.        <link rel="stylesheet" type="text/css" href="css/href.css">
16.        <link rel="stylesheet" type="text/css" href="css/href1.css">
17.    </head>
18.    <body>
19.        <table background="images/bg.jpg" width="1000" height="40" border= "0"
20.            align="center">
21.            <tr>
22.                <td><jsp:include page="cc.jsp" /></td>
23.                <td align="right">
24.                <!-- 判断是否有用户登录 -->
25.                    <s:if test="#session.f.flag==1">
26.                    <font color="#ffffff">${login.yhm} | </font>
27.                    <a class="top"
                            href="yhbedit.action?yhb.yhid=${login.yhid}"
                            target="_parent">设置</a>
28.                    <font color="#ffffff"> | </font>
29.                    <a class="top" href="logout.action">退出</a>
30.                    <img src="${login.head}" style="border: 2px solid white"
31.                            width="35" height="35" align="middle">
32.                    </s:if>
33.                    <s:else>
34.                        <a class="top" href="login0.action
                            <s:if test="bkb!=null">?bkb.bkid=${bkb.bkid}
                            </s:if>">登录</a>
35.                        <a class="top" href="reg.jsp">注册</a>
36.                    </s:else>
37.                </td></tr>
38.        </table>
39.        <table background="images/navbg.jpg" width="1000" height="32"
40.            class="datalist2" align="center">
41.            <tr><td>
42.                <a class="l1" href="index.jsp">学习论坛</a> 
                    <s:if test="bkb!=null">
43.                        <font color="#ffffff">&gt; </font>
44.                        <a class="l1" href="">${bkb.bkmc }</a>
                    </s:if>
45.            </td></tr>
46.        </table>
47.    </body>
48. </html>
```

(2) 论坛首页。

① struts.xml 中添加的配置信息。

```
1.  <!-- 版块列表 -->
2.  <action name="menu" class="actions.bkb.BkbListAction">
3.      <result>menu.jsp</result>
4.  </action>
5.  <!-- 主页显示最新发表的 20 个帖子 -->
6.  <action name="ftblist" class="actions.ftb.FtbListAction">
7.      <result>ftb/ftblist.jsp</result>
8.  </action>
```

② BkbListAction.java，获取版块列表的 Action 类。

BkbListAction.java

```
1. package actions.bkb;
2. … …   //导入相关的类
3. public class BkbListAction implements Action {
```

```
4.        private Bkb bkb;
5.        private List bkblist;
6.        … …   //省略属性的get/set方法
7.        public String execute() throws Exception {
8.            if (bkb != null) {
9.                bkb = new BkbDAO().findById(bkb.getBkid());
10.           }
11.           bkblist = new BkbDAO().findAll();
12.           return this.SUCCESS;
13.       }
14.   }
```

③ FtbListActin.java，获取最新发表的帖子列表的Action类。

FtbListActin.java

```
1.    package actions.ftb;
2.    … …   //导入相关的类
3.    public class FtbListAction implements Action {
4.        private List ftblist;
5.        … …   //省略属性的get/set方法
6.        public String execute() throws Exception {
7.            FtbDAO ftbdao = new FtbDAO();
8.            ftbdao.open();
9.            ftblist = ftbdao.findByNew();
10.           ftblist = MyOperator.getList(ftblist, 0, 20);
11.           ftbdao.close();
12.           return this.SUCCESS;
13.       }
14.   }
```

④ index.jsp，论坛首页。

index.jsp

```
1.    <%@ page language="java" pageEncoding="UTF-8"%>
2.    <%
3.        String path = request.getContextPath();
4.        String basePath = request.getScheme() + "://"
5.            + request.getServerName() + ":" + request.getServerPort()
6.            + path + "/";
7.    %>
8.    <html>
9.        <head>
10.           <base href="<%=basePath%>">
11.           <title>学习论坛</title>
12.           <link rel="stylesheet" type="text/css" href="css/table2.css">
13.       <!-- 使frame框架自适应高度 -->
14.           <script type="text/javascript">
15.       function SetWinHeight(obj){
16.         var win=obj;
17.         if (document.getElementById) {
18.           if (win && !window.opera) {
19.             if (win.contentDocument &&
                     win.contentDocument.body.offsetHeight)
20.               win.height = win.contentDocument.body.offsetHeight;
21.             else if(win.Document && win.Document.body.scrollHeight)
22.               win.height = win.Document.body.scrollHeight;
23.           }
24.         }
25.       }
26.           </script>
27.           <link rel="stylesheet" type="text/css" href="css/href.css">
28.           <link rel="stylesheet" type="text/css" href="css/href1.css">
```

```
29.        </head>
30.        <body bgcolor="#99ccff">
31.        <jsp:include page="top.jsp" />
32.        <table width="1004" cellspacing="1" cellpadding="1" border="0"
33.            align="center">
34.            <tr>
35.            <td width="150" height="100%" align="center" valign="top">
36.                <iframe src="menu.action" frameborder="0" width="100%"
37.                height="100%" name="f1" id="f1" marginwidth="0"
38.                marginheight="0" border="0" scrolling="no"> </iframe>
39.            </td>
40.            <td valign="top" align="right">
41.                <iframe src="ftblist.action" frameborder="0" width="100%"
42.                height="100%" name="f2" id="f2"
43.                onload="Javascript:SetWinHeight(this)" marginwidth="0"
44.                marginheight="0" border="0" scrolling="no">  </iframe>
45.            </td>
46.            </tr>
47.        </table>
48.        <jsp:include page="bottom.jsp"></jsp:include>
49.        </body>
50. </html>
```

⑤ menu.jsp，显示版块列表。

menu.jsp

```
1.  <%@ page language="java" import="java.util.*" pageEncoding="UTF-8"%>
2.  <%@ taglib uri="/struts-tags" prefix="s"%>
3.  <%
4.      String path = request.getContextPath();
5.      String basePath = request.getScheme() + "://"
6.          + request.getServerName() + ":" + request.getServerPort()
7.          + path + "/";
8.  %>
9.  <html>
10.     <head>
11.         <base href="<%=basePath%>">
12.         <title>My JSP 'menu.jsp' starting page</title>
13.         <link rel="stylesheet" type="text/css" href="css/table2.css">
14.         <link rel="stylesheet" type="text/css" href="css/href.css">
15.     </head>
16.     <body>
17.     <table class="datalist2" width="100%" border="1" bordercolor= "#dddddd"
18.         style="border-collapse: collapse;">
19.     <tr><td background="images/titlebg.png">
20.             学习论坛
21.     </td></tr>
22.     <tr><td>
23.         <table class="datalist2" width="100%">
24.      <s:iterator value="bkblist" id="bk" status="bb">
25.         <tr> <td
26.         <s:if test="#request.bkb.bkid==#bk.bkid">bgcolor="#e0ecfe"</s:if>>
27.             <font color="#ffffff"> 
28.          <a class="l"    href="ftbbybkblist.action?bkb.bkid= ${bk.bkid }"
29.                 target=_parent>${bk.bkmc }</a> </font>
30.         </td> </tr>
31.         </s:iterator>
32.         </table>
33.     </td> </tr> </table>
34.     </body>
35. </html>
```

⑥ ftblist.jsp,显示最新发表的帖子列表。

ftblist.jsp

```jsp
1.  <%@ page language="java" pageEncoding="UTF-8"%>
2.  <%@ taglib uri="/struts-tags" prefix="s"%>
3.  <%@ taglib uri="/WEB-INF/mytag.tld" prefix="my"%>
4.  <%
5.      String path = request.getContextPath();
6.      String basePath = request.getScheme() + "://"
7.          + request.getServerName() + ":" + request.getServerPort()
8.          + path + "/";
9.  %>
10. <html>
11.     <head>
12.         <base href="<%=basePath%>">
13.         <title>学习论坛</title>
14.         <link rel="stylesheet" type="text/css" href="css/table2.css">
15.         <link rel="stylesheet" type="text/css" href="css/href.css">
16.     </head>
17.     <body>
18.     <table class="datalist2" width="100%" border="1"
19.         bordercolor="#dddddd" style="border-collapse: collapse;">
20.     <tr><td>
21.     <table>
22.         <tr><td valign="top">
23.         <img border="0" src="images/logo1.jpg" width="835" height="143">
24.         </td></tr>
25.         </table>
26.     </td> </tr>
27.     </table>
28.     <table class="datalist2" width="100%" border="1" bordercolor= "#dddddd"
29.         style="border-collapse: collapse;">
30.     <tr><td>
31.         <table class="datalist2" background="images/titlebg.png"
32.             border="0" width="100%" cellspacing="0" cellpadding="0">
33.         <tr>
34.             <td width="350">  标题</td>
35.             <td width="100">  作者</td>
36.             <td width="50">  访问</td>
37.             <td width="50">  回复</td>
38.             <td width="150">  更新时间</td>
39.         </tr>
40.         </table>
41.     </td></tr>
42.     <tr><td>
43.         <table class="datalist2" width="100%">
44.         <s:iterator value="ftblist" id="ft" status="ff">
45.         <tr <s:if test="#ff.index%2==0">bgcolor="#ffffff"</s:if>
46.             <s:else>bgcolor="#e0ecfe"</s:else>>
47.             <td width="350">
48.             【<a class="l"
                    href="ftbbybkblist.action?bkb.bkid=${ft.bkb.bkid }"
                    target="_blank">${ft.bkb.bkmc}</a>】
49.             <a class="l" href="ftbbyftid.action?ftb.ftid=${ft.ftid}"
50.                 target="_blank">${ft.ftbt}</a>
51.             </td>
52.             <td width="100">${ft.yhb.yhm}</td>
53.             <td width="50">${ft.fws}</td>
54.             <td width="50">${ft.hfs}</td>
55.             <td width="150">
```

```
56.            </td>
57.          </tr>
58.        </s:iterator>
59.      </table>
60.    </td></tr>
61.  </table><br><br>
62.  </body>
63.  </html>
```

（3）按版块显示帖子列表。点击前台页面左侧的版块列表，将会显示该版块所有帖子列表，并且在该版块发表新帖子。

① struts.xml 中添加的配置信息。

```
1.  <!-- 按版块显示帖子 -->
2.  <action name="ftbbybkblist"  class="actions.bkb.BkbByBkidAction">
3.       <result>ftb/ftbbybkblist.jsp</result>
4.  </action>
5.  <action name="ftbbybkblist1" class="actions.ftb.FtbByBkbListAction">
6.       <result>ftb/ftbbybkblist1.jsp</result>
7.  </action>
```

② BkbByBkidAction.java，获取指定 ID 的版块信息。

```
1.  package actions.bkb;
2.  … …    //导入相关的类
3.  public class BkbByBkidAction implements Action {
4.       private Bkb bkb;
5.       … …    //省略属性的get/set方法
6.       public String execute() throws Exception {
7.            bkb = new BkbDAO().findById(bkb.getBkid());
8.            return this.SUCCESS;
9.       }
10. }
```

③ FtbByBkbListAction.java，获取指定版块的帖子列表。

FtbByBkbListAction.java

```
1.  package actions.ftb;
2.  … …    //导入相关的类
3.  public class FtbByBkbListAction implements Action {
4.       private Page currentpage = new Page(20);
5.       private Bkb bkb;
6.       private List bzlist;
7.       private List ftblist;
8.       private int ftbcount;
9.       … …    //省略属性的get/set方法
10.      public String execute() throws Exception {
11.           bkb = new BkbDAO().findById(bkb.getBkid());
12.           bzlist = new BzbDAO().findByBkb(bkb);
13.           FtbDAO ftbdao = new FtbDAO();
14.           ftbdao.open();
15.           ftblist = ftbdao.findByBkbNew(bkb);
16.           ftbcount = ftblist.size();
17.           ftblist = currentpage.mypage(ftblist);
18.           ftbdao.close();
19.           return this.SUCCESS;
20.      }
21. }
```

④ ftbbybkblist.jsp，按版块显示帖子列表。

ftbbybkblist.jsp

```jsp
1.  <%@ page language="java" pageEncoding="UTF-8"%>
2.  <%
3.      String path = request.getContextPath();
4.      String basePath = request.getScheme() + "://"
5.              + request.getServerName() + ":" + request.getServerPort()
6.              + path + "/";
7.  %>
8.  <html>
9.      <head>
10.         <base href="<%=basePath%>">
11.         <title>${bkb.bkmc } - 学习论坛</title>
12.         <script type="text/javascript" src="js/winheight.js"></script>
13.         <link rel="stylesheet" type="text/css" href="css/table2.css">
14.         <link rel="stylesheet" type="text/css" href="css/href.css">
15.     </head>
16.     <body bgcolor="#99ccff">
17.     <jsp:include page="/top.jsp" />
18.     <table width="1004" cellspacing="1" cellpadding="1" border="0"
19.         align="center">
20.         <tr>
21.             <td width="150" height="100%" align="center" valign="top">
22.             <iframe src="menu.action?bkb.bkid=${bkb.bkid }"
                    frameborder="0"width="100%" height="100%" name="f1"
23.                 id="f1" marginwidth="0"marginheight="0" border="0" scrolling="no">
25.             </iframe>
26.             </td>
27.             <td valign="top" align="right">
28.                 <iframe src="ftbbybkblist1.action?bkb.bkid=${bkb.bkid }"
29.                     frameborder="0" width="100%" height="100%" name="f2" id="f2"
30.                     onload="Javascript:SetWinHeight(this)" marginwidth="0"
31.                     marginheight="0" border="0" scrolling="no">
32.                 </iframe>
33.             </td>
34.         </tr>
35.     </table>
36.     <jsp:include page="/bottom.jsp"></jsp:include>
37.     </body>
38. </html>
```

⑤ ftbbybkblist1.jsp，按版块显示帖子列表。

ftbbybkblist1.jsp

```jsp
1.  <%@ page language="java" pageEncoding="UTF-8"%>
2.  <%@ taglib uri="/struts-tags" prefix="s"%>
3.  <%@ taglib uri="/WEB-INF/mytag.tld" prefix="my"%>
4.  <%
5.      String path = request.getContextPath();
6.      String basePath = request.getScheme() + "://"
7.              + request.getServerName() + ":" + request.getServerPort()
8.              + path + "/";
9.  %>
10. <html>
11.     <head>
12.         <base href="<%=basePath%>">
13.         <title>My JSP 'ftblist.jsp' starting page</title>
14.     <link rel="stylesheet" type="text/css" href="css/table2.css">
15.         <link rel="stylesheet" type="text/css" href="css/href.css">
16.     </head>
17.     <body>
18.     <table class="datalist2" width="100%" border="0"
```

```
                bordercolor="#dddddd">
19.     <tr><td>
20.         <table class="datalist2" width="100%" border="0"
21.                 style="border-collapse: collapse;">
22.             <tr><td>版块: ${bkb.bkmc }</td>    </tr>
23.             <tr><td>版主:
24.                 <s:iterator value="bzlist" id="bz">
25.                     <font color="#0557b1">${bz.yhb.yhm}</font>
26.                     (${bz.yhb.yhxm})     
27.                 </s:iterator>
28.             </td></tr>
29.         </table>
30.     </td></tr>
31.     </table>
32.     <table class="datalist2" width="100%" border="1"
            bordercolor="#dddddd"
33.             style="border-collapse: collapse;">
34.     <tr><td style="border-right-color: #ffffff;">
35.         <table class="datalist2" width="100%" border="0"
36.             bordercolor="#dddddd" style="border-collapse: collapse;">
37.         <tr><td width="5"></td>
38.         <td>
39.             <a href="ftbadd1.action?bkb.bkid=${bkb.bkid }"
                    target=_parent>
40.             <img src="images/ft.png" border="0"/> </a>
41.         </td>
42.         <td class="td2">
43.             <s:if test="ftbcount>20">
44.                 <my:page name="currentpage"
45.                  path="ftbbybkblist1.action?bkb.bkid=${bkb.bkid }"/>
46.             </s:if>
47.         </td>
48.         </tr>
49.         </table>
50.     </td></tr>
51.     </table>
52.     <table class="datalist2" width="100%" border="0" bordercolor= "#dddddd"
53.             style="border-collapse: collapse;">
54.     <tr><td>
55.         <table class="datalist2" background="images/titlebg.png"
56.                 width="100%">
57.         <tr><td width="350">  标题</td>
58.             <td width="100">  作者</td>
59.             <td width="50">  访问</td>
60.             <td width="50">  回复</td>
61.             <td width="150">  更新时间</td>
62.         </tr>
63.         </table>
64.     </td></tr>
65.     <tr><td>
66.         <table class="datalist2" width="100%">
67.             <s:iterator value="ftblist" id="ft" status="ff">
68.                 <tr <s:if test="#ff.index%2==0">bgcolor="#ffffff" </s:if>
69.                 <s:else>bgcolor="#e0ecfe"</s:else>>
70.                 <td width="350">
71.                 <a class="l" href="ftbbyftid.action?ftb.ftid=${ft.ftid}"
72.                     target="_blank">${ft.ftbt}</a>
73.                 </td>
74.                 <td width="100">${ft.yhb.yhm}</td>
75.                 <td width="50">${ft.fws}</td>
```

```
76.              <td width="50">${ft.hfs}</td>
77.              <td width="150"><my:mydatetime>${ft.gxsj}</my: mydatetime>
78.              </td>
79.            </tr>
80.          </s:iterator>
81.        </table>
82.  </td></tr>
83.  </table>
84.  <table class="datalist2" width="100%" border="1"
                bordercolor="#dddddd"
85.               style="border-collapse: collapse;">
86.    <tr>
87.      <td style="border-right-color: #ffffff;">
88.        <table class="datalist2" width="100%" border="0"
89.               bordercolor="#dddddd" style="border-collapse: collapse;">
90.        <tr><td width="5"></td>
91.            <td>
92.                <a href="ftbadd1.action?bkb.bkid=${bkb.bkid}"
93.                    target=_parent>
94.                <img src="images/ft.png" border="0"/> </a>
95.            </td>
96.            <td class="td2">
97.               <s:if test="ftbcount>20">
98.                  <my:page name="currentpage"
99.                    path="ftbbybkblist1.action?bkb.bkid=${bkb.bkid }"/>
100.              </s:if>
101.            </td>
102.        </tr>
103.      </table>
104.   </td></tr>
105.   </table><br>
106.  </body>
107. </html>
```

（4）发表新帖子。在按版块显示帖子列表页面，点击按钮"发表新帖"可以进入发表页面。此时系统首先判断用户有没有登录，如果没有登录，则会进入登录页面要求用户登录后再发表帖子。

① 在 struts.xml 中添加的配置信息。

```
1.  <!-- 拦截器定义 -->
2.  <interceptors>
3.    <!-- 会员登录的拦截器 -->
4.    <interceptor name="loginInterceptor"
5.            class="myservlet.MyLoginInterceptor">
6.    </interceptor>
7.    <interceptor-stack name="loginstack">
8.        <interceptor-ref name="loginInterceptor"></interceptor-ref>
9.        <!-- Struts2 的默认拦截器 -->
10.       <interceptor-ref name="defaultStack"></interceptor-ref>
11.   </interceptor-stack>
12.   <!-- 后台登录的拦截器 -->
13.   <interceptor name="adminInterceptor"
14.           class="myservlet.MyAdminInterceptor">
15.   </interceptor>
16.   <interceptor-stack name="adminstack">
17.      <interceptor-ref name="adminInterceptor"></interceptor-ref>
18.      <!-- Struts2 的默认拦截器 -->
19.      <interceptor-ref name="defaultStack"></interceptor-ref>
20.   </interceptor-stack>
21. </interceptors>
```

```
22. <!-- 拦截器定义完毕 -->
23. <!-- global-results 放的位置顺序不对会报错, 全局变量 error -->
24. <global-results>
25.     <result name="login">/login.jsp</result>
26.     <result name="admin">/admin/login.jsp</result>
27. </global-results>
28. … …
29. <!-- 发表帖子 -->
30. <action name="ftbadd1" class="actions.ftb.FtbAdd1Action">
31.     <result>ftb/ftbadd.jsp</result>
32.     <result name="error">/login.jsp</result>
33.     <!-- 使用拦截器 -->
34.     <interceptor-ref name="loginstack"></interceptor-ref>
35. </action>
36. <action name="ftbadd" class="actions.ftb.FtbAddAction">
37.     <result type="redirect">ftbbybkblist?bkb.bkid=${bkb.bkid}</result>
38.     <!-- 使用拦截器 -->
39.     <interceptor-ref name="loginstack"></interceptor-ref>
40. </action>
```

② FtbAdd1Action.java, 发帖时判断用户有没有登录的 Action, 如果用户没有登录, 则跳转到登录页面; 如果用户已经登录, 则获取当前版块信息, 跳转到发表页面。

FtbAdd1Action.java

```
1.  package actions.ftb;
2.  … …    //导入相关的类
3.  public class FtbAdd1Action implements Action {
4.      private String returnUrl;
5.      private Bkb bkb;
6.      … …    //省略属性的 get/set 方法
7.      public String execute() throws Exception {
8.          // 若未登录, 要先登录才能发帖
9.          Yhb yhb = (Yhb) ActionContext.getContext().getSession()
                                    .get("login");
10.         if (yhb != null) {
11.             if (bkb != null) {
12.                 bkb = new BkbDAO().findById(bkb.getBkid());
13.             } else {
14.                 List ll = new BkbDAO().findAll();
15.                 if (ll.size() != 0) {
16.                     bkb = (Bkb) ll.get(0);
17.                 }
18.             }
19.             return this.SUCCESS;
20.         } else {
21.             ActionContext.getContext().getSession().put("logintip",
22.                     "您还没有登录, 请登录后发帖");
23.             returnUrl = "ftb/ftbadd.jsp";
24.             return this.ERROR;
25.         }
26.     }
27. }
```

③ FtbAddAction.java, 处理发表信息的 Action 类, 将输入的帖子信息存入数据库。

FtbAddAction.java

```
1.  package actions.ftb;
2.  … …    //导入相关的类
3.  public class FtbAddAction implements Action {
4.      private Bkb bkb;
5.      private Ftb ftb;
```

```
6.         … …    //省略属性的get/set方法
7.         public String execute() throws Exception {
8.             bkb = new BkbDAO().findById(bkb.getBkid());
9.             ftb.setBkb(bkb);
10.            Yhb yhb = (Yhb) ActionContext.getContext().getSession()
                                .get("login");
11.            System.out.println(yhb.getYhm());
12.            ftb.setYhb(yhb);
13.            ftb.setBkb(bkb);
14.            ftb.setFws(new Integer(0));
15.            ftb.setHfs(new Integer(0));
16.            ftb.setFtsj(MyOperator.now());
17.            ftb.setGxsj(MyOperator.now());
18.            FtbDAO ftbdao = new FtbDAO();
19.            ftbdao.open();
20.            ftbdao.save(ftb);
21.            ftbdao.close();
22.            return this.SUCCESS;
23.        }
24. }
```

④ ftbadd.jsp，发表帖子页面。

ftbadd.jsp

```
1.  <%@ page language="java" pageEncoding="UTF-8"%>
2.  <%@ taglib uri="/WEB-INF/mytag.tld" prefix="my"%>
3.  <%
4.      String path = request.getContextPath();
5.      String basePath = request.getScheme() + "://"
6.              + request.getServerName() + ":" + request.getServerPort()
7.              + path + "/";
8.  %>
9.  <html>
10.     <head>
11.         <base href="<%=basePath%>">
12.         <title>发表帖子 - ${bkb.bkmc }</title>
13.         <link rel="stylesheet" type="text/css" href="css/table2.css">
14.         <link rel="stylesheet" type="text/css" href="css/top.css">
15.         <link rel="stylesheet" type="text/css" href="css/href.css">
16.         <link rel="stylesheet" type="text/css" href="css/href1.css">
17.     </head>
18.     <body bgcolor="#99ccff">
19.     <table bgcolor="#ffffff" width="1000"
                cellspacing="0" cellpadding="0" align="center">
20.     <tr><td>
21.         <table background="images/bg.jpg" width="1000" height="40"
22.             border="0" align="center">
23.         <tr><td><jsp:include page="/cc.jsp"/></td>
24.             <td align="right">
25.                 <font color="#ffffff">${login.yhm} | </font>
26.                 <a class="top" href="yhb/yhbedit.jsp">设置</a>
27.                 <font color="#ffffff"> | </font>
28.                 <a class="top" href="logout.action">退出</a>
29.                 <img src="${login.head}" style="border: 2px solid white"
30.                     width="35" height="35" align="middle">
31.             </td>
32.         </tr>
33.         </table>
34.         <table background="images/navbg.jpg" width="1000" height="32"
35.             class="datalist2" align="center">
36.         <tr><td>
```

```
37.            <a class="l1" href="index.jsp">学习论坛</a>
38.            <font color="#ffffff"> &gt; </font>
39.            <a class="l1" href="ftbbybkblist.action?bkb.bkid=${bk.bkid}"
40.                target=_parent">${bkb.bkmc}</a>
41.            <font color="#ffffff"> &gt; 发表帖子</font>
42.        </td></tr>
43.        </table>
44.        <form method="post" action="ftbadd.action">
45.            <table bgcolor="#ffffff" width="800" border="0"
                    class="datalist2" align="center">
46.            <tr><td class="td2" width="60"> 版块: </td>
47.                <td><select name="bkb.bkid">
48.                    <my:options classname="Bkb" textname="bkmc"
49.                    valuename="bkid" defaultvalue="${bkb.bkid}"/>
50.                    </select>
51.                </td>
52.            </tr>
53.            <tr><td class="td2"> 标题: </td>
54.                <td><input size="50" type="text" name="ftb.ftbt"></td>
55.            </tr>
56.            <tr><td class="td2" valign="top"> 内容: </td>
57.                <td><textarea cols="80" rows="20" name="ftb.ftnr">
58.                </textarea>
59.                </td>
60.            </tr>
61.            <tr><td><br></td>
62.                <td>
63.                <input type="submit" size="80" value="发表" name="button1">
64.                </td>
65.            </tr>
66.            <tr><td><br></td>
67.                <td><font size="-1" color="#c04080">
68.                发言前，请仔细阅读并同意以下注意事项，未注册用户请点击注册。<br>
69.                1.请尊重网上道德。<br>
70.                2.遵守<a target="_blank"
71.                    href="http://article.tianya.cn/help/internetmanage.htm">
72.                    互联网电子公告服务管理规定</a>及中华人民共和国其他各项有关法律法规。<br>
73.                3.严禁发表危害国家安全、破坏民族团结、破坏国家宗教政策、破坏社会稳定、侮辱、
                    诽谤、教唆、淫秽等内容的作品。<br>
74.                4.承担一切因您的行为而直接或间接导致的民事或刑事法律责任。<br>
75.                5.据本地法律法规和政策，部分内容将被删除。</font>
76.                </td></tr>
77.            </table>
78.        </form>
79.        </td></tr>
80.        </table>
81.        <jsp:include page="/bottom.jsp"></jsp:include>
82.        </body>
83. </html>
```

（5）修改用户头像。用户登录后，点击前台页面上方的"设置"按钮可链接到设置用户信息的页面，在此页面中可查看该用户发表的文章和评论信息，也可以修改个人基本资料、头像和密码。

① struts.xml 中添加的配置信息。

```
1. <!-- 用户修改个人头像 -->
2. <action name="headedit" class="actions.yhb.HeadEditAction">
3.     <result>yhb/headedit.jsp</result>
```

```
4.          <!-- 使用拦截器 -->
5.          <interceptor-ref name="loginstack"></interceptor-ref>
6.      </action>
7.      <action name="headupdate"
8.          class="actions.yhb.HeadUpdateAction">
9.          <!-- 上传路径 -->
10.         <param name="savePath">d:/upload</param>
11.         <interceptor-ref name="fileUpload">
12.             <param name="allowedTypes">
13.                 image/bmp,image/png,image/gif,image/jpeg
14.             </param>
15.             <param name="maximumSize">104857600</param>
16.         </interceptor-ref>
17.         <!-- 使用Struts2自带的拦截器默认堆栈，必须加，否则出错 -->
18.         <interceptor-ref name="defaultStack"></interceptor-ref>
19.         <result>yhb/headedit.jsp</result>
20.         <!-- 使用拦截器 -->
21.         <interceptor-ref name="loginstack"></interceptor-ref>
22.     </action>
```

② HeadEditAction.java。

HeadEditAction.java

```
1.  package actions.yhb;
2.  import com.opensymphony.xwork2.Action;
3.  public class HeadEditAction implements Action {
4.      private String op;
5.      … …   //省略属性的get/set方法
6.      public String execute() throws Exception {
7.          op = "设置 > 修改头像";
8.          return this.SUCCESS;
9.      }
10. }
```

③ HeadUpdateAction.java，修改个人头像的 Action 类。

HeadUpdateAction.java

```
1.  package actions.yhb;
2.  … …    //导入相关的类
3.  public class HeadUpdateAction implements Action {
4.      private Yhb yhb;
5.      private File upload;
6.      private String savePath;
7.      private String uploadContentType;
8.      private String uploadFileName;
9.      … …    //省略属性的get/set方法
10.     public void setSavePath(String savePath) {
11.         this.savePath = ServletActionContext.getRequest()
                        .getRealPath("/");
12.     }
13.     public String execute() throws Exception {
14.         yhb = new YhbDAO().findById(yhb.getYhid());
15.         if (uploadFileName != null) { // 上传
16.             String dir;
17.             dir = "images/head";
18.             String name = uploadFileName;
19.             String type = name.substring(name.lastIndexOf("."));
20.             String filename = savePath + dir + "/head_"
21.                     + System.currentTimeMillis() + type;
22.             FileOutputStream fos = new FileOutputStream(filename);
23.             FileInputStream fis = new FileInputStream(upload);
```

```
24.              byte[] b = new byte[1024];
25.              int i = 0;
26.              while ((i = fis.read(b)) > 0) {
27.                  fos.write(b, 0, i);
28.              }
29.              fos.close();
30.              fis.close();
31.              yhb.setHead(filename);
32.          }
33.          YhbDAO yhbdao = new YhbDAO();
34.          yhbdao.open();
35.          yhbdao.update(yhb);
36.          yhbdao.close();
37.          ActionContext.getContext().getSession().remove("login");
38.          ActionContext.getContext().getSession().put("login", yhb);
39.          return this.SUCCESS;
40.      }
41. }
```

④ headedit.jsp，用户修改头像页面。

headedit.jsp

```
1.  <%@ page language="java" pageEncoding="UTF-8"%>
2.  <%
3.      String path = request.getContextPath();
4.      String basePath = request.getScheme() + "://"
5.              + request.getServerName() + ":" + request.getServerPort()
6.              + path + "/";
7.  %>
8.  <html>
9.      <head>
10.         <base href="<%=basePath%>">
11.         <title>修改头像 - 学习论坛</title>
12.         <link rel="stylesheet" type="text/css" href="css/table2.css">
13.         <link rel="stylesheet" type="text/css" href="css/href.css">
14.         <link rel="stylesheet" type="text/css" href="css/href1.css">
15.         <link rel="stylesheet" type="text/css" href="css/top.css">
16.     </head>
17.     <body bgcolor="#99ccff">
18.     <table bgcolor="#ffffff" width="1000" cellspacing="0"
                cellpadding="0" align="center">
19.     <tr><td><jsp:include page="yhbtop.jsp" /></td></tr>
20.     <tr><td>
21.         <table width="1000" cellspacing="1" cellpadding="1" border="0"
22.                     align="center">
23.         <tr><td width="150" height="100%" align="center" valign="top">
24.             <jsp:include page="menu1.jsp" />
25.         </td>
26.         <td valign="top" align="right">
27.             <form method="post" action="headupdate.action"
28.                     enctype="multipart/form-data">
29.                 <table class="datalist2" background="images/titlebg.png"
30.                         width="100%">
31.                 <tr><td>修改头像</td></tr>
32.                 </table><br>
33.                 <table class="datalist2" width="700" align="center">
34.                 <tr><td>请选择一个新照片进行上传。</td></tr>
35.                 <tr><td valign="top">
36.                     <input type="file" name="upload"
                    onchange="document.images['im1'].src=value">
37.                 </td>
```

```
38.                          </tr>
39.                          <tr><td height="180">
                               <img name="im1" src="${login.head}"
                                 width="100"   height="100"
                                 style="border:
                                 2px solid #dddddd">
40.                          </td>
41.                          </tr>
42.                          <tr><td>
43.                          <input type="hidden" name="yhb.yhid" value="${login.yhid }">
44.                          <input type="submit" value="开始上传">
45.                          </td>
46.                          </tr>
47.                          </table>
48.                        </form>
49.                        </td></tr>
50.                       </table>
51.        </td></tr>
52.       </table>
53.       <jsp:include page="/bottom.jsp"></jsp:include>
54.    </body>
55. </html>
```

（6）后台登录。管理员登录后进入后台管理页面，可以对版块、帖子、注册用户等信息进行管理。

① struts.xml 中添加的配置信息。

```
1. <!-- 后台登录 -->
2. <action name="admin" class="actions.glyb.LoginAction">
3.     <result name="ok" type="redirect">admin/main.jsp</result>
4.     <result name="fail">admin/login.jsp</result>
5. </action>
```

② login.jsp，后台登录页面，存储在 WebRoot/admin 文件夹下。

login.jsp

```
1.  <%@ page language="java" pageEncoding="UTF-8"%>
2.  <%@ taglib uri="/struts-tags" prefix="s"%>
3.  <%@ taglib uri="/WEB-INF/mytag.tld" prefix="my"%>
4.  <%
5.      String path = request.getContextPath();
6.      String basePath = request.getScheme() + "://"
7.          + request.getServerName() + ":" + request.getServerPort()
8.          + path + "/";
9.  %>
10. <html>
11.    <head>
12.        <base href="<%=basePath%>">
13.        <title>四平职业大学计算机工程学院-学习论坛后台管理系统</title>
14.    </head>
15.    <body bgcolor="#99ccff">
16.    <form method="post" action="admin.action" name="form">
17.    <table border="0" align="center">
18.        <tr><td height="130"><br></td></tr>
19.        <tr><td align="center">欢迎进入学习论坛后台管理系统</td></tr>
20.        <tr><td>
21.            <table width="400" cellspacing="0" cellpadding="0"
22.              bgcolor="#ffffff" align="center" style="border: 1px dotted">
23.             <tr>
24.             <td colspan="2" height="30" valign="bottom" align="center">
25.                 <font color="#ff0000"> ${admintip }</font>
26.             </td>
```

```html
27.            </tr>
28.            <tr>
29.                <td height="40" align="right">
30.                     用户名:
31.                </td>
32.                <td>
33.                    <input size="20" type="text" name="gly.username">
34.                </td>
35.            </tr>
36.            <tr>
37.                <td height="40" align="right">
38.                     密   码:
39.                </td>
40.                <td>
41.                  <input size="22" type="password" name="gly.password">
42.                </td>
43.            </tr>
44.            <tr>
45.                <td height="40" colspan="2" align="center">
46.                    <input type="submit" value="登录" name="button1">
47.                </td>
48.            </tr>
49.            </table>
50.        </td></tr>
51.    </table>
52.    </form>
53.    </body>
54. </html>
```

③ LoginAction.java,处理管理员登录的 Action。

```java
1.  package actions.glyb;
2.  … …   //导入相关的类
3.  public class LoginAction implements Action {
4.      private Glyb gly;
5.      … …   //省略属性的 get/set 方法
6.      public String execute() throws Exception {
7.          //超级用户
8.          if (gly.getUsername().equals("admin")
9.                  && gly.getPassword().equals("123")) {
10.             ActionContext.getContext().getSession().put("admin", gly);
11.             ActionContext.getContext().getSession().put("super",
12.                 gly.getUsername());
13.             ActionContext.getContext().getSession().put("admintip", "");
14.             return "ok";
15.         }
16.         GlybDAO dao = new GlybDAO();
17.         dao.open();
18.         List list = dao.findByExample(gly);
19.         dao.close();
20.         if (list.size() != 0) {
21.             gly = (Glyb) list.get(0);
22.             ActionContext.getContext().getSession().put("admin", gly);
23.             ActionContext.getContext().getSession().put("admintip", "");
24.             return "ok";
25.         } else {
26.             ActionContext.getContext().getSession().put("admintip",
27.                 "用户名或密码错误,请重新登录");
28.             return "fail";
29.         }
```

```
30.         }
31.     }
```

（7）后台首页。main.jsp，存储在 WebRoot/admin 文件夹下。

main.jsp

```jsp
1.  <%@ page language="java" pageEncoding="UTF-8"%>
2.  <%@ taglib uri="/struts-tags" prefix="s"%>
3.  <%
4.      String path = request.getContextPath();
5.      String basePath = request.getScheme() + "://"
6.              + request.getServerName() + ":" + request.getServerPort()
7.              + path + "/";
8.  %>
9.  <html>
10.     <head>
11.         <base href="<%=basePath%>">
12.         <title>四平职业大学计算机工程学院-学习论坛后台管理系统</title>
13.         <script type="text/javascript" src="js/winheight.js"></script>
14.         <link rel="stylesheet" type="text/css" href="css/table88.css">
15.     </head>
16.     <body>
17.     <div align="center">
18.         <strong><font color="#0000ff">
19.             四平职业大学计算机工程学院学习论坛后台管理系统</font> </strong>
20.     </div>
21.     <table width="990" cellspacing="0" cellpadding="0" border="1"
22.         bordercolor="#99ccff" align="center">
23.     <tr>
24.     <td width="200" valign="top">
25.         <table width="90%" class="datalist88" cellspacing="0"
26.             cellpadding="0" align="center">
27.         <tr><td valign="top">
28.             <table background="kc/images/admin_02.bmp" width="100%"
29.                 height="97" cellspacing="0" cellpadding="0" border="0"
30.                 bordercolor="#99ccff" align="center">
31.             <tr><td class="td3">您的用户名：${admin.username}</td></tr>
32.             <tr><td class="td3">
33.                 <s:if test='#session.admin.username!="admin"'>
34.                 <a href="admin/editpass.jsp" target="rf">修改密码</a>|</s:if>
35.                     <a href="adminlogout.action">退出登录</a>
36.             </td></tr>
37.             </table>
38.         </td></tr>
39.         <tr><td>
40.             <table bgcolor="#0040ff" width="100%" height="100%"
41.                 cellspacing="3" cellpadding="1" border="0" align= "center">
42.             <tr><td><br></td></tr>
43.             <tr><td class="td2">
44.                 <a href="bkbadmin.action" target="rf">版块管理</a>
45.             </td></tr>
46.             <tr><td class="td2">
47.                 <a href="ftbadmin.action" target="rf">文章管理</a>
48.             </td></tr>
49.             <tr><td class="td2">
50.                 <a href="yhbadmin.action" target="rf">用户管理</a>
51.             </td></tr>
52.             <s:if test='#session.admin.username=="admin"'>
53.             <tr><td class="td2">
54.                 <a href="glybadmin.action" target="rf">管理员管理</a>
```

```
55.                    </td></tr>
56.                </s:if>
57.            </table>
58.        </td></tr>
59.    </table>
60. </td>
61. <td bgcolor="#ffffff" valign="top" align="center">
62.    <table bgcolor="#ffffff" width="100%" border="0">
63.        <tr><td>
64.            <iframe src="admin/right.jsp" width="100%" height="100%"
65.                    name="rf" id="rf" frameborder="0"
66.                    onload="Javascript:SetWinHeight(this)" marginwidth="0"
67.                    marginheight="0" border="0" scrolling="no"> </iframe>
68.        </td></tr>
69.    </table>
70. </td></tr>
71. </table>
72. </body>
73. </html>
```

（8）后台版块管理。管理员在后台首页，点击左侧功能菜单中的版块管理，可以查看版块列表、增加新的版块、对已有的版块进行修改、设置版主等。

① struts.xml 中添加的配置信息。

```
1.  <!-- 版块管理 -->
2.  <action name="bkbadmin" class="actions.bkb.BkbListAction">
3.      <result>admin/bkb/bkbadmin.jsp</result>
4.      <!-- 使用拦截器 -->
5.      <interceptor-ref name="adminstack"></interceptor-ref>
6.  </action>
7.  <action name="bkbadd" class="actions.bkb.BkbAddAction">
8.      <result type="redirect">bkbadmin</result>
9.      <interceptor-ref name="adminstack"></interceptor-ref>
10. </action>
11. <action name="bkbdelete" class="actions.bkb.BkbDeleteAction">
12.     <result type="redirect">bkbadmin</result>
13.     <interceptor-ref name="adminstack"></interceptor-ref>
14. </action>
15. <action name="bkbedit" class="actions.bkb.BkbEditAction">
16.     <result>admin/bkb/bkbedit.jsp</result>
17.     <interceptor-ref name="adminstack"></interceptor-ref>
18. </action>
19. <!-- 设置版块的版主 -->
20. <action name="bzbadd" class="actions.bzb.BzbAddAction">
21.     <result type="chain">bkbedit</result>
22.     <interceptor-ref name="adminstack"></interceptor-ref>
23. </action>
24. <action name="bzbdelete" class="actions.bzb.BzbDeleteAction">
25.     <result type="chain">bkbedit</result>
26.     <interceptor-ref name="adminstack"></interceptor-ref>
27. </action>
28. <action name="bkbupdate" class="actions.bkb.BkbUpdateAction">
29.     <result type="redirect">bkbadmin</result>
30.     <interceptor-ref name="adminstack"></interceptor-ref>
31. </action>
```

② BkbEditAction.java，获取某一版块相关信息的 Action 类。

BkbEditAction.java

```
1. package actions.bkb;
2. … …   //导入相关的类
3. public class BkbEditAction implements Action {
```

```
4.         private Bkb bkb;
5.         private List bzlist;
6.         … …    //省略属性的get/set 方法
7.         public String execute() throws Exception {
8.             BkbDAO dao = new BkbDAO();
9.             dao.open();
10.            bkb = dao.findById(bkb.getBkid());
11.            dao.close();
12.            bzlist = new BzbDAO().findByBkb(bkb); // 该版块的版主
13.            return this.SUCCESS;
14.        }
15.    }
```

③ bkbadmin.jsp，后台版块管理页面，显示版块列表。存储在 WebRoot/admin/bkb 文件夹下。

bkbadmin.jsp

```
1.  <%@ page language="java" pageEncoding="UTF-8"%>
2.  <%@ taglib uri="/struts-tags" prefix="s"%>
3.  <%
4.      String path = request.getContextPath();
5.      String basePath = request.getScheme() + "://"
6.              + request.getServerName() + ":" + request.getServerPort()
7.              + path + "/";
8.  %>
9.  <html>
10.     <head>
11.         <base href="<%=basePath%>">
12.         <title>版块管理</title>
13.         <link rel="stylesheet" type="text/css" href="css/table0.css">
14.         <link rel="stylesheet" type="text/css" href="css/table1.css">
15.         <link rel="stylesheet" type="text/css" href="css/table2.css">
16.         <script type="text/javascript">
17. function check(form){
18.    if (form.bkmc.value==""){
19.     alert("版块名称不能为空！");
20.     return false;
21.    }
22.   return true;
23. }
24. function delcfm() {
25.       if (confirm("删除该版块的同时会删除所有帖子，您确定要继续？")) {
26.           window.event.returnValue = true;
27.       }else{
28.           window.event.returnValue = false;
29.       }
30.   }
31. </script>
32.     </head>
33.     <body>
34.     <table class="datalist0">
35.         <tr><td>  版块管理</td></tr>
36.     </table><br>
37.     <s:if test="ljcount==0">
38.     <table class="datalist2" width="90%" align="center">
39.         <tr><td>没有版块信息！</td></tr>
40.     </table>
41.     </s:if>
42.     <s:else>
43.     <table width="90%" align="center" class="datalist1" border="1"
```

```
44.          bordercolor="#cdcdcd">
45.          <tr bgcolor="#cdcdcd"><td>序号</td>
46.                          <td>版块名称</td>
47.                          <td>操作</td>
48.          </tr>
49.          <s:iterator value="bkblist" id="bk" status="s">
50.          <tr><td>${s.index+1 }</td>
51.              <td>${bk.bkmc}</td>
52.              <td><a href="bkbedit.action?bkb.bkid=${bk.bkid }">修改</a>
53.                  <a href="bkbdelete.action?bkb.bkid=${bk.bkid}"
                         onClick="delcfm();">删除</a>
54.              </td>
55.          </tr>
56.          </s:iterator>
57.      </table>
58.      </s:else><br><br>
59.      <form action="bkbadd.action" method="post"
60.              onsubmit="return check(this);">
61.      <table width="90%" class="datalist2" align="center" border="1"
62.              bordercolor="#cdcdcd">
63.      <tr bgcolor="#cdcdcd">
64.          <td class="td3" colspan="2">添加版块</td>
65.      </tr>
66.      <tr>
67.          <td class="td2">版块名称：</td>
68.          <td><input type="text" size="40" name="bkb.bkmc" id="bkmc"></td>
69.      </tr>
70.      <tr>
71.          <td class="td3" colspan="2">
72.              <input type="submit" value="确定添加">
73.          </td>
74.      </tr>
75.      </table>
76.      </form><br><br>
77.      </body>
78. </html>
```

④ bkbedit.jsp，在版块管理页面，点击某个版块后面的修改，可对该版块信息进行修改，如修改版块名称、设置版主等。

bkbedit.jsp

```
1.  <%@ page language="java" pageEncoding="UTF-8"%>
2.  <%@ taglib uri="/struts-tags" prefix="s"%>
3.  <%@ taglib uri="/WEB-INF/mytag.tld" prefix="my"%>
4.  <%
5.      String path = request.getContextPath();
6.      String basePath = request.getScheme() + "://"
7.              + request.getServerName() + ":" + request.getServerPort()
8.              + path + "/";
9.  %>
10. <html>
11.     <head>
12.         <base href="<%=basePath%>">
13.         <title>版块编辑</title>
14.         <script type="text/javascript">
15. function check(form){
16.     if (form.bkmc.value==""){
17.      alert("版块名称不能为空! ");
18.      return false;
19.   }
```

```
20.     return true;
21. }
22. function myclick(){
23. document.form.action="bzbadd.action";
24. document.form.submit();
25. }
26. </script>
27.             <link rel="stylesheet" type="text/css" href="css/table0.css">
28.             <link rel="stylesheet" type="text/css" href="css/table2.css">
29.     </head>
30.     <body>
31.     <table class="datalist0">
32.         <tr><td>  版块管理</td></tr>
33.     </table><br>
34.     <form name="form" action="bkbupdate.action" method="post"
35.             onsubmit="return check(this);">
36.     <table width="90%" class="datalist2" align="center" border="1"
37.             bordercolor="#cdcdcd">
38.     <tr bgcolor="#cdcdcd">
39.         <td class="td3" colspan="2">编辑版块</td>
40.     </tr>
41.     <tr>
42.         <td class="td2">版块名称: </td>
43.         <td><input type="text" size="40" name="bkb.bkmc" id="bkmc"
44.                         value="${bkb.bkmc }">
45.         </td>
46.     </tr>
47.     <tr>
48.         <td class="td2">版主: </td>
49.         <td><s:iterator value="bzlist" id="bz">${bz.yhb.yhm} (
50.     <a href="bzbdelete.action?bzb.id=${bz.id}&bkb.bkid=${bkb.bkid}"
51.             title="取消版主">X</a>)     
52.             </s:iterator>
53.         </td>
54.     </tr>
55.     <tr>
56.         <td class="td2">添加版主: </td>
57.         <td><select name="yhb.yhid">
58.             <my:options classname="Yhb" textname="yhm" valuename="yhid" />
60.             </select>
61.                   
62.             <input type="button" onclick="myclick();" value="添加">
63.         </td>
64.     </tr>
65.     <tr>
66.         <td class="td3" colspan="2">
67.             <input type="hidden" size="40" name="bkb.bkid"
68.                 value="${bkb.bkid }">
69.             <input type="submit" value="确定修改">
70.         </td>
71.     </tr>
72.     </table>
73.     </form><br><br>
74.     </body>
75. </html>
```

任务小结

通过本任务的实现,主要带领读者学习了以下内容。

1．对象-关系映射（ORM）的基本概念。
2．Hibernate 的下载和安装方法。
3．通过 Hibernate 操作数据库的方法。
4．在 MyEclipse 中使用 Hibernate。

3.2.3 上机实训 "学林书城"后台管理功能（Hibernate 应用）

【实训目的】
1．了解 ORM 的基本概念。
2．掌握 Hibernate 的操作原理。
3．能应用 Hibernate 操作数据库。

【实训内容】
1．在"学林书城"项目中添加 Hibernate 应用。
2．使用 Struts2 和 Hibernate，实现"学林书城"后台登录功能。
3．使用 Struts2 和 Hibernate，实现"学林书城"网站图书信息的浏览、添加、修改、删除操作。

3.2.4 习题

填空题

1．ORM 是（　　　　　）的缩写，提供（　　　　）和（　　　　）之间的映射。
2．通常将 Hibernate 核心类库复制到 Web 应用的（　　　　）文件夹下面。
3．Hibernate 配置文件是（　　　　），通常存放到 Web 项目的（　　　　）文件夹下面。
4．通过 Hibernate 在数据表中添加记录，要调用 DAO 类的（　　　　）方法。
5．通过 Hibernate 查找数据表中的全部记录，要调用 DAO 类的（　　　　）方法。

参 考 文 献

[1] 李桂玲．Java 程序设计教程（项目式）．北京：人民邮电出版社，2011．
[2] 刘志成．JSP 程序设计案例教程．北京：清华大学出版社，2007．
[3] 李刚．轻量级 Java EE 企业应用实战——Struts 2+Spring+Hibernate 整合开发．北京：电子工业出版社，2008．
[4] 汪孝宜，刘中兵，徐佳晶．JSP 数据库开发实例精粹．北京：电子工业出版社，2005．
[5] 吴建，张旭东．JSP 网络开发入门与实践．北京：人民邮电出版，2006．